中国科学院科学出版基金资助出版

现代化学专著系列·典藏版　25

煤的灰化学

李文　白进　著

科学出版社

北京

内 容 简 介

本书是一部煤科学领域关于煤中无机组分热转化行为(煤的灰化学)的学术专著,集中了作者团队多年来在该方向上的科研成果,并参考了国内外最新的文献。全书共分6章,第1章介绍煤及灰渣中矿物质的组成和表征;第2章阐述热转化过程中矿物质的演化行为;第3章主要包括煤灰组成对熔融和黏温特性的影响、预测方法及二者的关系,典型煤种熔渣流体性质及调控机理,以及煤灰组成对灰沉积和结渣性的影响和预测;第4章介绍矿物质和有机质的相互作用;第5章介绍飞灰和灰渣的形成机理、物理化学性质及其资源化利用的现状;第6章讨论煤性质与气化技术选择的关联性及煤种的调变方案。

本书可供煤化工领域的科技人员和相关设计人员参考使用,同时也可作为热能工程、化学工程、化学工艺师生的参考和教学用书。

图书在版编目(CIP)数据

现代化学专著系列：典藏版/江明,李静海,沈家骢,等编著. —北京：科学出版社,2017.1

ISBN 978-7-03-051504-9

Ⅰ.①现… Ⅱ.①江… ②李… ③沈… Ⅲ. ①化学 Ⅳ.①O6

中国版本图书馆 CIP 数据核字(2017)第 013428 号

责任编辑：顾英利 张 星 / 责任校对：胡小洁
责任印制：张 伟 / 封面设计：铭轩堂

科 学 出 版 社 出版
北京东黄城根北街 16 号
邮政编码：100717
http://www.sciencep.com

北京厚诚则铭印刷科技有限公司印刷
科学出版社发行 各地新华书店经销

*

2017 年 1 月第 一 版 开本：720×1000 B5
2017 年 1 月第一次印刷 印张：22 插页：2
字数：436 000
定价：7980.00 元（全 45 册）

(如有印装质量问题,我社负责调换)

序　言

中国是世界上少数几个以煤炭为主要能源的国家,是世界上最大的煤炭生产和消费国;且我国正处于工业化、城镇化快速推进阶段,今后相当长的时期内,能源需求和煤炭消费量仍将较快增长。2050 年前我国以煤炭为主体的能源结构不会改变,在可预见的未来煤炭仍将是我国重要的能源和化工原料。煤炭的清洁高效可持续开发利用直接关系到国家经济社会的科学和可持续发展,通过煤清洁高效转化是我国能源多元化、低碳化发展的必然趋势,也是实现煤炭与其他传统化石能源、可再生能源和清洁能源协调发展的必由之路。

煤的热转化,尤其是煤气化技术,是提高煤炭利用原子经济性,实现煤高效清洁利用的重要基础,也是发展现代煤化工的必经途径。大规模煤气化技术的发展趋势是通过高温和高压来实现单炉负荷的提高,从煤化学的角度来看,在这种条件下的气化反应后期,煤中有机质的反应性差异已经很小,煤中无机矿物质的演化行为成为决定煤气化过程运行参数和稳定性的关键。煤中矿物质在高温下的演化行为包括了一系列复杂的物理化学变化,涉及挥发、熔融、结晶、沉积等几个与气化炉稳定运行密切相关的过程;而对于液态排渣的气化炉,熔渣的流动性则是气化炉设计和运行的基础。因此高温下煤中矿物质行为和演化规律(灰化学)也就成为高温气化技术中煤种与气化炉匹配与否、气化炉操作窗口温度等问题的重要判据。由于气化技术的不同以及我国煤质的千差万别,对灰、灰渣及熔渣的特性要求也不尽相同,因此需要通过灰化学的研究解决不同煤与气化炉的适应性并建立选择和指导方法。中国具有世界上规模最大且不断发展的煤化工产业,因此,做好灰化学的基础研究对煤炭的清洁高效转化具有积极意义。

该书将作者及其团队多年来的研究结果进行了系统的总结,并借鉴了国际上最新的成果,以煤的热转化过程,尤其是煤气化为背景,首次系统地从煤中矿物质的种类、表征方法入手,以实验结果为基础,结合热力学分析,全面论述了矿物质在高温下的变化和相互作用,灰熔融性和流变特性,以及外来添加剂和配煤对矿物质行为的影响,并将煤的灰化学性质与气化技术的选择相关联,具有较高的学术水平和重要的实用价值,不仅丰富了煤科学理论,而且对气化炉的设计、稳定运行和气化煤种的调变具有重要和直接的指导意义,为煤化工行业的教学、科研和工业界提供了有益的参考。

中国工程院院士　谢克昌

2013 年 4 月 11 日

前　言

煤是有机质与无机矿物质组成的复合体，以往关于煤科学的研究及兴趣主要集中在煤中的有机组分。事实上，煤中无机矿物质的行为（灰化学）对煤的诸多利用和转化过程的影响明显且非常复杂，尤其是煤燃烧和气化过程。煤中的矿物质在高温热转化过程中都将转化为灰渣，体现出复杂的物理化学性质。虽然矿物质是煤的重要组成部分，但人们以前对其的认识局限在灰熔融性温度以下，对其在高温下的演化行为，尤其是流动性及流变特性未有系统研究。

煤气化是煤清洁、高效转化的重要龙头技术，大规模煤气化技术的发展方向是高温和高压，此时煤中有机质反应性的差异已经很小，影响煤气化过程稳定运行的关键是煤中无机矿物质的演化行为。另外，由于气化技术和所用煤质特性的不同，对灰、灰渣及熔渣的特性要求也不一致，这往往需要添加助熔剂/阻熔剂或配煤来实现气化炉的正常操作。但是由于缺乏对灰化学的深入认识，以往的添加物和配煤技术大都是靠经验或摸索，费时、费力，很少有理论指导。国内外诸多的煤气化技术往往是由于对煤灰或灰渣的特性没有全面掌握或控制，而造成气化炉无法长期稳定运行。

本书以上述应用背景为出发点，将作者科研团队多年来的相关研究结论进行了系统的总结，结合热力学分析，并借鉴部分国内外最新研究结果，完整描述了煤中矿物质从赋存状态到热转化产物的整个历程。本书内容共分6章，系统地论述了矿物质的表征及其在高温下的演化规律和与有机质的相互作用、灰熔融性和流变特性，以及外来添加剂和配煤对矿物质行为的影响，并将煤的灰化学性质与气化技术的选择进行了关联。

第1章介绍煤中矿物质的种类、热转化产物及相关的测定和表征方法。第2章阐述煤中矿物质和灰渣的关系，重点介绍热转化过程中矿物质的反应、挥发和演化行为。第3章是本书的重点，主要包括煤灰组成对熔融和黏温特性的影响、预测方法及二者的关系，典型煤种熔渣流体性质及调控机理，以及煤灰组成对灰沉积和结渣性的影响和预测。第4章介绍矿物质和有机质的相互作用，讨论矿物质对煤热转化过程的影响、灰渣中残碳的形成机理和影响因素以及热转化过程的碳热反应。第5章重点介绍飞灰和灰渣的形成机理、物理化学性质及其资源化利用的相关技术和现状。第6章讨论煤质和气化技术选择的关联性，以及依据灰化学理论、针对特定气化技术对所用煤种的调变方案。

本书的内容中所涉及的研究结果得到了如下项目的资助：

973计划项目　大规模高效气流床煤气化技术的基础研究（2004CB217700）；煤等含碳固体原料大规模高效清洁气化的基础研究（2010CB227000）；褐煤洁净高效转化的催化与化学工程基础（2011CB201400）。

国家自然科学基金青年科学基金项目 高温条件下煤中矿物质的演化规律及其与有机质的相互作用(21006121)。

国家自然科学基金委员会与神华集团有限责任公司联合资助项目 煤直接液化残渣与低变质烟煤制备气化用水煤浆的基础研究(U1261209)。

科技部"国际科技合作重点项目计划"项目 煤中矿物质的演化、熔融对气化反应性的影响和提高气化效率的途径(2005DFA60220);褐煤高效清洁利用关键基础理论与技术的研究(2007DFC60110)。

壳牌(中国)国际合作项目 熔渣高温黏度测试的方法改进与优化。

煤转化国家重点实验室自主课题 灰渣流体性质的表征、预测和调控。

煤燃烧国家重点实验室开放课题 高温燃烧条件下矿物质演化和黏度变化规律的研究(FSKLCC0909)。

山西省青年科技研究基金项目 高灰、高硫煤的高温气化特性及矿物质对气化反应的影响(2010021008-2)。

中国科学院山西煤炭化学研究所杰出青年人才项目 熔融态下的灰化学和流体性质。

煤气化及能源化工教育部重点实验室开放课题 研磨过程煤中矿物质偏析对反应性的影响。

另外,要特别感谢壳牌(中国)有限公司给作者团队提供的高温黏度测定仪、大量的气化煤种、熔渣样品和长期友好的合作。同时也衷心感谢韩怡卓研究员在上述合作的前期所给予的积极促进和推动。正是这些支持,使得团队的学术思路和目标得以实现,作者在此对上述单位和资助表示衷心的感谢。

在构思和写作本书过程中,王辅臣教授、徐振刚研究员、王建国研究员、王洋研究员等许多专家、学者和煤化工企业的科技人员一直给予鼓励、指导和帮助,以及提供工业运行气化炉的数据和灰渣样品等,为完成和完善本书的内容提供了有益的素材。在此对他们表示诚挚的谢意。

在本书编写期间,作者所在团队的科研人员和许多研究生做了大量的文献收集、整理,图表绘制等工作。尉迟唯、王志刚和赵慧玲分别为水煤浆、灰渣形成机理和综合利用提供了内容,孔令学、李怀柱在数据处理和图文编辑过程中提供了重要的帮助,白宗庆、郭振兴、马志斌、寇佳伟和颜井冲等协助编辑整理了全书的文献,一并向他们表示感谢。同时向科学出版社相关同志为本书出版付出的辛勤劳动表示衷心的谢意。感谢中国科学院科学出版基金对本书的支持。

希望本书的出版能为气化炉的设计和操作及气化煤质的调变提供指导和借鉴,为丰富煤科学领域的灰化学相关内容做出一定的贡献。限于作者水平,难免有欠妥和遗漏之处,敬请广大读者批评指正。

作 者

2013 年 2 月于中国科学院山西煤炭化学研究所

目　　录

彩图

煤及灰渣中矿物质的组成和表征

1.1 煤中矿物质及其转化产物

煤中矿物质是除水分以外所有无机物质的总称,主要成分一般有黏土、高岭石、黄铁矿和方解石等。煤中矿物质的转化产物是指煤中有机物完全燃烧或气化时,煤中矿物质以及其他无机组分在一定温度下经过一系列分解、化合后的灰或渣。灰渣是煤在经过一定的物理化学变化后,由氧化物和相应的盐类等无机物组成的,因此灰渣不能直接看成煤中的矿物质,但灰渣来自煤中的矿物质,反映了特定温度下煤中矿物质的变化,且灰渣的组成和性质与煤转化过程的联系更为紧密。了解煤中矿物质种类和性质,可为更好地认识煤中矿物质和转化产物以及它们对热转化过程的影响奠定基础[1-5]。

1.1.1 煤中矿物质种类和组成

1.1.1.1 煤中矿物质种类

煤中约有 120 多种矿物质,其中含量较高的约有 30 种。按照来源不同,煤中矿物质可以分为三类:原生矿物质、次生矿物质和外来矿物质。原生矿物质是原始成煤植物含有的矿物质,其含量一般不超过 1%~2%。次生矿物是在成煤过程中进入煤层的矿物质,包括通过水力和风力搬运到泥炭沼泽中而沉积的碎屑矿物质和从胶体溶液中沉积出来的化学成因矿物,其含量在 10% 以下。这两类矿物质统称煤的内在矿物质,较难通过洗选脱除。外来矿物质是在采煤过程中混入煤中的底板、顶板和夹石层的矸石,其含量一般为 5%~10%,高的可达 20% 以上,这类矿物质较易通过洗选除去[1,3]。

1.1.1.2 煤中矿物质组成

通过薄片鉴定、XRD(X-ray diffraction,X 射线衍射)、SEM(scanning electron

microscope,扫描电子显微镜)、EMPA(electron microprobe analysis,电子微探针分析)、FTIR(Fourier transform infrared spectrometer,傅里叶变换红外光谱计)等分析测试分析,发现煤中矿物质主要有以下六类,其中主要矿物质组成如表1.1所示。

(1) 黏土矿物。煤中最主要的矿物组成——黏土矿物类,其平均含量约占与煤共生的矿物质总量的60%~80%,且主要为高岭石、伊利石和绢云母。

(2) 硫化物。煤中最常见的硫化物是黄铁矿、白铁矿和磁黄铁矿;大多数煤层还含有少量的闪锌矿、方铅矿和黄铜矿。

(3) 磷酸盐。主要有磷灰石等。

表 1.1　煤中主要矿物质[1-5]

矿物质种类	矿物质名称	英文名称	化学式
	高岭石	kaolinite	$Al_2Si_2O_5(OH)_4$
	伊利石	illite	$K_{1.5}Al_4(Si_{6.5}Al_{1.5})O_{20}(OH)_4$
	蒙皂石	smectite	$Na_{0.33}(Al_{1.67}Mg_{0.33})Si_4O_{10}(OH)_2$
	绢云母	sericite	$K\{Al_2[Si_3AlO_{10}](OH)_2\}$
	绿泥石	chlorite	$(MgFeAl)_6(AlSi)_4O_{10}(OH)_8$
黏土矿物			$KAlSi_3O_8$
(clay)	长石	feldspar	$NaAlSi_3O_8$
			$CaAl_2Si_2O_8$
	电气石	tourmaline	$Na(MgFeMn)_3Al_6B_3Si_6O_{27}(OH)_4$
	方沸石	analcime	$NaAlSi_2O_6 \cdot H_2O$
	斜发沸石	clinoptilolite	$(NaK)_6(SiAl)_{36}O_{72} \cdot 20H_2O$
	片沸石	heulandite	$CaAl_2Si_7O_{18} \cdot 6H_2O$
	黄铁矿	pyrite	FeS_2
	白铁矿	marcasite	FeS_2
	磁黄铁矿	pyrrhotite	$Fe_{1-x}S$
硫化物	闪锌矿	sphalerite	ZnS
(sulphide)	方铅矿	galena	PbS
	辉锑矿	stibnite	SbS
	针镍矿	millerite	NiS
	黄铜矿	chalcopyrite	$CuFeS_2$
	磷灰石	apatite	$Ca_5F(PO_4)_3$
	纤磷钙铝石	crandallite	$CaAl_3(PO_4)_2(OH)_5 \cdot H_2O$
磷酸盐	钡磷铝石	gorceixite	$BaAl_3(PO_4)_2(OH)_5 \cdot H_2O$
(phosphate)	磷铝钙石	goyazite	$CaAl_3(PO_4)_2(OH)_5 \cdot H_2O$
	独居石	monazite	$(Ce,La,Th,Nd)PO_4$
	磷钇矿	xenotime	$(Y,Er)PO_4$

续表

矿物质种类	矿物质名称	英文名称	化学式
碳酸盐 (carbonate)	方解石	calcite	$CaCO_3$
	文石	aragonite	$CaCO_3$
	白云石	dolomite	$CaMg(CO_3)_2$
	铁白云石	ankerite	$(Fe,Ca,Mg)CO_3$
	菱铁矿	siderite	$FeCO_3$
	片钠铝石	dawsonite	$NaAlCO_3(OH)_2$
	菱锶矿	strontianite	$SrCO_3$
	碳酸钡石	witherite	$BaCO_3$
	钡霞石	alstonite	$BaCa(CO_3)_2$
硫酸盐 (sulphate)	石膏	gypsum	$CaSO_4 \cdot 2H_2O$
	烧石膏	bassanite	$CaSO_4 \cdot 1/2H_2O$
	硬石膏	anhydrite	$CaSO_4$
	重晶石	barite	$BaSO_4$
	黄铜矿	chalcopyrite	$CuFeS_2$
	针绿矾	coquimbite	$Fe_2(SO_4)_3 \cdot 9H_2O$
	白铁矾	rozenite	$FeSO_4 \cdot 4H_2O$
	水铁矾	szomolnokite	$FeSO_4 \cdot H_2O$
	钠黄铁矾	natrojarosite	$NaFe_3(SO_4)_2(OH)_6$
	无水芒硝	thenardite	Na_2SO_4
	钙芒硝	glauberite	$Na_2Ca(SO_4)_2$
	六水泻盐	hexahydrite	$MgSO_4 \cdot 6H_2O$
	铵明矾	tschermigite	$NH_4Al(SO_4)_2 \cdot 12H_2O$
其他	硅酸盐	silicates	
	石英	quartz	SiO_2
	玉髓	chalcedony	SiO_2
	锐钛矿	anatase	TiO_2
	金红石	rutile	TiO_2
	软水铝石	boehmite	$Al \cdot O \cdot OH$
	赤铁矿	hematite	Fe_2O_3
	针铁矿	goethite	$\alpha\text{-}FeO(OH)$
	铬铅矿	crocoite	$PbCrO_4$
	铬铁矿	chromite	$(Fe,Mg)Cr_2O_4$
	硒铅矿	clausthalite	$PbSe$
	锆石	zircon	$ZrSiO_4$

（4）碳酸盐。碳酸盐矿物在煤化作用的第一阶段（成岩阶段）和第二阶段（变质阶段）都可形成。同生的矿物类型主要是菱铁矿和白云石，方解石和铁白云石在煤化作用的第二阶段更为常见，并沉积在裂隙中。

（5）硫酸盐。硫酸盐通常为碱金属、碱土金属和铁的硫酸盐及复盐。

（6）其他类。主要为氧化物和氢氧化物。氧化物中最常见的为石英；溶解的二氧化硅主要是长石和云母风化的结果，而其他的氧化物和氢氧化物，诸如赤铁矿、针铁矿和云母状针铁矿含量都很少。

1.1.1.3　煤中其他无机组分

在低阶煤中部分无机物并非以矿物质形式存在，而是与煤中有机组分相结合。例如，煤孔道结构的水中可以溶解某些无机组分，也有部分无机组分以离子交换态的形式存在于有机化合物中，还有某些无机组分和有机组分相结合形成了螯合物或者其他的有机金属复合物。非矿物无机组分的形成和分布主要与成煤过程中的沉积效应有关。Kiss 等[6]通过水、乙酸铵和盐酸浸出实验，研究了次烟煤中非矿物无机物的存在形态，指出钾、钠和硫可以溶解在煤的孔道水中，部分钙、镁和锰等以离子交换态存在，而铁、铝和少量钙、镁、锰与煤中有机组分形成了有机金属复合物。

煤中的微量元素也是煤中无机组分的重要组成部分，虽然微量元素所占的比例很小，但是其在煤热转化过程中的作用以及对后期灰渣的综合利用都有重要的影响。许多研究者都证实了不同的煤中矿物质与特定微量元素的含量密切相关。例如，砷、镉、硒、铊、汞、铅、锑和锌伴生于硫化物中，铷、钛、铬、锆、铪和其他一些元素与硅铝酸盐伴生，而煤中氯、硼、锗和镓有可能与煤中的有机质相结合[7-9]。

1.1.2　矿物质的热转化产物

煤中矿物质和其他无机组分在经历了煤的热转化过程（热解、燃烧和气化等）后，发生破裂、团聚和熔融等过程，主要形成灰和渣，并有少量无机物在升温条件下蒸发，其过程可以通过图 1.1 来表示。

灰渣是对煤中矿物质转化产物的宏观描述，其组成也为无机物和矿物质。因此，灰渣的组成也可以用矿物质组成来进行描述。灰渣中的矿物质组成，同样可以通过 XRD 和 SEM 等分析手段来确定。当部分矿物质以非晶态存在时，仍可以利用 XRD 和 CCSEM（computer controlled scanning electron microscope，计算机控制扫描电子显微镜）等手段确定晶体和非晶体的比例。不同温度下灰渣中可能存在的矿物质在表 1.2 中列出。

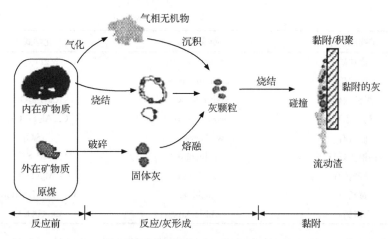

图 1.1　气化和燃烧过程煤中矿物质的演化历程[10]

表 1.2　灰渣中常见的矿物质[1,11-13]

矿物质名称	英文名称	化学式
石英	quartz	SiO_2
方石英	cristobalite	SiO_2
鳞石英	tridymite	SiO_2
偏高岭石	metakaolin	$Al_2O_3 \cdot 2SiO_2$
莫来石	mullite	$Al_6Si_2O_{13}$
钠长石	albite	$NaAlSi_3O_8$
钙长石	anorthite	$CaAl_2Si_2O_8$
透长石	sanidine	$KAlSi_3O_8$
刚玉	corundum	Al_2O_3
磁黄铁矿	pyrrhotite	$Fe_{1-x}S$
陨硫钙石	oldhamite	CaS
硬石膏	anhydrite	$CaSO_4$
文石	aragonite	$CaCO_3$
球文石	vaterite	$CaCO_3$
熟石灰	portlandite	$Ca(OH)_2$
石灰	lime	CaO
方镁石	periclase	MgO
方铁矿	wuestite	FeO
赤铁矿	hematite	Fe_2O_3
磁赤铁矿	maghemite	Fe_2O_3
磁铁矿	magnetite	Fe_3O_4
尖晶石	spinel	$Mg(Fe)Al_2O_4$

矿物质名称	英文名称	化学式
镁铁矿	magnesioferrite	$MgFe_2O_4$
钙铁矿	calcium ferrite	$CaFe_2O_4$
黑钙铁矿	srebrodolskite	$Ca_2Fe_2O_5$
钙铁铝石	brownmillerite	$Ca_4Al_2Fe_2O_{10}$
硅灰石	wollastonite	$CaSiO_3$
钙铝黄长石	gehlenite	$Ca_2Al_2SiO_7$
镁硅钙石	merwinite	$Ca_3Mg(SiO_4)_2$
黄长石	melilite	$Ca_4Al_{12}MgSi_3O_{14}$
白磷钙石	whitlockite	$Ca_3(PO_4)_2$

　　石英具有很高的熔点(约 1800℃)和较为稳定的性质,可以在 1100℃左右的高温下稳定存在。方石英和鳞石英是在高温下通过缓慢固相反应生成的,因此灰渣中有时可以发现石英、方石英和鳞石英共存的情况;当温度继续升高到 1300℃ 时,石英逐渐和其他化合物反应生成硅酸盐类物质;石英的晶体和非晶体之间的转换受体系内碱金属和碱土金属含量的影响。

　　煤中的高岭石在热转化过程中的反应产物主要为硅铝酸盐,根据转化过程反应温度和反应阶段的不同,其产物分布可以用图 1.2 来进行描述。

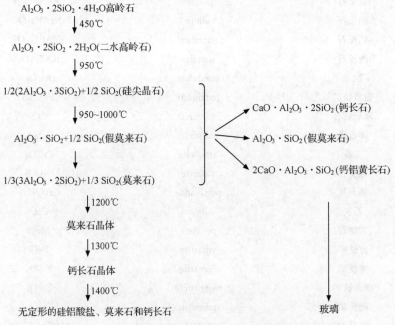

图 1.2　煤中高岭石在热转化过程中反应产物[14,15]

方解石转化为文石和球文石,并在900℃以上分解为氧化钙。氧化钙可以与气氛中的水反应生成氢氧化钙,也可以与转化过程中形成的含硫组分反应生成石膏或硬石膏,或与硅铝酸盐在高温下发生反应。白云石分两步分解为氧化钙和氧化镁。

煤中黄铁矿和菱铁矿在热转化过程中的反应和产物变化如图1.3所示。

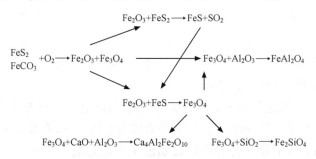

图1.3 煤中黄铁矿在热转化过程中的反应产物[16-19]

由于灰渣中矿物质含量常难以准确测定,需要复杂的测试技术和较高的实验技巧,并且测试的重复性和重现性较差,因此在研究灰渣的性质时,常用氧化物的形式来描述灰渣的化学组成。通常,采用如下几种氧化物的含量来表示灰渣的化学组成,包括氧化钙(CaO)、氧化铝(Al_2O_3)、氧化硅(SiO_2)、氧化铁(Fe_2O_3)、氧化钾(K_2O)、氧化钠(Na_2O)、氧化钛(TiO_2)、三氧化硫(SO_3)、五氧化二磷(P_2O_5)、氧化镁(MgO)、二氧化锰(MnO_2)。同时,这种方法也被用来描述煤中矿物质的含量。其中前四种为最主要的成分,其在我国典型煤种的灰渣中含量范围分别为CaO(0.4%~40%)、Al_2O_3(5%~50%)、SiO_2(10%~80%)、Fe_2O_3(1%~65%)[20,21]。

1.2 矿物质的分析测定和表征

随着技术的发展,多种手段可以用于矿物质种类和含量的测定,这些方法不仅可以用于煤中矿物质的测定和表征,同时也可以表征灰渣中的矿物质组成。但煤中矿物质含量较低,且分析过程受有机质存在的影响,因此煤中矿物质和灰渣中矿物质组成的分析表征方法存在一定的差异。

1.2.1 煤中矿物质含量的确定

在X射线衍射和扫描电子显微镜等技术尚未成熟时,煤中矿物质含量和组成需通过化学分析和计算获得,其中煤中矿物质的含量可以通过以下几种方法确定:

1. 化学计算

最早用于确定矿物质含量的方法是通过计算灰含量和其他关键无机物含量来实现的,其中较为全面的方法是 King 等[22]提出的 King-Maries-Crossley(KMC)方程,这个方程考虑了碳酸盐、氯、黄铁矿和硫酸盐等:

$$MM = 1.13\,A + 0.5\,S_{pyr} + 0.8\,CO_2 + 2.85\,S_{SO_4} - 2.85\,S_{ash} + 0.5\,Cl$$

$$(1.1)$$

式中,A 为灰分,S_{pyr} 为黄铁矿硫含量,CO_2 代表碳酸盐含量,S_{SO_4} 为硫酸盐硫含量,S_{ash} 为灰中硫含量,Cl 代表氯含量。

Pollack 等[23]在总结前人工作的基础上,使用规范的分析方法,根据无机元素含量计算全矿物质含量,这种方法将矿物质作为整体计算,不考虑每种矿物质真实的含量。Radmacher 等[24]针对高阶煤提出了采用盐酸(5 mol/L HCl)和氢氟酸(40%,体积分数)消解的方法来测定矿物质含量。后来,这种逐级消解的方法被用来选择性分离和提取煤中矿物质。

2. 氧化分离有机物

通过在不同温度和停留时间条件下加热煤样来破坏分离有机物,可以获得样品中矿物质含量。尽管加热的温度通常控制在 370℃左右,但煤中的黄铁矿、菱铁矿和其他黏土类矿物都发生了物理和化学变化,难以保持原有的质量和晶形[25],如黄铁矿等铁硫化物被氧化,叶绿钒等亚铁离子矿物转化为含三价铁的水铁钒。

通过等离子低温灰化法(low temperature ashing,LTA)可以在 120~150℃下获得未发生明显变化的矿物质,这是目前较为可靠的分析煤中矿物质的方法,特别是对于高阶煤而言。Shirazi 等[26]通过控制低温灰化时氧气的用量,可以在更低温度下(60~70℃)将煤中有机物进行分离,这种方法被称为超低温灰化(ultra low temperature ashing, ULTA)。灰化温度不超过 60~70℃时,可以更好地保持矿物质原有的形态,特别是可以减少硫的损失。通过矫正低温灰中未燃碳和残留的硫含量可以较为精确地确定煤中矿物质含量,尽管这种方法会有一些小的误差,但对于灰化学研究已经足够精确。在更高温度下(500~815℃)氧化煤样已经很难保持煤中矿物质的形态,通常被用来确定煤的灰分,此方法获得的样品可以用来研究煤中矿物质在更高温度下的演化规律。

对于高阶煤而言,热双氧水可以去除有机质而保留未改变的矿物质,但这个预氧化和诱导氧化过程会有部分煤转化为有机酸,使得少量煤颗粒溶解于其中,使得这种方法很难有更为深入的应用[27]。

3. 分离非矿物质的无机物

由于煤中存在非矿物质无机物,通过化学计算或氧化分离有机物的方法无法准确测定低阶煤中的矿物质含量。这是因为这些无机物和其他组分会与矿物质在氧化分离过程中发生反应。例如,低温灰化过程中硫可以与钙、铁等结合生成硫酸盐,这些产物虽不是煤中矿物质,但仍残留在低温灰中,因此在研究矿物质含量时有必要考虑非矿物无机物的存在。利用浸出和氧化分离法比较不同煤阶样品中矿物质含量,发现低阶煤中矿物质含量受非矿物无机物影响更为明显,这是由于低阶煤中存在大量以离子交换态形式存在的无机物[10]。Miller 等[28]发现通过选择性浸出可以有效分离非矿物无机物,并可以确定非矿物无机物的种类和含量,这种方法来源于研究土壤中可离子交换离子的含量。首先,在 20~25℃下用 1 mol/L 乙酸铵溶液将干燥的煤萃取两次(测 K、Na、Ca 和 Mg 等);然后将残渣使用 0.2 mol/L 和 2 mol/L 的盐酸提取一次(测 Cu 和 Zn 等);最后的剩余物用去离子水冲洗后干燥。通过低温灰化选择性浸出后的煤样,可以准确测定煤中矿物质的含量。虽然可进行离子交换的矿物质可以通过乙酸铵溶液浸渍提取并进行定量分析,但准确性和实验结果的稳定性还有待提高[10]。Chadwick 等[29,30]提出针对钠盐含量的两种在线分析方法。第一种是激光诱导光致碎片荧光技术,该法对弱碱含量非常敏感,NaCl 的检测限低于 0.1 ppb①,而 NaOH 的检测限小于 1ppb,并能够进行原位测定,该技术的局限是可被紫外线激发类似于煤挥发分等化学物质的干扰,适用于稀释后的荧光测定。第二种方法是为高温环境所设计的自由喷射微波光谱,该法的检测限小于 100ppb,对 NaOH 不是很敏感;该技术能够区分多类型的碱性化合物,但不能进行原位测定。随后,Chadwick 等[30]将掺钕钇铝石榴石(Nd:YAG)晶体激光源的第三谐波(波长为 355nm 的射线)代替波长为 193nm 的受激准分子激光源,发现受其他类物质的干扰减少,可以使用材料的选择性也增多。

1.2.2　光学显微镜

光学显微镜(optical microscope)表征煤中矿物质或灰渣时,可以提供的信息包括矿物质的粒径、晶体结构、组成、光学特性、分布和微观结构等。利用透射光表征煤样或渣样时,常需要特殊的制样过程,首先将样品进行树脂填埋,然后进行打磨和抛光,最后制成薄片进行表征[31,32]。

煤中硅酸盐、石英、硫化物和碳酸盐可以在光学显微镜下分辨,并通过手工的

---

① ppb 为行业惯用的非规范表达方式,量级为 $1×10^{-9}$。

方法分离。偏光显微镜利用反射光和透射光的模式可以分辨煤中硫化物、氧化物和外来矿物;通过点计数法还可以定量分析煤和灰渣中石英、长石、碳酸盐、硫化物、云母和黏土矿物的含量,但是这种方法的可靠性较低,精确度较低(<1%),且重复性较差。

Ward 等[33]比较了光学显微镜与低温灰化法获得的矿物质总量,发现点计数法获得的结果明显低于低温灰化法,如图 1.4 所示,通常为低温灰化法确定数值的1/2,这主要是由于显微镜分辨率和矿物质反射率偏低。光学显微镜的分辨率是影响其应用范围和分析结果准确性的重要因素。

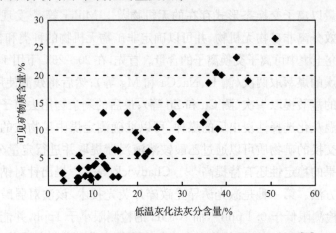

图 1.4　点计数法和低温灰化法确定矿物质总量的比较[33]

灰渣中的某些矿物或颗粒同样可以通过光学显微镜加以确定,包括硅铝酸盐、石英和菱铁矿等,但很难获得定量的结果,特别是对于熔融态的灰渣。通过配置光学显微镜的附件可以实现在线的元素组成分析,配置高温样品台可以考察灰渣在高温过程中的演化过程。

1.2.3　扫描电子显微镜

扫描电子显微镜(SEM)被认为是煤中矿物质分析的最佳方法,通过二次电子(secondary electron,SE)和背散射电子(back scattered electron,BSE)模式可以获得较高的分辨率,且通过 X 射线能谱的附件可以确定矿物的元素组成。随着技术的发展,计算机控制扫描电子显微镜(CCSEM)技术被用于研究表征煤中矿物质[32]。

Galbreath 等[34]比较了不同种类 CCSEM 技术的分析测试结果,认为结果的重现性较差,特别是黏土类矿物质的分析结果,这可能和黏土类矿物的分布和赋存形态有关。Chen 等[35]利用 CCSEM 考察了飞灰中矿物质组成和分布情况,认为高钙煤飞灰的主要组成为钙铝硅酸盐,而且 CCSEM 还可以很好地分辨超细灰中微量的矿物质,如硫酸盐、铁氧化物、钒酸盐和磷酸盐。Huffman 等[36]利用 CCSEM 考察了钙、铁和碱金属等元素在燃烧过程中的变迁,发现了硫酸钙、碱金属硫酸盐和富铁氧化物的富集过程,并认为这是燃烧过程中引起矿物质结渣的主要原因。

Creelman 等[37]利用 CCSEM 定量分析煤中各种矿物质的含量,这种方法也被称为 QEM * SEM(quantitative evaluation of materials by scanning electron microscopy,扫描电子显微镜定量分析)。此技术首先确定每个点的元素组成之间的关系,然后通过软件处理为矿物质或矿物官能团,最后将若干个点的数据进行综合可以获得煤中不同矿物质的含量。Liu 等[38]利用 QEMSCAN® 研究了 14 种煤中矿物质的分布情况,指出原煤中矿物质与有机质的结合方式,并通过基于 CCSEM 的模型预测飞灰中矿物质的组成。

1.2.4　电子微探针分析

电子微探针分析(EMPA)同样需要借助于电子显微镜,但其定量分析的准确性较好,其中 X 射线荧光同步探针在同类技术中具有更高的分辨率和准确性[39,40]。

Patterson 等[41]利用 EMPA 确定了 85 种澳大利亚煤中不同碳酸盐的形态和含量,测定了石灰石、菱铁矿和白云石中矿物质的组成和含量范围;Zodrow 等[42]发现了煤中菱铁矿在加拿大煤中矿化和伴生元素的规律;Koller[43]利用 X 射线荧光同步探针技术定量分析了伊利诺伊煤中微量元素的赋存规律。

1.2.5　X 射线衍射

结晶态的矿物质可以通过 X 射线衍射(XRD)的方法确定,而且这是最早用于确定煤中矿物质种类的方法之一。自从 Alexander 和 Klug 建立了 X 射线衍射定量分析理论基础半个世纪以来,利用 X 射线衍射定量分析矿物质的含量得到了很大发展[44]。煤和灰渣中常见矿物质的三强线如表 1.3 所示。尽管 XRD 用于煤中矿物质研究已经有很长的历史,且可以有效地确定矿物质种类,但在定量分析煤中矿物质时受到较多的限制和影响。例如,矿物质不同的结晶度、样品的择优取向和煤中其他混合物对 X 射线的吸收都会造成衍射结果的不确定性,所以利用 XRD 分析煤的低温灰化产物是分析矿物质组成的有效途径[12,13]。

表 1.3　煤和灰渣中常见矿物质的三强线[44-53]

中文名	英文名	D值(%,相对强度)
石英	quartz	3.34(100), 4.26(35), 1.82(17)
高岭石	kaolinite	7.09~7.17(100), 3.57(80), 2.38(25),
伊利石	illite	3.32(100), 4.98(60), 10.0~10.08(9)
蒙脱石	montmorillonite	12.0~15.0(100), 4.50(8), 1.50(6)
绿泥石	chlorite	14.3~14.0(100), 4.78~4.68(60), 3.60~3.50(60)
混层伊利石蒙脱石	mixed layer illite montmorillonite	10.0~14.0(100), 7.24(30)
方解石	calcite	3.04(100), 2.29(18), 2.10(18)
白云石	dolomite	2.88(100), 2.19(30)
菱铁矿	siderite	2.79(100), 3.59(60), 2.13(60)
文石	aragonite	3.40(100), 1.98(65), 3.27(52)
黄铁矿	pyrite	1.63(100), 2.71(85), 2.42(65)
石膏	gypsum	7.56(100), 3.06(55), 4.27(50)
金红石	rutile	3.26(100), 2.49(41), 2.19(10)
长石	feldspars	3.18~3.24(100)
铁白云石	ankerite	2.91(100), 2.20(5), 1.82(5)
埃洛石	halloysite	10.02(100), 4.37(70), 3.35(40)
硬石膏	anhydrite	3.51(100), 2.85(29), 2.33(20)
赤铁矿	hematite	2.70(100), 2.52(70), 1.69(45)
磁铁矿	magnetite	2.53(100), 1.48(40), 2.96(30)
陨硫钙石	oldhamite	2.84(100), 2.01(70), 1.65(21)
钙铝黄长石	gehlenite	2.84(100), 1.75(25), 3.06(21)
镁黄长石	akermanite	2.87(100), 3.09(23), 1.75(20)
钙长石	anorthite	3.18(100), 3.21(88), 3.19(60)
拉长石	labradorite	3.20(100), 3.18(72), 4.05(57.1)
钠长石	albite	3.18(100), 3.19(68), 4.04(27)
莫来石	mullite	3.39(100), 3.43(95), 2.21(60)
硅线石	sillimanite	3.42(100), 3.36(35), 2.20(30)
蓝晶石	kyanite	3.18(100), 1.37(75), 3.36(65)
铁尖晶石	hercynite	2.46(100), 2.88(56), 1.44(42)
假蓝宝石	sapphirine	2.46(100), 2.02(67), 3.02(50)
斜辉石	augite	2.99(100), 3.23(67), 2.94(63)
铁橄榄石	fayalite	2.50(100), 2.83(86), 1.77(79)
钙铝榴石	grossular	2.69(100), 3.02(40), 1.60(40)
镁橄榄石	forsterite	2.46(100), 2.51(83), 3.88(76)

　　许多半定量的方法被用于分析灰中矿物质组成[45]。Klug 等[46]通过添加已知量的矿物质来确定灰中矿物质主要衍射峰的相对强度,从而确定矿物质的含量。Gupta 等[47]采用外标法定量分析了煤灰、灰沉积物以及改良的灰熔融物,研究了它们的矿物行为,在所有低灰熔融点的灰中发现了大量石英和高岭石,以及少量的锐钛矿、石膏、菱铁矿、伊利石和蒙脱石。在一些煤中发现了少量的方沸石或白榴石以及痕量的黄钾铁矾或黄铁矿,但未发现磷酸盐矿物(如磷灰石)。在灰沉积物以及改良灰熔融物中发现了石英、多铝红柱石、方石英、赤铁矿、磁铁矿、石膏、锐钛矿和玻璃体。这种方法的准确性较高,但受到矿物质晶形差异的影响,且标准曲线的测定过程复杂耗时,从而使得这种方法的应用受到限制。

　　由于外标法等方法存在很多缺点,如在把纯标样加入待测试样中混合均匀,研磨过程中会使不同硬度混合物颗粒度差别增大、增大择优取向和改变织构状态,甚至会引起化学反应、水化反应和应力相变,使定量分析产生较大的误差,所以近年来不需要添加纯试样的无标样法逐渐发展起来,其中较为常用的有 K 值法、无标联立方程法和 Rietveld 全谱拟合法[42-50]。Renton 等[48]提出了基于衍射峰强度的方法来确定矿物质的含量,但此方法的重现性较差。Rietveld 方法通过全谱拟合可以获得更详细的矿物质晶体参数和更准确的定量结果。O'Gorman 等[49]利用 Rietveld 方法定量分析了矿物质混合物。Chung 等[50]利用美国国家标准与技术研究所(National Institute of Standards and Technology,NIST)的标准谱图提供的结构数据,通过相对强度值(reference intensity ratio,RIR)进行定量分析,获得了较好的结果,但是发现非晶体含量对定量分析有较大影响,所以此方法不适用于非晶体对背景影响较大的情况。Mitchell 等[51]通过添加氧化铝和金红石作为标样,利用 Rietveld 全谱拟合方法分析水泥中的矿物质组成。当非晶体含量不超过15%时,对晶体和非晶体含量的分析都有较好的准确性。Ward 等[52]利用 XRD 分析了煤燃烧飞灰中的矿物质组成。通过全谱拟合方法得到了飞灰中矿物质晶体和非晶体的含量,而且 XRD 分析得到的晶体含量和非晶体含量与元素分析结果的一致性较好。然而,利用 Rietveld 全谱拟合方法时,通常采用小步长 0.01°和较长的停留时间 0.5s,以获得较高的衍射强度,但这样的操作条件费时较多。所以,在考察矿物质组成过程中,可采用 Chung 等[50]的 RIR 法进行无标定量分析,不仅快捷简便,而且准确度较高。但 RIR 法最大的问题是部分物质的 RIR 值缺失,需要根据晶体结构计算得到,但 RIR 的计算值通常偏大,造成计算出的部分矿物质的含量比真实值偏低。

　　XRD 在煤灰中矿物质测定过程中也有一些独特的发现。Diamond[53]首先发现矿物质特征图谱的衍射角 2θ 与粉煤灰的 CaO 含量有关,在 CaO 含量小于 20%

时,衍射角 2θ 与 CaO 含量有很好的线性关系,对 CaO 含量为 20％～30％时出现的不连续情况,他认为这可能是因为粉煤灰中存有类似于 $C_{12}A_7$ 的铝酸盐。Hemmings 等[54]也对大量粉煤灰的衍射角 2θ 与 CaO 含量的关系进行了研究,虽然研究结果证实 2θ 与 CaO 含量之间有一定的对应关系,但存在类似 Diamond 那样好的线性关系难以令人相信,并且对高 CaO 含量时就存在 $C_{12}A_7$ 的解释也表示怀疑。Hemmings 等[54]认为 XRD 高角度特征峰(32°)并非由于 $C_{12}A_7$ 的存在,而是由其他改性硅酸盐引起,类似于钙长石(CAS$_2$,I_{100}=3.20 Å),钙铝黄长石(C_2AS,I_{100}=2.85 Å),黄长石(C_2AS-CMS_2,I_{100}=2.89 Å)和默硅镁钙石(C_3MS_2,I_{100}=2.69 Å),从组成上反映 Ca、Mg、Al 和 Mg 的玻璃及其变化。

利用高温 X 射线衍射(high-temperature X-ray diffraction, HTXRD)可以研究物质在原位条件下的反应和变化,虽然这种方法应用于材料性质的研究已经有很长一段时间,但限于高温系统和封闭腔室的设计,近 10 年来才用于研究高温下煤中矿物质的性质。利用 HTXRD 可以直接获得不同温度下矿物质的衍射谱图,为研究热转化过程中矿物质变化规律提供了便利。如图 1.5 所示,Grigore 等[55]利用 HTXRD 考察了煤焦化过程中矿物质含量的变化规律,但是谱图分析过程中存在的影响因素较多,高温条件下获得的衍射峰弥散程度较高会增加定量分析的误差,特别是煤焦碳化过程中 d_{002} 和 d_{100} 晶面变化增加了定量分析的难度。

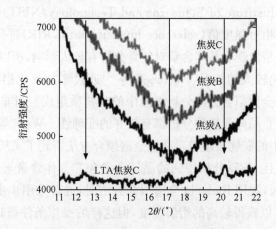

图 1.5　煤焦和低温灰的 HTXRD 图[55]

Waanders 等[56]利用 HTXRD、FactSage 和 CCSEM 表征了南非高原地区典型煤中矿物质在高温气化条件下的演化过程,HTXRD 所获得的分析结果与 FactSage 和 CCSEM 所获得结果相吻合,说明利用煤灰或渣作为研究对象时,HTXRD 可以获得较好的分析结果,这对研究热平衡条件下矿物质的转化和反应非常有利。如

图 1.6 所示,van Dyk 等[57]研究了煤中矿物质在升温熔融过程中矿物质的转化规律,利用 HTXRD 证明了高岭石经过偏高岭石的中间体形成莫来石,以及白云石生成方镁石等反应历程,同时还发现灰渣中矿物质结晶度随温度升高而逐渐降低。

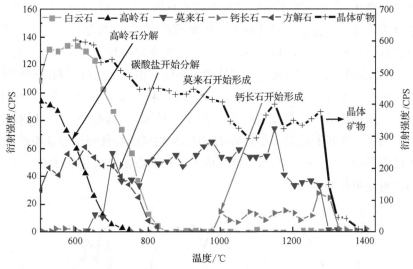

图 1.6　HTXRD 表征矿物质随温度升高的变化[56]

1.2.6　红外光谱

红外光谱(infrared spectrum,IR)在矿物质鉴别方面的应用远少于在有机物方面的应用,但合理应用红外光谱分析矿物质不仅可以获得与其他方法相似的结果,还可以获得 XRD 等手段无法获得的结构信息。煤和灰渣中常见矿物质的红外光谱特征峰如表 1.4 所示[58,59]。红外光谱的峰强虽然不与含量线性相关,但是可以大致判断含量变化的规律。由于受到煤中有机物机体效应的影响,红外光谱

表 1.4　标准矿物质的红外吸收特征峰[58-68]

矿物种类	特征峰/cm^{-1}
高岭石	3695、3665、3650、3620、1640、1108、1025、1000、910、782、749、690、530、460、422、360、340、268
伊利石	3620、1640、1070、1015、920、820、750、510、460
钠蒙脱石	3625、3400、1640、1110、1025、915、835
方解石	1782、1420、871、842、710、310
白云石	1435、875、730、390、355、310
黄铁矿	411、391、340、284
石英	1160、1065、790、770、687、500、450、388、362、256
石膏	3605、3550、1615、1150、1110、1090、660、595、450

多用于确定煤中矿物质的类型和矿物质官能团,当红外光谱用于分析灰渣中矿物质时可以获得较好的结果。

Kister 等[65]通过纯高岭石红外光谱的外标曲线,根据 1100 cm^{-1} 和 460 cm^{-1} 处特征峰的变化,定量分析了不同煤灰中高岭石的含量。O'Gorman 等[49]利用红外光谱分析了低温灰化法获得的煤灰中矿物质的组成,较好地解释了红外光谱随高岭石含量变化的规律。Sahama 等[66]利用红外光谱分析了钙铝黄长石在 800～1100 cm^{-1} 形成的扩展谱带,通过谱带的尖锐程度和位置变化可以判断硅铝酸盐结构中 Al/Si 有序性的变化。Mukherjee 等[67]综合利用文献中的数据,利用红外光谱考察了原煤和灰渣中矿物质在低温下的变化情况,所得结果与 XRD 有较好的一致性。图 1.7 为煤和低温灰的红外光谱图,矿物质的特征峰均非常接近,主要区别在于低温灰中 3000～4000 cm^{-1} 范围内—O—H 峰变得尖锐和 1500 cm^{-1} 左右芳香结构对应吸收峰消失。

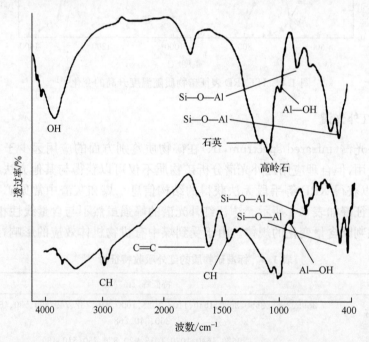

图 1.7　煤和低温灰的红外特征峰[67]

采用红外的振动光谱研究矿物质组成和结构非常有效,振动光谱在揭示短程(原子间)有序状态时更为有用[68]。由于高温熔融态下非晶体组成较多,XRD 无法提供组成信息。光谱的特征带随粉煤灰经历的温度不同而存在差异,比较宽的光谱带集中在 1000 cm^{-1} 附近,这可能是由铝硅酸盐的不对称振动 ν_a(Si—O—Si

或 Si—O—Al)引起的;其他特征光谱带,700～800 cm^{-1}为 ν_a(Si—O—Si),450～520 cm^{-1}为 Si—O 的弯曲振动,1630 cm^{-1}为 H—O—H 的弯曲振动。尽管红外光谱给出的是平均意义上的图像,但仍可利用其进行一些推断,如 ν_a(Si—O—Si)带的频率表示铝硅酸盐网架的聚合程度,通常频率越低,聚合程度也越低,即网架有比较低的连通性。钱觉时等[69]的研究表明 ν_a(Si—O—Si)与改性剂的量之间有很好的线性关系,认为不同粉煤灰及矿渣中硅酸盐的聚合程度为:沥青煤的粉煤灰(低钙)＞亚沥青煤粉煤灰(高钙)＞褐煤粉煤灰＞矿渣。李慧等[70]利用红外光谱研究了添加助熔剂的煤中矿物质的变化情况,指出根据红外特征峰可分析矿物质组成的变化,而且依据 Fe—O 特征峰的变化可预测助熔剂对灰熔融性的影响。Bai 等[71]利用 FTIR 分析了高温灰渣中矿物质组成,阐明了高温下矿物中铁氧化物和含铁硅酸盐的转化规律。

1.2.7　拉曼光谱

当一束频率为 ν_0 的单色光入射到被研究的物质(固体、液体或气体)分子上时,一部分被透射,一部分被反射,还有一部分向四面八方散射。若对散射光所包含的频率进行分析,发现散射光中既包含与入射光频率相同的光谱(ν_0),同时也包含一部分频率发生改变的光谱($\nu=\nu_0\pm\nu_m$)。早在 1923 年,A. Smekal 就从理论上预言了光谱的这种现象,直到 1928 年,印度物理学家拉曼(C. V. Raman)在研究液体苯的散射光谱时,才从实验中发现并证实了这种散射,拉曼本人因此获得了1930 年的诺贝尔物理学奖,而这种散射现象也从此被命名为拉曼散射(也称拉曼效应、拉曼光谱)。

拉曼光谱用于硅酸盐和硅铝酸盐玻璃有较多研究,通常认为出现在 800～1200 cm^{-1}范围内的拉曼谱峰是由硅氧四面体中 Si—O$_{nb}$间非桥氧的对称伸缩振动引起,而且随着硅氧四面体中桥氧数目 i 值的增加,Q_i 中非桥氧对称伸缩振动的频率也增大。硅酸盐的五种 Q_i 结构单元在拉曼光谱中均具有与对应的特征谱线,1100 cm^{-1}、1000 cm^{-1}、930 cm^{-1}和 850 cm^{-1}附近的拉曼谱峰分别对应于 Q_3、Q_2、Q_1 和 Q_0 的非桥氧对称伸缩振动,这也是公认的定性识别 Q_i 的依据[72,73]。

在硅酸盐体系中,随着 Al 的加入,拉曼光谱会发生一系列明显的变化。一般认为,常压下,该体系的结构与 SiO$_2$ 熔体结构类似,但是,所有的拉曼振动都随着熔体中 Al/(Al+Si)的增加而向低频区移动。而位于高频区 900～1200 cm^{-1}范围的对称伸缩振动对铝含量的变化反应最为敏感。对(Si,Al)—O—(Si,Al)的应力常数进行计算获得,其应力常数随着 Al 的增加而减小。然而,由于铝在硅酸盐熔体中存在多种的配位形式,使得铝对硅酸盐拉曼光谱的影响尚未取得成熟的定量描述结果[74]。

　　煤灰或渣的拉曼光谱通常难以获得精确的定量结果,仅能从总体上描述硅铝酸盐结构的变化。各吸收峰的归属如下:1000 cm^{-1}左右的 Si—O$_{nb}$对称伸缩振动,500 cm^{-1}左右 Si—O$_{br}$或 Al(Ⅳ)—O$_{br}$对称弯曲振动,705 cm^{-1}谱峰是 Al(Ⅳ)—O$_{nb}$四配位铝引起的对称伸缩振动,718 cm^{-1}处微弱特征峰是 Al(Ⅵ)—O$_{nb}$,Al(Ⅴ)—O$_{nb}$间非桥氧对称伸缩振动,200~300 cm^{-1}处 Al(Ⅵ)弯曲振动,如图1.8所示。

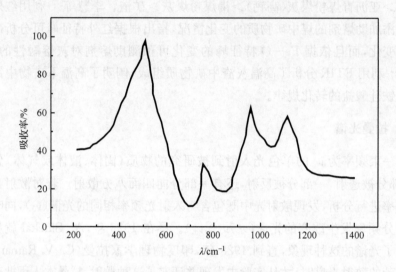

图 1.8　熔渣的 Raman 光谱[75]

1.2.8　热分析

　　热分析(thermal analysis)方法包括差热分析和热重分析等,可用于分析矿物质的种类,该方法基于升温过程中不同矿物质反应和相变过程的质量和热量变化。热分析法通常可以辨别硫酸盐、硫化物、硅酸盐和碳酸盐,但也受到煤中有机质热解反应的影响。如图1.9所示,热解反应导致200~700℃吸放热峰较宽,并与矿物质的峰发生重叠,难以辨别[76]。

　　热分析用于分析灰渣中矿物质包括低温灰时可以获得较好的结果,通常可以获得以下几种信息[29,76]:①150℃以前吸热峰表明有吸附水存在;②600℃以前放热峰代表黏土类矿物质的结晶水和羟基的脱除;③500~650℃吸热峰表明氢氧化钙脱羟基;④650~750℃吸热峰通常由方解石分解引起;⑤1150~1250℃发生硫酸钙分解,反应吸热。然而,Mukherjee 等[67]分析和总结印度煤灰和标准物质的热分析数据得到了更为详细的结果表明:①180℃以前的吸热峰为脱除吸附水和结晶

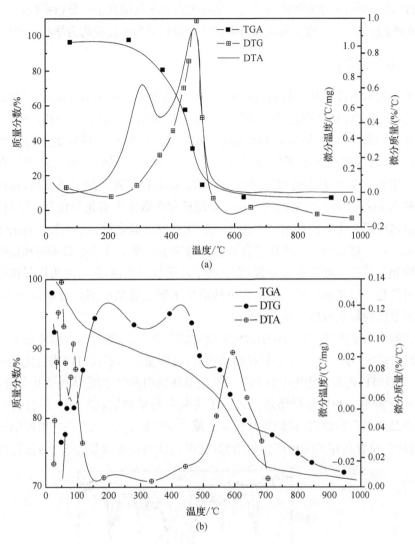

图 1.9　煤和煤灰热分析对比图[76]

(a) 煤；(b) 煤灰

水；②380～670℃的吸热和失重是由黄铁矿和白铁矿氧化分解导致的；③280～390℃的失重为硬石膏、黏土矿物等分解；④500℃左右的吸热峰可以认为是由黏土类和含羟基矿物脱羟基引起的；⑤绿泥石和云母等在 600～700℃产生吸热峰；⑥600℃以上菱铁矿和其他碳酸盐会有轻微的脱碳现象，在 610～730℃会有吸热和失重现象。

煤灰是复杂的混合物，所得结果与纯物质热分解时得到的温度范围会有一些差异,所以热分析用于煤和灰渣中矿物质的能力远低于其他光谱类分析手段,但由于其是个连续的过程,通过改变气氛和升温速率会得到矿物质反应动力学相关的信息。

1.2.9　穆斯堡尔谱

对于表示磁性特征的材料,穆斯堡尔谱学(Mössbauer spectroscopy)有相当普遍的应用,其中包括对固态物相的鉴定。如果材料不止一种含铁的相,那么每一种相对应的穆斯堡尔谱(Mössbauer spectrum),可与已知相的穆斯堡尔标准谱相比较,这与采用 X 射线衍射图样分析的方法是一致的。当然,穆斯堡尔谱学在这方面的应用远不及 X 射线衍射那样普遍。但是穆斯堡尔效应的灵敏度高,可以检测到有些 X 射线检测不出来的第二相。穆斯堡尔参数主要有化学位移、电四极分裂和磁超精细场。化学位移主要取决于核位置处的电荷密度,这与原子的化学键价态和配位状态密切相关。电四极分裂是由穆斯堡尔原子核的电四极矩和核处的电场梯度相互作用引起的能级分裂,它反映了原子核对称性,同时也可以提供化学键的重要信息。磁超精细场大小可以由穆斯堡尔谱上磁超精细分裂峰间距得出,这是识别磁性颗粒成分的重要依据[77-81]。

穆斯堡尔谱是表征煤和灰中含铁矿物质的有效手段,通过与文献中已有参数的比较可以确定不同相。对于含铁矿物质而言,穆斯堡尔谱不仅可以进行定性和定量分析,而且可以确定矿物质中的 Fe^{2+}/Fe^{3+}、晶体结构参数、固溶体种类和含量。

杨南如等[79]利用穆斯堡尔谱表征了飞灰中的矿物质,图 1.10 对分析结果进行最小二乘拟合和解谱,将结果与相关文献中的参数对比(表 1.5),根据谱图的吸收峰样式、位置和相关的穆斯堡尔指标,就可定性判别各含铁组分;通过对吸收峰

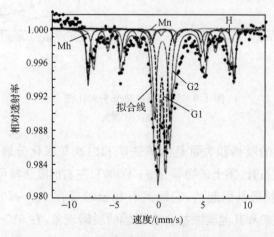

图 1.10　灰渣的穆斯堡尔谱图及拟合结果[79]

G1:硅酸盐玻璃体 Fe^{3+};H:赤铁矿;Mh:磁赤铁矿;Mn:磁铁矿;G2:硅酸盐玻璃体 Fe^{2+}

面积的定量测定可估算出含铁相中铁的相对含量。

表 1.5　煤灰中铁相拟合参数[79]

温度/℃	含量/%	化学位移/(mm/s)	电四极分裂/(mm/s)	磁超精细场/[10^6/(4πA·m)]	铁相
	14.5	0.34	0.63	—	硅酸盐玻璃体 Fe^{3+}
	31.7	0.36	−0.20	511	赤铁矿
1200	29.3	0.37	0.10	482	磁赤铁矿
	7.2	0.90	−0.95	425	磁铁矿
	17.4	0.35	1.26	—	硅酸盐玻璃体 Fe^{2+}

　　Bandyopadhyay[81]利用穆斯堡尔谱分析了煤中含铁矿物质的种类和含量,结果和红外光谱表征结果相匹配;Montano 等[82]认为通过穆斯堡尔谱获得的煤中含铁矿物质含量与化学分析法的结果非常接近,并且 Gracia 等[83]认为穆斯堡尔谱可替代化学法用于分析煤中黄铁矿含量。

　　对于灰渣中的矿物质,穆斯堡尔谱不仅可以用于定性和定量分析含铁矿物质,更重要的是可以用于确定其中铁的价态分布和灰渣所经历的化学环境。例如,Northfleetneto 等[84]利用穆斯堡尔谱表征了二价铁硫化物氧化为三价铁硫酸盐和氢氧化铁的转化程度,从而可以确定矿物质所处化学环境的还原程度:①强还原气氛 $Fe^{2+}/\sum Fe > 0.5$;②弱还原气氛 $Fe^{2+}/\sum Fe > 0.27$;③氧化气氛 $Fe^{2+}/\sum Fe < 0.25$。同时,由于 Fe^{2+}/Fe^{3+} 在硅酸盐熔体结构中起不同作用,Fe^{3+} 对硅酸盐网格结构起稳定作用,而 Fe^{2+} 通常起到解聚网格结构的作用,确定其比例对研究铁在硅酸盐熔体中的性质具有重要意义[85]。

1.2.10　核磁共振波谱

　　原子核由质子和中子组成,它们均存在固有磁矩。原子核在外加磁场作用下,核磁矩与磁场相互作用导致能级分裂,能级差与外加磁场强度成正比。如果再同时加一个与能级间隔相应的交变电磁场,就可以引起原子核的能级跃迁,产生核磁共振(nuclear magnetic resonance,NMR)。核磁共振分析能够提供三种结构信息:化学位移、偶合常数和各种核的信号强度比。通过分析这些信息,可以了解特定原子(如^{1}H、^{13}C、^{19}F 和 ^{27}Al 等)的原子个数、化学环境、邻接基团的种类,甚至连分子骨架及分子的空间构型也可以研究确定,所以核磁共振在化学、生物学、医学和材料科学等领域的应用日趋广泛[86]。

　　近年来,核磁共振被用于研究煤及灰渣中矿物质转化规律。Rocha 等[87]采用^{27}Al 和^{29}Si 高分辨固体核磁分析了高岭石的转化过程,描述了热分解过程中 Si 和 Al 配位的变化和生成产物的形态。Lin 等[88]将固体核磁技术用于表征不同温度下煤灰中矿物质随 CaCO$_3$ 添加发生的变化,描述了矿物质间反应加速煤灰熔融的过程,指出共熔体的形成是玻璃体大量出现的主要原因,解释了 CaCO$_3$ 降低黏度是由 Ca^{2+} 改变熔体结构单元尺寸造成的(图 1.11)。

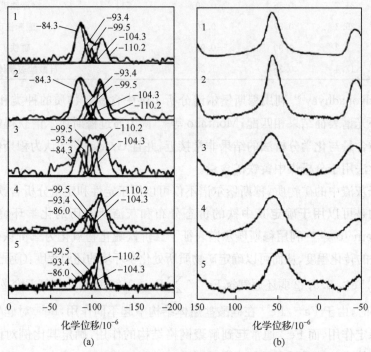

图 1.11　大同煤灰添加助熔剂的^{29}Si 和^{27}Al 固体核磁谱图[83]

(a) ^{29}Si; (b) ^{27}Al

1. 原煤;2. 添加 10%CaCO$_3$;3. 添加 15%;4. 添加 20%;5. 添加 25%

1.2.11　元素分析

灰渣中矿物质的元素分析(elemental analysis)可以通过如下方法进行测定:①常用的方法包括化学法滴定、原子吸收分光光度法(AAS①)、电感耦合等离子-原子发射光谱(ICP-AES②)、X 射线荧光光谱(XRF③)等手段分析灰渣包括低温灰中的矿物元素组成和含量;②质子激发 X 射线光谱、离子色谱等均可以用于矿物

---

①　AAS:atomic absorption spectrophotometry。

②　ICP-AES:inductively coupled plasma-atomic emission spectroscopy。

③　XRF:X-ray fluorescence。

质元素测定；③X 射线精细结构（XAFS①）、X 射线吸收近边结构光谱（XANES②）、X 射线光电子能谱（XPS③）和拉曼光谱（Raman spectroscopy）等不仅可以用于确定矿物质元素，还可以确定某些元素的价态，此类方法的优势还在于对样品不具破坏性[1,10,12,13]。例如，随着技术的发展，XPS 也被用作电子能谱进行元素分析。当固体颗粒受到近单色 X 射线的辐射时，释放出光电子，XPS 通过检测光电子的动能来确定中心电子以及价电子的结合能；由于中心电子的结合能是每种元素所特有的，因此元素的官能团和氧化程度的变化可以引起该元素特有的结合能的变化，所以 XPS 可以用于分析矿物质组成，特别是含铁矿物质含量和铁的价态分布。

1.2.12　热力学计算

热力学计算（thermodynamic calculation）不能作为直接测定矿物质组成的方法，但以元素组成为基础，根据已知矿物质的热力学计算，可以获得高温下灰渣在热力学平衡态下的矿物质组成，结果与实际情况的差异取决于灰渣在高温下的停留时间。目前，CAPHALD 和 FactSage 等热力学软件均可用于计算高温下矿物质组成，而 FactSage 由于其完善的氧化物和矿物质数据库，在煤和灰渣中矿物质转化性质等方面的研究中广泛应用。

FactSage 是化学热力学领域中世界上完全集成数据库最大的计算系统之一，创立于 2001 年，是 FACT-Win/F* A* C* T 和 ChemSage/SOLGASMIX 两个热力学软件包的结合。FactSage 主要是通过熔盐、氧化物和无机物热力学计算发展起来的，适合于材料科学、火法冶金、湿法冶金、电冶金、腐蚀、玻璃工业、燃烧、陶瓷和地质等行业，也可用于计算金属相图，其应用贯穿于整个冶金及材料加工过程。其中以金属熔液、氧化物液相、熔盐和水溶液等数据库和炉渣数据库最为全面，同时也包括钢铁、轻金属、贵金属等合金数据库和部分简单有机物质的数据库。FactSage 软件可以使用的热力学数据包括数千种纯物质数据库和经评估及优化过的数百种金属熔液、氧化物液相、熔盐和水溶液等数据库。FactSage 软件计算功能强大，除多元多相平衡计算外，还可进行相图、优势区图、电位-pH 图的计算与绘制、热力学优化和作图处理[89]。

Bale 等[90]研发的 FactSage 中包含了大量氧化物、硅酸盐和硅铝酸盐的热力学数据，因此被广泛用于煤中矿物质热转化过程的研究，特别是对于某些通过常规分析无法获得的信息。例如，用于计算煤灰的全液相温度、固相温度、在不同温度

---

①　XAFS：X-ray absorption fine structure。

②　XANES：X-ray absorption near-edge spectroscopy。

③　XPS：X-ray photoelectron spectroscopy。

下固相的相对含量和液相中的化学组成,同时可用于预测煤灰在加热与降温过程中的矿物相变化过程。随着矿物质热力学数据的不断丰富,通过计算的途径可以获得更多和更为准确的高温下矿物质变化的信息。

FactSage 模型用于计算时对热力学数据进行了优化选择。以 $CaO\text{-}SiO_2\text{-}Al_2O_3\text{-}Fe_2O_3\text{-}FeO$ 的五元体系为例,其中包括 10 个二元体系、10 个三元体系和 5 个四元体系。通常建立数据库的方法为从二元体系到三元体系以及四元体系。但 FactSage 的模型对此进行了修改,以使该模型适应煤灰组成的计算。首先,没有同时包含有 Fe(Ⅱ)和 Fe(Ⅲ)的含铁体系的数据;其次,许多低级的体系没有足够的实验数据获得每相的热力学性质。因此,FactSage 利用高级体系为低级体系确定计算参数的方法实现优化[91]。

FactSage 用于灰化学研究的方法最早由 Jak 等提出并用于澳大利亚煤灰的研究中,随后被广泛应用[91]。

1.2.12.1　液相温度变化规律

根据灰化学组成通过计算得到完全液相温度。Jak 等[91]提出利用 FactSage 计算助剂对完全液相温度的影响,如图 1.12 所示。

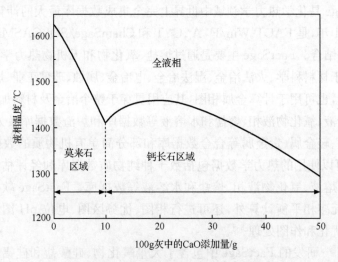

图 1.12　CaO 对完全液相温度的影响[91]

1.2.12.2　固液相组成随温度变化

虽然通过相图可以获得固液相随温度变化规律,但获得的方式较为繁琐。可以利用 FactSage 计算获得各温度下的固液相组成,并与温度进行关联作图。通过

图 1.13 可以简便地获得固液各相的组成变化。

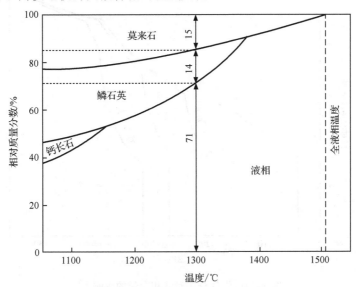

图 1.13　温度对矿物组成的影响[91]

1.2.12.3　气体分压对液相含量的影响

利用 FactSage 可以计算不同分压下矿物质组成和液相温度等信息。Jak 等[91]考察了氧气分压对液相含量的影响。如图 1.14 所示,随着氧气分压增加,煤灰中 Fe(Ⅱ)转化为 Fe(Ⅲ),导致产生液相的温度升高,但在空气条件下,液相含量形成的温度范围较窄。

1.2.12.4　相图

相图是灰化学研究中重要的理论计算工具,根据相图可以获得如下信息:①根据化学组成判断主要的矿物质组成;②根据化学组成判断完全熔融温度;③判断温度变化对组成的影响;④根据希望得到的矿物组成确定化学组成。灰化学研究中最常用的是二元、三元和四元体系,但通常为了简便起见,将四元体系简化为拟三元体系,这样就可以用三元相图表示近似的四元体系。

简化方法的思想为减少一元,将复杂体系转化为可以采用平面表示的体系,常用的方法有:①将含量较低的组分加以忽略。例如,我国部分无烟煤煤灰中硅铝总和较高,$SiO_2 + Al_2O_3 > 90\%$,这时可以采用 SiO_2-Al_2O_3 二元相图(图 1.15)表示其组成和温度等因素的关系。②固定某两种组分的比例。如图 1.16 所示,CaO-Al_2O_3-

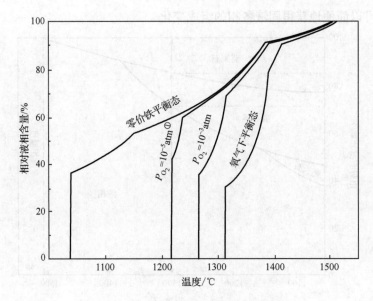

图 1.14　氧气分压对液相含量的影响[91]

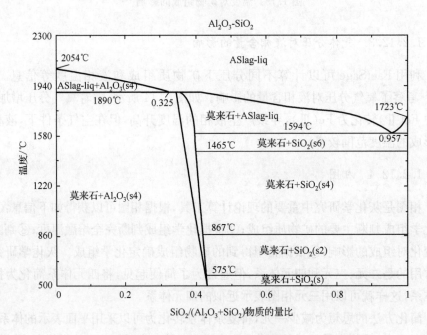

图 1.15　SiO₂-Al₂O₃ 二元相图

---

① 1atm＝1.013 25×10⁵Pa。

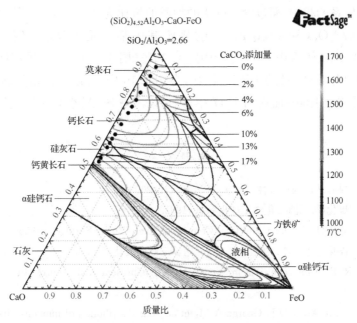

图 1.16（另见彩图）　CaO-Al$_2$O$_3$（SiO$_2$）$_{3.82}$-FeO 拟三元相图

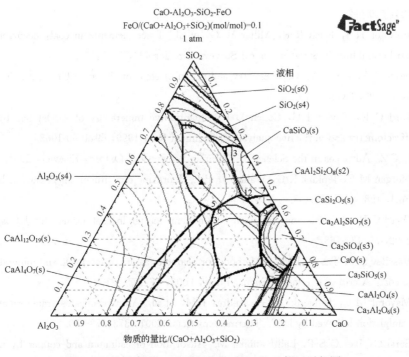

图 1.17（另见彩图）　CaO-Al$_2$O$_3$-SiO$_2$-FeO 拟三元相图

FeO 的质量分数为 15%

FeO-SiO$_2$ 体系的相图,通过固定硅铝的物质的量比为 3.82,将四元体系简化为三元,如 CaO-Al$_2$O$_3$(SiO$_2$)$_{3.82}$-FeO。③固定其中某一元的含量。例如,将 CaO-Al$_2$O$_3$-SiO$_2$-FeO 体系中 FeO 含量固定为 15%(图 1.17)。具体采用何种近似方法,需根据利用相图的目的而定。例如,在图 1.16 中,可以根据相图确定 CaO 和 FeO 含量变化的影响;而在图 1.17 中,则可以考虑 Si/Al 变化对组成和液相温度的影响。

参 考 文 献

[1] 谢克昌. 煤的结构与反应性. 北京:科学出版社,2002.

[2] 郭崇涛. 煤化学. 北京:化学工业出版社,1992.

[3] Schlosberg R H. Chemistry of Coal Conversion. New York: Springer, 1985.

[4] 郭树才. 煤化工工艺学. 第三版. 北京:化学工业出版社,2012.

[5] Gupta R P. Coal research in Newcastle-past, present and future. Fuel, 2005, 84: 1176-1188.

[6] Kiss L T, Brockway D J, George A M, et al. The distribution of minerals, inorganics and sulphur in brown coal//Proceedings of International Conference on Coal Science, Sydney, 1985: 589-592.

[7] Gluskoter H J, Ruch R R, Miller W G, et al. Trace elements in coal: occurrence and distribution. Illinois State Geological Survey, Circular 499, 1977:154.

[8] Spears D A, Zheng Y. Geochemistry and origin of elements in some UK coals. Int J Coal Geol, 1999, 38:161-179.

[9] Ward C R, Taylor J C, Cohen D R. Quantitative mineralogy of sandstones by X-ray diffractometry and normative analysis. J Sediment Res, 1999, 69:1050-1062.

[10] Li C Z. Advances in the Science of Victorian Brown Coal. Oxford: Elsevier, 2004.

[11] Morgan M E, Jenkins R G, Walker Jr P L. Inorganic constituents in American lignites. Fuel, 1981, 60:189-193.

[12] Ward C R. Analysis and significance of mineral matter in coal seams. Int J Coal Geol, 2002, 50:135-168.

[13] Vassilev S V, Tascón J M D. Methods for characterization of inorganic and mineral matter in coal: A critical overview. Energy Fuels, 2003, 17:271-281.

[14] Mayoral M C, Izquierdo M T, Andrés J M, et al. Aluminosilicates transformations in combustion followed by DSC. Thermochim Acta, 2001, 373:173-180.

[15] Suraj G, Iyer C S P, Lalithambika M. Adsorption of cadmium and copper by modified kaolinites. Appl Clay Sci, 1998, 13:293-306.

[16] Tomeczek J, Palugniok H. Kinetics of mineral matter transformation during coal

combustion. Fuel, 2002, 81:1251-1258.

[17] McLennan A R, Bryant G W, Bailey C W, et al. An experimental comparison of the ash formed from coals containing pyrite and siderite mineral in oxidizing and reducing conditions. Energy Fuels, 2000, 14:308-315.

[18] McLennan A R, Bryant G W, Stanmore B R, et al. Ash formation mechanisms during PF combustion in reducing conditions. Energy Fuels, 2000, 14:150-159.

[19] 李帆, 邱建荣, 郑瑛, 等. 煤燃烧过程矿物质行为研究. 工程热物理学报, 1999, 20: 258-260.

[20] Kong L X, Bai J, Li W, et al. Effect of lime addition on slag fluidity of coal ash. J Fuel Chem Technol, 2011, 39(6): 407-411.

[21] Kong L X, Bai J, Li W, et al. Effects of $CaCO_3$ on slag flow properties at high temperatures. Fuel, 2013, 109: 76-85.

[22] King J G, Maries M B, Crossley H E, Formulas for the calculation of coal analyses to a basis of coal substance free from mineral matter. Journal of the Society of Chemical Industry, 1936, 55: 277-281.

[23] Pollack S S. Estimating mineral matter in coal from its major inorganic elements. Fuel, 1979, 58:76-78.

[24] Radmacher W, Mohrhauer P. The direct determination of the mineral matter content of coal. Brennstoff-Chemie, 1955, 36:236.

[25] Ward C R, Taylorb J C, Matulisb C E, et al. Quantification of mineral matter in the Argonne Premium Coals using interactive Rietveld-based X-ray diffraction. Int J Coal Geol, 2001, 46:67-82.

[26] Shirazi A R, Lindqvist O. An improved method of preserving and extracting mineral matter from coal by very low-temperature ashing (VLTA). Fuel, 1993, 72:125-131.

[27] Ward C R. Isolation of mineral matter from Australian bituminous coals using hydrogen peroxide. Fuel, 1974, 53:220-221.

[28] Miller R N, Given P H. The association of major, minor and trace elements with lignites: I—Experimental approach and study of a North Dakota lignite. Geochim Cosmochim Ac, 1986, 50:2033-2043.

[29] Chadwick B L, Ashman R A, Campisi A, et al. Development of techniques for monitoring gas-phase sodium species formed during coal combustion and gasification. Int J Coal Geol, 1996, 32(1-4): 241-253.

[30] Chadwick B L, Griffin P G, Morrison R J S. Quantitative detection of gas-phase NaOH using 355-nm multiple-photon absorption and photofragment fluorescenceIntern. Appl Spectrosc, 1997, 51:990-993.

[31] Huggins F E. Overview of analytical methods for inorganic constituents in coal. Int J Coal

Geol，2002，50：169-214.

[32] Goldstein J. Scanning Electron Microscopy and X-ray Microanalysis. New York：Springer，2003.

[33] Ward C R，Taylor J C. Quantitative mineralogical analysis of coals from the Callide Basin，Queensland，Australia using X-ray diffractometry and normative interpretation. Int J Coal Geol，1996，30：211-229.

[34] Galbreath K，Zygarlicke C，Casuccio G，et al. Collaborative study of quantitative coal mineral analysis using computer-controlled scanning electron microscopy. Fuel，1996，75 (4)：424-430.

[35] Chen Y. Investigation of the microcharacteristics of combustion generated particulated matter by analytical electron microscopy. Kentucky：University of Kentucky，2000.

[36] Huffman G P，Huggins F E，Shah N，et al. Behavior of basic elements during coal combustion. Prog Energy Combust，1990，16：243-251.

[37] Creelman R A，Agron-Olshina N，Gottlieb P. The characterisation of coal and the products of coal combustion using QEM * SEM. National Energy Research，Development and Demonstration Program，Australian Department of Primary Industries and Energy，Canberra，1993：135.

[38] Liu Y H，Gupta R，Sharma A，et al. Mineral matter-organic matter association characterisation by QEMSCAN and applications in coal utilization. Fuel，2005，84：1259-1267.

[39] Kolker A，Chou C L. Cleat-filling calcite in Illinois Basin coals：trace-element evidence for meteoric fluid migration in a coal basin. J Geol，1994，102：111-116.

[40] Garratt-Reed A J，Bell D C. Energy-dispersive X-ray Analysis in the Electron Microscope. Oxford：BIOS Scientific Publishers，2003.

[41] Patterson J H，Corcoran J F，Kinealy K M. Chemistry and mineralogy of carbonates in Australian bituminous and subbituminous coals. Fuel，1994，73：1735-1745.

[42] Zodrow E L，Cleal C J. Anatomically preserved plants in siderite concretions in the shale split of the Foord Seam：mineralogy, geochemistry, genesis（Upper Carboniferous，Canada）. Int J Coal Geol，1999，41：371-393.

[43] Koller A，Huggins F E，Palmer C A，et al. Mode of occurrence of arsenic in four US coals. Fuel Process Technol，2000，63：167-178.

[44] Suryanarayana C，Grant Norton M. X-ray Diffraction：A Practical Approach. New York：Springer，1998：273.

[45] 郭常霖. 多晶材料 X 射线衍射无标样定量方法. 无机材料学报，1996，11：1-5.

[46] Klug H P，Alexander L E. X-Ray Diffraction Procedures：For Polycrystalline and Amorphous Materials. 2nd ed. Weinheim：Wiley-VCH，1974.

［47］Gupta S K, Gupta R P, Bryant G W. The effect of potassium on the fusibility of coal ashes with high silica and alumina levels. Fuel, 1998, 77:1195-1201.

［48］Renton J J. Semiquantitative determination of coal minerals by X-ray diffractometry// Vorres K S. Mineral matter and ash in coal. ACS Symposium Series 301, 1986: 53-60.

［49］O' Gorman J V, Walker P L Jr. Mineral matter characteristics of some American coals. Fuel, 1971, 50:135-151.

［50］Chung F H. Quantitative interpretation of X-ray diffraction patterns of mixtures Ⅲ. Simultaneous determination of a set of reference intensities. J Appl Cryst, 1975, 8:17-19.

［51］Whitfield P S, Mitchell L D. Quantitative Rietveld analysis of the amorphous content in cements and clinkers. J Mater Sci, 2003, 38:4415-4421.

［52］Ward C R, French D. Determination of glass content and estimation of glass composition in fly ash using quantitative X-ray diffractometry. Fuel, 2006, 85:2268-2277.

［53］Diamond S. On the glass present in low-calcium and in high-calcium flyashes. Cem Concr Res, 1983, 13:459-464.

［54］Hemmings R T, Berry E E. On the glass in coal fly ashes: Recent advances. Mater Res Soc Symp Proc, 1998, 113:3-38.

［55］Grigore M, Sakurovs R, French D, et al. Mineral reactions during coke gasification with carbon dioxide. Int J Coal Geol, 2008, 75:213-224.

［56］Waanders F B, van Dyk J C, Prinsloo C J. The characterization of three different coal samples by means of various analytical techniques. Hyperfine Interact, 2009, 190: 109-114.

［57］van Dyk J C, Melzer S, Sobiecki A. Mineral matter transformation during Sasol-Lurgi fixed bed dry bottom gasification-utilization of HT-XRD and FactSage modeling. Miner Eng, 2006, 19: 1126-1135.

［58］Karr C Jr. Analytical Methods for Coal and Coal Products. New York: Academic Press, 1978: 278.

［59］Painter P C, Starsinic M, Squires E, et al. Concerning the 1600 cm^{-1} region in the IR spectrum of coal. Fuel, 1983, 62:742-744.

［60］Painter P C, Rimmer S M, Snyder R W, et al. A Fourier transform infrared study of mineral matter in coal: the application of a least-squares curve-fitting program. Appl Spectrosc, 1981, 35: 102-106.

［61］Solomon P R, Carangelo R M. FT-IR analysis of coal: 2. Aliphatic and aromatic hydrogen concentration. Fuel, 1988, 67:949-959.

［62］Tooke P B, Grint A. Fourier transform infra-red studies of coal. Fuel, 1983, 62: 1003-1008.

［63］Calemma V, Rausa R, Margarit R, et al. FT-IR study of coal oxidation at low temperature. Fuel, 1988, 67:764-770.

[64] Painter P C, Coleman M M, Jenkins R G, et al. Fourier transform infrared study of mineral matter in coal: A novel method for quantitative mineralogical analysis. Fuel, 1978, 57: 337-344.

[65] Kister J, Guiliano M, Mille G, et al. Changes in the chemical structure of low rank coal after low temperature oxidation or demineralization by acid treatment: Analysis by FT-IR and UV fluorescence. Fuel, 1988, 67:1076-1082.

[66] Sahama T G, Lehtinen M. Infrared absorption of melilite. C R Soc géol, 1967, 38:29-40.

[67] Mukherjee S, Srivastava S K. Minerals transformations in northeastern region coals of India on heat treatment. Energy Fuels, 2006, 20:1089-1096.

[68] Lazarev A N. Vibrational Spectra and Structure of Silicates. New York: Consultants Bureau, 1972.

[69] 钱觉时,王智,张玉奇. 粉煤灰的矿物组成(下). 粉煤灰的综合利用,2001,4:26-31.

[70] 李慧,李寒旭,焦发存. 红外光谱分析助熔剂对煤灰熔融性的影响. 现代仪器分析,2006, 12:15-18.

[71] Bai J, Li W, Li B. Characterization of low-temperature coal ash behaviors at high temperatures under reducing atmosphere. Fuel, 2008, 87: 583-591.

[72] Sharma S K, Virgo D, Mysen B. Structure of melts along the joint SiO_2-$NaAlSiO_4$. Carnegie Inst Wash Yearb 77, 1978: 652-658.

[73] Iguchi Y, Kashio S, Goto T, et al. Raman spectroscopic study on the structure of silicate slags. Can Metall Quart, 1981, 20:51-56.

[74] McMillan P. Structural studies of silicate glasses and melts-applications and limitations of Raman spectroscopy. Am Mineral, 1984, 69:622-644.

[75] Kong L, Bai J, Li W, et al. Effects of operation parameters on slag viscosity in continuous viscosity // 3rd International symposium of gasification and its application, Vancouver, 2012.

[76] Schwenker R F, Garn P D. Thermal analysis // Proceedings of the 2nd international conference of thermal analysis. Worcester Mass: Academic Press, 1969:1377-1386.

[77] Hill R, Rathbone R, Hower J C. Investigation of fly ash carbon by thermal analysis and optical microscopy. Cem Concr Res, 1998, 28:1479-1488.

[78] 戴正华,方秋霞,刘晓静. $FeC_2O_4 \cdot 2H_2O$ 磁铁矿样品 FeC_2O_4 的物相分析. 陕西师范大学学报(自然科学版),1998,26(4):115-116.

[79] 杨南如,夏元复,陈刚,等. 用穆斯堡尔谱效应研究粉煤灰中含铁相. 燃料化学学报,1984, 12:375-381.

[80] Cranshaw T E, Dale B W, Longworth G O, et al. Mössbauer Spectroscopy and Its Applications. Cambridge: Cambridge University Press, 1985: 119.

［81］ Bandyopadhyay D. Study of kinetics of iron minerals in coal by ^{57}Fe Mössbauer and FT-IR spectroscopy during natural burning. Hyperfine Interact, 2005, 163:167-176.

［82］ Montano P A. Application of Mössbauer Spectroscopy to coal characterization and utilization//Stevens J G, Shenoy G K. Mössbauer Spectroscopy and Its Chemical Applications, Advances in Chemistry Series. 194. Washington D C: Am Chem Soc, 1981: 135-175.

［83］ Gracia M, Marco J F, Gancedo J R. Uses and perspectives of Mössbauer spectroscopic studies of iron minerals in coal. Hyperfine Interact, 1999, 122:97-114.

［84］ Northfleetneto H, Bristoti A, Vasques A. A simple method for pyritic sulfur determination in coal, using Mössbauer spectroscopy. Int J Miner Proc, 1986, 16:147-151.

［85］ Klein L C, Fasano B V, Wu J M. Viscous flow behavior of four iron-containing silicates with alumina, effects of composition and oxidation condition. J Geophys Res, 1983, 88: A880-A886.

［86］ Terence N M, Burkhard C. NMR-from Spectra to Structures: An Experimental Approach. Berlin: Springer, 2004.

［87］ Rocha J, Klinowski J. ^{29}Si and ^{27}Al magic-angle-spinning NMR studies of the thermal transformation of kaolinite. Phys Chem Miner, 1990, 17:179-186.

［88］ Lin X, Ideta K, Miyawaki J, et al. Study on structural and compositional transitions of coal ash by using NMR. J Coal Sci Eng (China), 2012, 18:80-87.

［89］ 曹战民,宋晓艳,乔芝郁. 热力学模拟计算软件 FactSage 及其应用. 稀有金属,2008,32: 216-219.

［90］ Bale C W, Chartrand P, Degterov S A, et al. FactSage Thermochemical software and database. Calphad, 2002, 26:189-228.

［91］ Jak E, Degterov S, Hayes P C, et al. Thermodynamic modelling of the system Al_2O_3-SiO_2-CaO-FeO-Fe_2O_3 to predict the flux requirements for coal ash slags. Fuel, 1998, 77:77-84.

第 2 章

热转化过程中矿物质演化行为

煤中矿物质热转化过程中体现的性质与所经历的温度和压力密切相关。总的来说,在煤的液化、焦化、燃烧和气化过程中,矿物质的性质均会影响有机质的转化,但由于所经历的温度、压力、气氛和停留时间不同,矿物质及矿物质演化产物的作用大小有别。因此,认识热转化过程中矿物质的演化行为对认识不同转化过程中矿物质的影响和作用具有重要意义。

2.1 煤中矿物质与灰渣的关系

灰是高温(低于最小熔融温度)热转化过程中矿物质的热转化产物。煤中矿物质自身发生分解的产物、与煤中有机质反应的产物、与气氛反应的产物和未反应的矿物质可以统称为灰。灰的组成由煤中矿物质种类、热转化的温度、气氛和压力等条件决定。热转化温度是决定灰组成的最重要的外在条件,气氛仅对部分矿物质的转化有影响,而压力通常仅影响矿物质晶体的晶形。从量的角度分析,矿物质含量可以通过灰分和其他分析数据计算获得,通常,矿物质含量高于灰分;从组成角度考虑,根据矿物质组成可以推断灰分组成;反之亦然。煤中的碱金属和非金属元素(硫和磷等)可能在热转化过程中转移到其他产物中。渣是高温(高于最小熔融温度)热转化过程中矿物质的转化产物,是灰的熔融态产物;从过程上分析,高温下矿物质经历了先形成灰后转化为渣的过程,其间伴随矿物质间的反应和转化。煤中矿物质转化为灰渣的过程如图 2.1 所示[1]。渣的形成过程经历了液相阶段,从组成上比较,渣中几乎不含氧以外的其他非金属元素,碱金属含量也较低。此外,渣的组成中非晶体含量远高于灰。通过渣的组成也可以推断灰和煤中的主要矿物质组成。当渣中非晶体含量较高时,难以利用 XRD 等分析手段进行定量分析,因此仅通过渣的化学组成很难准确判断灰或煤中的矿物质组成,但仍可以通过热力学计算的方法推断可能的产物。

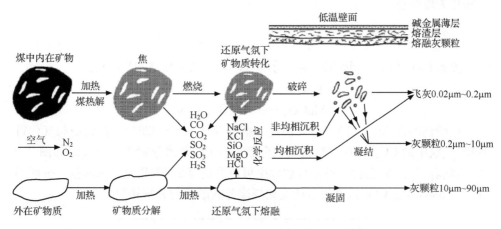

图 2.1　煤中矿物质转化为灰和渣的过程[1]

2.2　热转化过程中矿物质的反应

根据参加反应的对象,可以将煤灰中矿物质反应分为如下几部分:①矿物质自身发生的反应;②矿物质之间发生的反应;③矿物质与气氛间的反应。在高温热转化过程中,由于矿物质自身性质和赋存方式的影响,可能仅发生其中一类反应,也可能三类反应同时发生。

2.2.1　典型矿物质的热分解

2.2.1.1　高岭石

高岭石[$Al_2Si_2O_5(OH)_4$]在 327℃ 左右开始失去结晶水,转化为偏高岭石($Al_2O_3 \cdot 2SiO_2$);在 827℃ 左右进一步分解为针状 γ-Al_2O_3 和莫来石($3Al_2O_3 \cdot 2SiO_2$)。

$$2[Al_2Si_2O_5(OH)_4] \xrightarrow{327℃} 2(Al_2O_3 \cdot 2SiO_2) \xrightarrow{827℃} Al_2O_3(\gamma) + 3Al_2O_3 \cdot 2SiO_2$$

(2.1)

2.2.1.2　伊利石

伊利石{$(K,H_3O)Al_2[OH]_2[AlSi_3O_{10}]$}在约 110℃ 失去吸附水,在 227℃ 左右开始失去结晶水并在 660℃ 以后脱羟基生成半伊利石;温度达到 1000℃ 时,羟基水完全脱去,层间阳离子形成新的配位,交换性降低,但结构骨架没有发生变化;温度超过 1200℃ 时,部分半伊利石转化为莫来石;当温度超过 1300℃ 时,部分半伊利石转化为玻璃态。

2.2.1.3 方解石

方解石（$CaCO_3 \cdot MgCO_3$）的热分解可以通过两个独立的反应描述：

$$CaCO_3 \longrightarrow CaO + CO_2 \tag{2.2}$$
$$MgCO_3 \longrightarrow MgO + CO_2 \tag{2.3}$$

碳酸钙约在 650℃ 开始分解，快速分解温度在 812～928℃。在燃烧和气化过程中，气氛中的 CO_2 具有抑制碳酸钙分解的作用，导致分解温度升高。如图 2.2 所示，随着 CO_2 浓度升高，开始分解温度可以升高至 900℃ 以上。碳酸镁的分解温度约为 590℃，受 CO_2 浓度影响的变化规律与碳酸钙的分解相似。

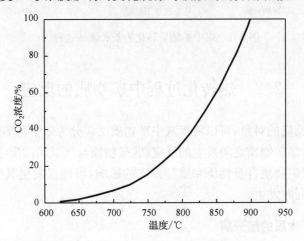

图 2.2 CO_2 浓度对碳酸钙分解温度的影响[2]

2.2.1.4 黄铁矿

如图 2.3 所示，高温氧化气氛下黄铁矿（FeS_2）的分解可以分为 7 个阶段。

第一阶段，温度升高到 500℃ 以上时，黄铁矿中的 S 和氧化性气氛反应并逸出，导致 Fe/S 增大；

第二阶段，黄铁矿颗粒外层氧化为磁黄铁矿 $Fe_{1-x}S$，并生成气相硫，气氛中氧化性气体浓度增加可以促进黄铁矿的转化；

$$FeS_2 \longrightarrow 1.14 Fe_{0.877}S\,(s) + 0.43 S_2\,(g) \tag{2.4}$$
$$S_2\,(g) + O_2\,(g) \longrightarrow 2SO\,(g) \tag{2.5}$$

第三阶段，黄铁矿完全氧化为磁黄铁时，氧化性气体扩散到颗粒表面，磁黄铁矿进一步氧化形成磁铁矿，由于反应放热，颗粒温度上升；

$$1.14\ Fe_{0.877}S\,(s) + 1.2367\ O_2 \longrightarrow 0.33 Fe_3O_4 + 1.14\ SO\,(g)$$

$$\Delta H = -201.24 \text{ kJ/mol} \tag{2.6}$$

第四阶段,颗粒温度达到磁黄铁矿熔点,熔融磁黄铁矿与磁铁矿形成 Fe—O—S 的低共熔体;

$$\text{Fe}_{0.877}\text{S (s)} \longrightarrow \text{Fe}_{0.877}\text{S (l)} \quad \Delta H = 341.15 \text{ kJ/mol} \tag{2.7}$$

$$1.14 \text{ Fe}_{0.877}\text{S (l)} + 1.2367 \text{ O}_2 \longrightarrow 0.33 \text{ Fe}_3\text{O}_4 \text{ (l)} + 1.14 \text{ SO (g)}$$

$$\Delta H = -190.1 \text{ kJ/mol} \tag{2.8}$$

第五阶段,Fe—O—S 共熔体发生氧化反应,同时颗粒温度升高,最终形成铁氧化物熔体;

第六阶段,铁氧化物熔体温度降低并析出磁铁矿晶体;

$$\text{Fe}_3\text{O}_4 \text{ (l)} \longrightarrow \text{Fe}_3\text{O}_4 \text{ (s)} \tag{2.9}$$

第七阶段,磁铁矿氧化反应,当磁铁矿发生结晶时,颗粒温度与气相温度达到平衡,磁铁矿转化为赤铁矿。

$$\text{Fe}_3\text{O}_4 \text{ (s)} + 0.25\text{O}_2 \text{ (g)} \longrightarrow 1.5 \text{ Fe}_2\text{O}_3 \text{ (s)} \tag{2.10}$$

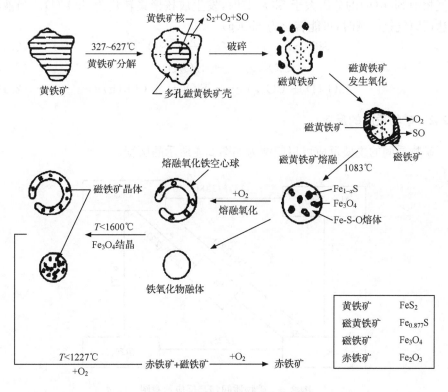

图 2.3　高温下黄铁矿演化规律[3]

2.2.1.5　石膏

高温下石膏($CaSO_4 \cdot 2H_2O$)首先去结晶水；当温度超过 900℃时，$CaSO_4$ 与还原气氛发生反应，生成 CaS，该反应进行的温度也受到 CO_2 浓度的影响；当温度达到 1000℃，$CaSO_4$ 发生分解反应(2.11)生成 CaO。当石膏颗粒被包裹在煤中时，主要发生反应(2.12)；当石膏颗粒在煤破碎过程中转化为单独存在的颗粒暴露在气氛中时，同时发生反应(2.13)。

$$CaSO_4 \longrightarrow CaO + SO_3 \tag{2.11}$$

$$CaSO_4 + 4CO \longrightarrow CaS + 4CO_2 \tag{2.12}$$

$$CaSO_4 \cdot 2H_2O \longrightarrow CaSO_4 + 2H_2O \tag{2.13}$$

2.2.1.6　石英

高温下石英(SiO_2)与煤焦发生反应生成 $SiO(g)$，然后进一步转化为 $SiO_2(g)$；当气相中 $SiO_2(g)$ 的分压大于 $SiO_2(l)$ 时，发生成核聚集转化为 $SiO_2(l)$。当液滴到达还原气氛区域时，可能转化为 $SiO(g)$。

$$SiO(g) + 1/2 O_2(g) \longrightarrow SiO_2(g) \tag{2.14}$$

$$SiO_2(g) \longrightarrow SiO_2(l) \tag{2.15}$$

$$SiO_2(l) + CO(g) \longrightarrow SiO(g) + CO_2(g) \tag{2.16}$$

2.2.2　矿物质间的反应

矿物质间的主要反应可以归纳为如图 2.4 所示的历程。

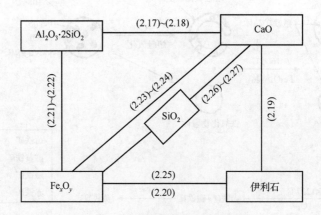

图 2.4　矿物质间相互反应示意图

$$Al_2O_3 \cdot 2SiO_2 + CaO \longrightarrow CaO \cdot Al_2O_3 \cdot 2SiO_2 \tag{2.17}$$

$$Al_2O_3 \cdot SiO_2 + CaO \longrightarrow 2CaO \cdot Al_2O_3 \cdot SiO_2 \tag{2.18}$$

$$KAl_3Si_3O_{10} + CaO \longrightarrow KAlSi_3O_8 + CaO \cdot Al_2O_3 \qquad (2.19)$$

$$KAl_3Si_3O_{10} + FeO \longrightarrow KAlSi_3O_8 + FeO \cdot Al_2O_3 \qquad (2.20)$$

$$Al_2O_3 \cdot 2SiO_2 + FeO \longrightarrow FeO \cdot Al_2O_3 \cdot 2SiO_2 \qquad (2.21)$$

$$Al_2O_3 \cdot 2SiO_2 + FeO + CaO \longrightarrow CaO \cdot FeO \cdot Al_2O_3 \cdot SiO_2 \qquad (2.22)$$

$$Fe_2O_3 + CaO \longrightarrow CaFe_2O_4 \qquad (2.23)$$

$$Fe_2O_3 + 2CaO \longrightarrow Ca_2Fe_2O_5 \qquad (2.24)$$

$$FeO + SiO_2 \longrightarrow FeSiO_3 \qquad (2.25)$$

$$CaO + SiO_2 \longrightarrow CaSiO_3 \qquad (2.26)$$

$$CaO + MgO + SiO_2 \longrightarrow CaMg(SiO_4)_2 \qquad (2.27)$$

2.2.3　气氛对矿物质反应的影响

气氛对矿物质反应的影响可以分为两类：①影响化学反应平衡；②与矿物质发生反应。这两种作用均在前面提及，其中气氛影响最明显的为含铁矿物质的反应，通过不同价态铁含量的变化可以体现出气氛与矿物质的反应程度。Klein 等[4]考察了不同气氛下含铁矿物质中的 $Fe^{3+}/\Sigma Fe$：①氧化气氛下（空气），$Fe^{3+}/\Sigma Fe < 0.25$；②弱还原气氛下（95%N_2-5%H_2），$Fe^{3+}/\Sigma Fe > 0.27$；③还原气氛下（碳粉），$Fe^{3+}/\Sigma Fe > 0.50$。Zeng 等[5]通过改变氧气含量考察了 Fe^{3+}/Fe^{2+} 的变化规律，认为随着氧气含量的增加，Fe^{3+}/Fe^{2+} 呈直线上升（图 2.5）。此外，煤颗粒中含铁矿物质的氧化过程也受到氧气扩散作用的影响。

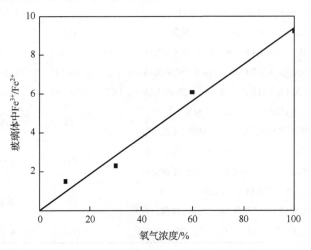

图 2.5　氧气含量对 Fe^{3+}/Fe^{2+} 的影响[5]

2.2.4　矿物质反应的动力学

热转化过程中矿物质反应的动力学数据对建立灰形成和沉积的模型具有重要

的意义,限于反应物的复杂性,已有研究结果不多。在下落床等快速加热装置中的实验结果主要受制于颗粒的尺寸,矿物分解等反应受扩散控制而无法获得有用的动力学常数,因此,目前矿物质动力学常数主要在热重上获得[1]。煤中矿物质在燃烧和气化过程中常见反应的动力学参数如表 2.1 所示。

表 2.1　矿物质反应动力学数据

	矿物反应	$E/(kJ/mol)$	K_0/s^{-1}	n
1	$2[Al_2Si_2O_5(OH)_4] \longrightarrow 2(Al_2O_3 \cdot 2SiO_2) + 4H_2O$(空气)	74.2	200	0
2	$(KH_3O)Al_2[H_2O][AlSi_3O_{10}] \longrightarrow$ 偏伊利石 $+ y\,H_2O$ $(y=1.53,$空气气氛$)$	44.0	2.5	0
3	偏伊利石 $\longrightarrow$ 偏伊利石 $+ y\,H_2O(y=0.97,$空气气氛$)$	150	9.1×10^4	0
4	$CaCO_3 \longrightarrow CaO + CO_2$(空气、惰性气氛)	214.2	1.9×10^8	0
5	$MgCO_3 \longrightarrow MgO + CO_2$	200.1	1.3×10^{12}	0
6	$FeS_2 \longrightarrow 1/x\,Fe_xS + (2x-1)/2x\,S_2$(氩气气氛)	185.1	1.9×10^8	0
7	$Fe_xS \longrightarrow x\,Fe + 0.5\,S_2(x=1.25,$氩气气氛$)$	92.5	0.45	0
8	$3(FeS_2) + 8O_2 \longrightarrow Fe_3O_4 + 6SO_2$(空气气氛)	87.9	$1.7 \times 10^{-2}(s^{-1}Pa)$	0
9	$Fe_xS + (2x+3)/3\,O_2 \longrightarrow x/3\,Fe_3O_4 + SO_2$ $(x=1.25,$空气气氛$)$	92.5	$2.1 \times 10^{-5}(s^{-1}Pa)$	0
10	$Fe_3O_4 + 1/4\,O_2 \longrightarrow 3/2\,Fe_3O_4$(空气气氛)	100.0	$5.3(s^{-1}Pa)$	0
11	$Fe + 2/3\,O_2 \longrightarrow 1/3\,Fe_3O_4$	90.5	$1.5(s^{-1}Pa)$	0
12	$NaCl\,(s) \longrightarrow NaCl\,(g)$ (空气或氮气)	289	1.3×10^{11}	0
13	$NaCl\,(s) + Al_2O_3 \cdot 2H_2O \longrightarrow NaCl\,(g) + Al_2O_3 \cdot 2H_2O$	1.8×10^5	1.3×10^5	0
14	$2\,NaCl\,(s) + Al_2O_3 \cdot 2H_2O + 1/2O_2 \longrightarrow 2NaSiAlO_4 + Cl_2$	9.4×10^4	$282(s^{-1}Pa)$	0
15	$2\,NaCl\,(s) + Al_2O_3 \cdot 2H_2O + H_2O \longrightarrow 2NaSiAlO_4 + 2\,HCl$	1.0×10^5	$600(s^{-1}Pa)$	0.1
16	$CaSO_4 \longrightarrow CaO + SO_3$ (还原气氛 $CO=12\%$ 和 $N_2=88\%$,体积分数)	532	4.9×10^{18}	0
17	$CaSO_4 + 4\,CO \longrightarrow CaS + 4\,CO_2$ (还原气氛 $CO=12\%$ 和 $N_2=88\%$,体积分数)	390	2.2×10^{14}	0
18	$CaSO_4 \cdot 2H_2O \longrightarrow CaSO_4 \cdot 2H_2O$ (还原气氛 $CO=12\%$ 和 $N_2=88\%$,体积分数)	120	3.2×10^{15}	0
19	$A + H_2O\,(l) \longrightarrow A + H_2O\,(g)$(惰性气氛)	118	4.5×10^{15}	0

2.3　热转化过程中矿物质的挥发

热转化过程中易挥发的矿物质包括碱金属、碱土金属和部分微量元素,挥发的矿物质对热转化及后续工艺均有一定程度的影响,如导致灰的沉积和结渣等。

2.3.1　碱金属和碱土金属的挥发

Li 等[6,7]考察了热解气氛、热解速率、矿物质形态、吹扫气速率等对褐煤中碱金属和碱土金属挥发的影响。

如图 2.6 所示,在 300~600℃,Ca 的挥发程度几乎不受温度的影响;在 600~900℃,Ca 的挥发随温度升高而增加;在 900~1000℃,温度升高几乎没有影响 Ca 的残留量;但是,当温度超过 1000℃时,Ca 的残留量迅速下降。Ca 的挥发程度与煤的挥发分等性质密切相关。焦中残留的 Mg 在 700℃之前几乎不变,然后随着温度的升高而明显降低,在 1200℃时,Mg 在焦中残留量约为 58%。

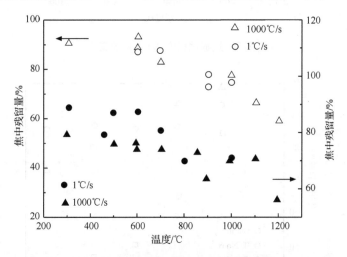

图 2.6　热解过程中 Ca 和 Mg 含量的变化[6,7]

△,○:Ca 在焦中残留量;▲,●:Mg 在焦中残留量

如图 2.7 所示,当热解温度超过 300℃时,焦中 Na 的残含量开始下降;当温度高于 600℃时,Na 的挥发速率增加;在 1200℃时,Na 的残留量仅为 30% 左右。此外,在 800~900℃,NaCl 中的 Na 比—COONa 中的 Na 容易逸出。

如图 2.8,Sugawara 等[8]考察了 Illinois No. 6、Barau 和 Tigerhead 三种煤中 K 的挥发性后发现,随着温度升高 K 的挥发逐渐增加,但程度不同,这与 K 在煤中赋存的形态有关,大致的顺序为:KCl 或—COOK > K_2CO_3,而在 $(K,H_3O)Al_2(OH)_2(AlSi_3O_{10})$ 中 K 几乎不挥发。此外,Li 等[7]还指出热解速率对碱金属和碱土金属的逸出几乎没有影响,而实验时的吹扫气速率对挥发有促进作用。

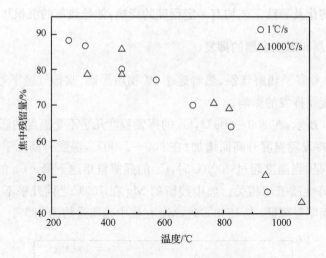

图 2.7　热解过程中 Na 含量的变化[7]

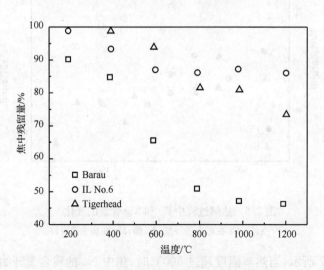

图 2.8　热解过程中 K 含量的变化[8]

2.3.2　其他微量元素的挥发

　　煤中其他微量元素的迁移可以分为三类(图 2.9):①元素在高温燃烧或气化过程中不挥发,均匀地分布在飞灰和灰渣中;②部分挥发,经过复杂的物理化学变化,挥发部分随气流在换热单元富集,未挥发部分富集在飞灰中,而灰渣中几乎没有;③熔点较低的元素完全挥发进入气相,主要包括 Hg 和卤素。图中 **1、2、3** 类元素的挥发性逐渐降低,挥发性与相对分子质量无必然关系,主要与高温下的形态有关。

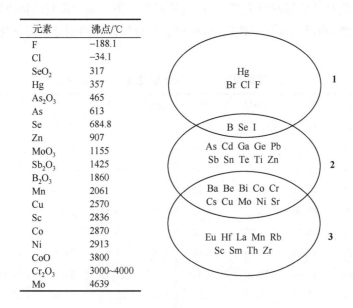

图 2.9　煤中微量元素的挥发性[9]

2.4　典型煤中矿物质的演化行为

　　典型煤中矿物质演化的研究途径可以分为三种：①直接法，直接比较反应前后煤中矿物质的差异，由于有机质的存在很难利用 XRD 等手段获得准确的矿物质类型和组成，这种方法适合比较矿物元素含量的变化。②低温灰化法，认为低温灰化得到的矿物质是煤中原始矿物质，进而研究煤中矿物质在 800℃ 以下的演化行为。③高温灰化法，利用 815℃ 获得的煤灰，考察高温燃烧和气化过程矿物质的演化规律。本节重点介绍高温下煤中矿物质的演化行为。

2.4.1　典型灰化学分类

　　煤的灰化学组成受成煤时间和环境的影响，因此我国典型煤种的灰化学组成差异明显，如表 2.2 所示。依据其化学组成和性质特点可分为四类，分别为：高硅铝煤（$SiO_2 + Al_2O_3 > 80\%$）、高硅铝比煤（$SiO_2 / Al_2O_3 > 2$）、高钙煤（$CaO > 15\%$）和高铁煤（$Fe_2O_3 > 15\%$）；当分类标准发生交叉时，分类的优先顺序为：高钙煤＞高铁煤＞高硅铝比煤＞高硅铝煤。同时，根据热力学计算得到的高温产物，在四个大分类中划分若干子类。例如，高硅铝煤灰在高温下的产物主要为莫来石和钙长石，因此又可以将高硅铝煤灰分为莫来石、钙长石等子类。通常研究矿物质转化时，仅考虑四个大类；当研究灰化学性质时，可以通过更加详细的划分获得灰化学性质的规律。

表 2.2　我国典型煤种的灰化学组成（%，质量分数）

编号	SiO_2	Al_2O_3	Fe_2O_3	CaO	编号	SiO_2	Al_2O_3	Fe_2O_3	CaO
1	50.96	33.82	9.37	5.85	28	51.34	23.87	15.49	9.30
2	52.82	30.87	13.90	2.41	29	55.77	25.79	15.18	3.26
3	55.29	27.92	13.95	2.84	30	68.18	19.62	10.82	1.38
4	48.99	39.61	9.58	1.82	31	61.37	21.84	2.68	14.20
5	47.90	40.89	9.48	1.73	32	55.00	35.47	5.59	3.95
6	57.95	32.37	7.25	2.42	33	54.69	40.08	4.76	0.47
7	59.97	31.54	5.64	2.85	34	58.00	26.34	12.20	3.46
8	45.60	35.68	10.99	7.72	35	56.05	24.50	13.24	6.20
9	53.66	32.15	8.55	5.65	36	18.57	4.62	43.48	33.33
10	55.15	36.11	3.37	5.36	37	54.63	22.67	4.41	18.29
11	51.06	38.84	7.42	2.67	38	47.76	39.83	2.10	10.30
12	60.37	30.92	4.72	3.99	39	52.16	20.65	7.53	19.66
13	54.17	35.95	3.98	5.91	40	56.25	36.32	4.80	2.63
14	60.26	32.42	3.43	3.90	41	60.42	30.44	6.43	2.72
15	66.55	25.05	4.22	4.18	42	63.85	23.19	9.74	3.22
16	38.41	12.30	13.19	36.10	43	58.77	21.34	8.97	10.92
17	66.02	19.56	5.67	8.75	44	59.37	21.05	9.07	10.51
18	58.53	19.94	8.34	13.19	45	60.30	25.31	10.93	3.46
19	58.17	34.99	4.21	2.63	46	65.76	20.18	3.10	10.96
20	62.28	32.09	3.41	2.22	47	61.79	18.96	2.91	16.34
21	58.60	35.25	3.55	2.60	48	58.27	17.88	2.74	21.11
22	56.89	35.44	4.03	3.64	49	53.65	29.09	14.69	2.67
23	55.17	29.99	6.88	7.96	50	61.70	21.86	7.79	8.65
24	50.10	21.23	6.26	22.41	51	60.35	28.95	5.21	5.50
25	59.82	34.40	4.18	1.60	52	54.06	25.93	4.67	15.34
26	57.39	35.43	4.06	3.11	53	50.55	24.24	4.36	20.84
27	60.99	31.80	3.99	3.22	54	48.96	23.48	4.23	23.33

续表

编号	SiO₂	Al₂O₃	Fe₂O₃	CaO	编号	SiO₂	Al₂O₃	Fe₂O₃	CaO
55	60.39	21.92	7.12	10.57	68	48.29	18.37	12.97	20.37
56	62.73	28.21	4.79	4.27	69	59.64	30.85	6.39	3.12
57	57.53	27.54	3.43	11.50	70	54.38	28.68	10.88	6.07
58	54.61	25.91	3.61	15.87	71	53.07	28.22	14.99	3.71
59	60.17	29.24	5.88	4.71	72	61.69	21.45	8.57	8.29
60	62.03	29.97	2.84	5.16	73	49.09	31.85	10.95	8.10
61	57.51	25.19	11.86	5.43	74	43.00	27.53	6.59	22.88
62	57.15	30.20	10.09	2.66	75	51.47	45.76	1.21	1.56
63	58.13	27.71	11.25	2.91	76	48.89	42.91	1.46	6.74
64	56.07	26.64	8.88	8.42	77	15.97	5.32	44.78	33.92
65	60.30	25.31	10.93	3.46	78	42.18	8.66	37.91	11.26
66	44.69	32.64	15.68	6.99	79	48.92	20.06	27.18	3.85
67	39.26	28.67	13.77	18.30	80	54.22	18.35	24.17	3.27

2.4.2 典型煤灰的高温演化行为

根据灰化学组成,分别选择神府煤(SF)、小龙潭煤(XLT)、府谷煤(FG)、淮南煤(HN)、贵州煤(GZ)和兖州煤(YZ)作为灰化学组成典型样品阐述煤灰的演化行为[10-19]。6 种煤的性质和灰成分如表 2.3 和表 2.4 所示。灰成分结果为将 SO₃ 去掉后的归一化值。根据灰化学分类,淮南煤为典型高硅铝煤;府谷煤为高硅铝煤;小龙潭煤和神府煤为高钙煤;贵州煤和兖州煤为高铁煤。

表 2.3　典型煤的工业和元素分析[10,17]

样品	工业分析(%,质量分数)				元素分析 (daf,%,质量分数)			
	M,ad	A,d	V,daf	FC,daf	C	H	N	Sₜ,d
HN	1.39	18.31	44.07	55.93	84.12	6.07	0.44	1.54
FG	6.79	4.90	36.52	63.48	84.93	4.51	1.09	0.25
XLT	18.69	17.10	52.62	47.37	66.41	3.07	1.39	1.81
SF	10.19	6.50	37.66	62.34	80.53	4.80	0.89	0.37
GZ	0.84	23.96	30.77	69.23	85.69	5.87	5.05	1.32
YZ	9.90	12.90	38.82	48.28	66.63	4.70	0.94	2.49

表 2.4　典型煤的灰成分[10,17]

样品	元素组成（%，质量分数）							
	SiO_2	Al_2O_3	Fe_2O_3	CaO	MgO	TiO_2	Na_2O	K_2O
HN	56.64	34.12	3.90	2.19	0.69	1.44	0.47	0.55
FG	62.83	18.62	5.40	7.69	2.18	1.00	0.47	1.81
XLT	38.41	12.30	13.20	31.55	3.17	0.79	0.09	0.49
SF	27.74	12.35	14.14	37.97	4.29	0.99	1.75	0.78
GZ	44.52	21.49	22.16	7.67	1.43	1.30	0.89	0.54
YZ	40.41	16.58	26.14	13.77	1.73	0.65	0.23	0.48

2.4.2.1　高硅铝煤灰

如图 2.10 所示，HN 煤中矿物质在不同温度下的红外光谱分析结果显示：$1090\ cm^{-1}$、$790\ cm^{-1}$、$550\ cm^{-1}$ 和 $460\ cm^{-1}$ 是莫来石的特征峰，随着温度升高至 1200℃，$550\ cm^{-1}$ 处的特征峰强度明显增强，说明莫来石含量迅速增加。由于 $Al_2O_3 \cdot SiO_2$ 和 $3Al_2O_3 \cdot 2SiO_2$ 的结构相似，因此红外光谱分析无法辨别。

如图 2.11 所示，815℃下，HN 煤低温灰中主要矿物质为 Fe_2O_3（3.8%）、SiO_2（54.3%）、Al_2O_3（4%）、$Ca_3Al_2O_6$（7%）和 $CaAl_4O_7$（18.5%）。除部分 SiO_2 来自原煤，在灰化过程中，煤中矿物质之间主要发生了如下反应：

$$Al_2O_3 \cdot 2SiO_2 \cdot 2H_2O \longrightarrow 2H_2O + 2SiO_2 + Al_2O_3 \tag{2.28}$$

$$3CaO + Al_2O_3 \longrightarrow Ca_3Al_2O_6 \tag{2.29}$$

$$CaO + 2Al_2O_3 \longrightarrow CaAl_4O_7 \tag{2.30}$$

$$4FeCO_3 + O_2 \longrightarrow 2Fe_2O_3 + 4CO_2 \tag{2.31}$$

815℃ 低温灰中还有少量非晶体存在，根据圆形峰的位置 $d = 4.6162 \sim 3.4776$，可推断非晶体主要组成为 SiO_2 和 $CaAl_4O_7$。

利用 Siroquant 软件对 HN 煤中矿物质在不同温度下的变化进行定量分析[20,21]，得到主要组分及含量随温度的变化（图 2.12）。高温下，HN 煤中矿物质主要转化为莫来石（$3Al_2O_3 \cdot 2SiO_2$）、SiO_2 和硅线石（$Al_2O_3 \cdot SiO_2$），可能发生以下反应：

$$SiO_2 + Al_2O_3 \longrightarrow Al_2O_3 \cdot SiO_2 \tag{2.32}$$

$$SiO_2 + Al_2O_3 \longrightarrow 3Al_2O_3 \cdot 2SiO_2 \tag{2.33}$$

SiO_2 的含量随着温度的升高而下降，虽然其元素组成并未发生变化，但是矿物形态经历了如下过程：石英 $\xrightarrow{870℃}$ 鳞石英 $\xrightarrow{1470℃}$ 方石英。当温度达到 1450℃ 时，

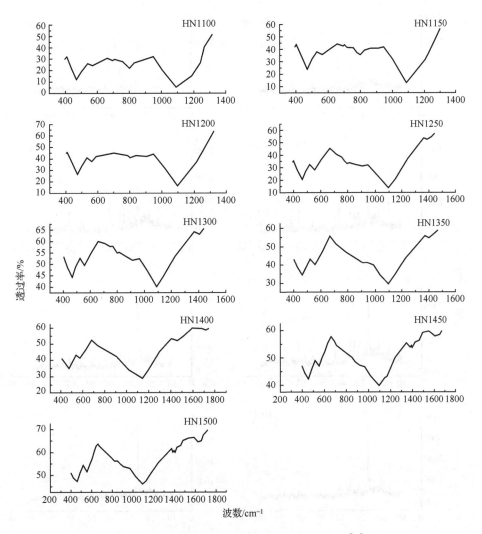

图 2.10　不同温度下 HN 煤中矿物质 FTIR 图[14]

晶体含量下降,非晶体含量明显增加。

　　根据 Al_2O_3-SiO_2-CaO 三元相图(图 2.13)推断,当 SiO_2+Al_2O_3>80% 时,其主要组成可能为 $3Al_2O_3 \cdot 2SiO_2$、SiO_2、Al_2O_3 和 $CaAl_2Si_2O_8$。XRD 分析结果与三元相图基本一致,其中莫来石的热力学性质稳定,硅线石可以认为是莫来石的前驱体。随着温度升高,硅线石含量下降,莫来石含量增加,矿物质之间的反应向着生成热力学稳定的莫来石进行,可能发生了如下反应:

$$CaAl_4O_7 \longrightarrow CaO + 2Al_2O_3 \qquad (2.34)$$

$$Al_2O_3 \cdot SiO_2 + 2Al_2O_3 + SiO_2 \longrightarrow 3Al_2O_3 \cdot 2SiO_2 \qquad (2.35)$$

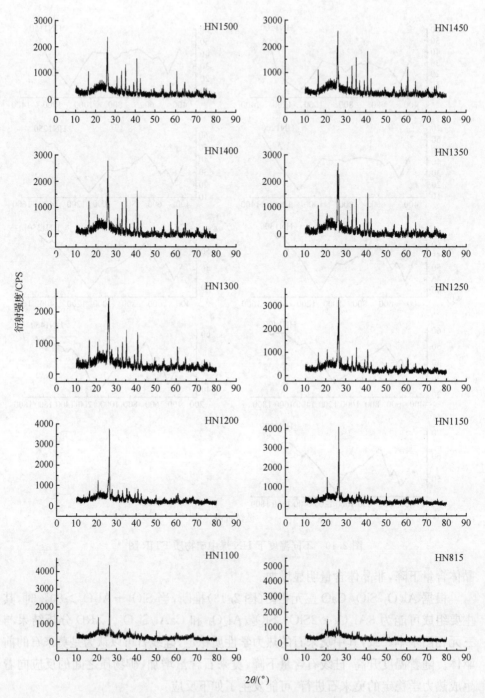

图 2.11　不同温度下 HN 煤中矿物质 XRD 图[14]

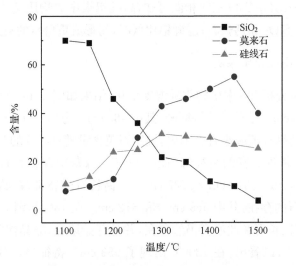

图 2.12　高温下 HN 煤中矿物质的变迁[14]

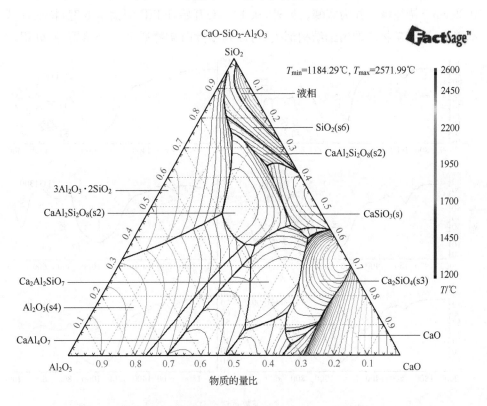

图 2.13(另见彩图)　SiO_2-Al_2O_3-CaO 三元相图

根据 SiO_2-Al_2O_3-CaO 三元相图可知,高硅铝煤中矿物质演化特点为:①硅铝比高时,易形成 SiO_2 和钙长石;②硅铝比低时,易形成更稳定的莫来石。

2.4.2.2　高硅铝比煤灰

利用 FTIR 分析 FG 中矿物质随温度变化,结果如图 2.14 所示。FG815 中的 512 cm^{-1} 和 469 cm^{-1} 是石英的特征峰,其中 469 cm^{-1} 为 Si—O—Si 的对称振动峰。512 cm^{-1} 的特征峰逐渐减小直至消失,说明石英含量随着温度的升高而减少。619 cm^{-1}、598 cm^{-1} 是硬石膏的特征峰,证明 FG815 煤灰中存在硬石膏。FG1100 和 FG1200 中,569 cm^{-1}、612 cm^{-1}、727 cm^{-1} 是钙长石的特征峰,说明在 1100℃ 和 1200℃下钙长石的存在,其中 569 cm^{-1} 和 612 cm^{-1} 在 1300℃消失,但 727 cm^{-1} 峰仍然存在,说明钙长石在此温度仍然存在,并且开始熔融,非晶体物质开始大量出现。由 FG1200 可以看出,在 1200℃ 出现了 953 cm^{-1} 特征峰,该峰为 Si—O—Al 特征峰,说明硅铝酸盐的大量存在,随着温度的升高,矿物质熔融,该峰与 1089 cm^{-1} 特征峰合并为宽峰。另外,从 1300℃开始,FTIR 图谱带变宽,特征峰基本消失,说明矿物质的精细结构消失,可以判断此时矿物质已经开始熔融,硅铝酸

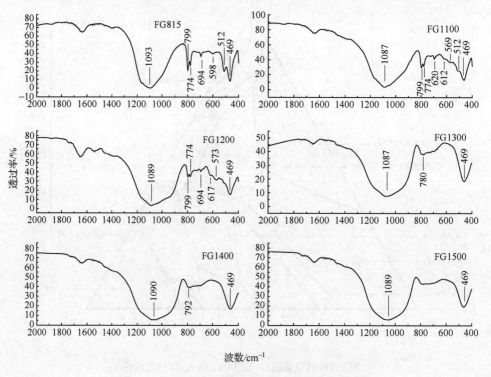

图 2.14　FG 煤中矿物质随温度变化的 FTIR 图[17,18]

盐转化为非晶体。

如图 2.15 所示，815℃下 FG 煤灰中的矿物质主要有石英(SiO_2)、硬石膏($CaSO_4$)和少量的假蓝宝石[$Al_{3.80}Mg_{3.15}Fe_{1.05}(Si_{1.75}Al_{4.25}O_{20})$]等。煤中的方解石在 450℃左右分解成 CaO，CaO 与煤中的硫氧化物，如 SO_3、SO_2 等生成了硬石膏；高岭石失水形成偏高岭石，一部分偏高岭石在灰化过程中分解生成 SiO_2 和 Al_2O_3，方铁矿氧化生成 Fe_2O_3，生成的 Al_2O_3 和 Fe_2O_3 可能与其他氧化物生成了假蓝宝石。

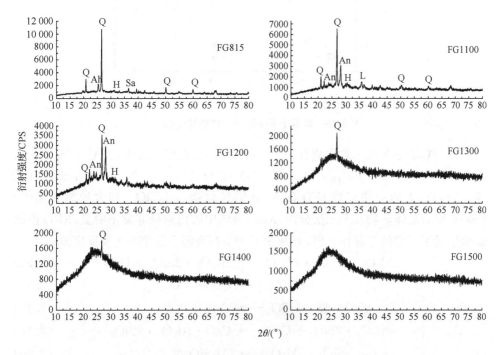

图 2.15 FG 煤灰中矿物质随温度变化的 XRD 图[17,18]

Q：Quartz(石英)；Ah：Anhydrite(硬石膏)；Sa：Sapphirine(假蓝宝石)；An：Anorthite(钙长石)；L：Labradorite(拉长石)

1100℃下主要晶体矿物质有石英(SiO_2)、钙长石($CaAl_2Si_2O_8$)、斜辉石[$Ca(Fe,Mg)Si_2O_6$]和蓝晶石(Al_2SiO_5)等。硬石膏在 900℃左右发生分解生成 CaO，然后与灰中的 SiO_2、Al_2O_3 发生反应生成了钙长石，其在高温下比较稳定；钙长石的生成使得石英晶体的含量大幅减少，证明石英晶体参与了钙长石的生成。

1200℃下主要晶体矿物质有石英(SiO_2)、蓝晶石(Al_2SiO_5)、拉长石[$Ca_{0.65}Na_{0.32}(Al_{1.62}Si_{2.38}O_8)$]和钙长石($Ca_{0.86}Na_{0.14}Al_{1.84}Si_{2.16}O_8$)等。此温度下钙长石的含量达到最多(图 2.16)，随着温度的继续升高，钙长石发生熔融，导致其晶

体含量逐渐下降直至消失。

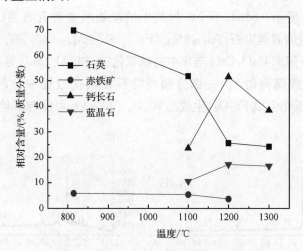

图 2.16　高温下 FG 煤中矿物质的变迁[17,18]

　　1300℃下主要晶体矿物质有石英（SiO_2）、钙长石（$Ca_{0.86}Na_{0.14}Al_{1.84}Si_{2.16}O_8$）、透辉石[$Ca_{1.003}(Mg_{0.895}Fe_{0.105})(Si_{1.901}Fe_{0.1})O_6$]和拉长石[$Ca_{0.65}Na_{0.32}(Al_{1.62}Si_{2.38}O_8)$]等。1400℃下的主要矿物只有石英、钛铝氧化物（Al_2TiO_5）和大量的非晶体，1500℃以后晶体矿物几乎无法分辨，XRD 谱图中的衍射峰非常不明显，XRD 谱图显示生成了大量的非晶体。FG 煤灰中矿物质在高温下发生的主要反应为

$$Al_2O_3 \cdot 2SiO_2 \cdot 2H_2O \longrightarrow Al_2O_3 \cdot 2SiO_2 + H_2O \qquad (2.36)$$

$$CaCO_3 \longrightarrow CaO + CO_2 \qquad (2.37)$$

$$CaO + SO_3 + SO_2 \longrightarrow CaSO_4 \qquad (2.38)$$

$$Al_2O_3 \cdot 2SiO_2 + CaO \longrightarrow CaO \cdot Al_2O_3 \cdot 2SiO_2 \qquad (2.39)$$

$$SiO_2 + Al_2O_3 \longrightarrow Al_2SiO_5 \qquad (2.40)$$

　　利用 Siroquant 软件进行定量分析发现[20,21]，FG 煤灰中的石英含量随着温度的升高逐渐减少，长石类晶体矿物质含量呈先增加后减少的趋势。高温下石英晶体参与钙长石、蓝晶石等矿物质的生成，使得石英晶体的含量一直减少。钙长石在1100℃开始生成，到1200℃左右含量达到最大，随着温度的继续升高，钙长石开始熔融，其晶体含量逐渐减少直至 1400℃消失。FG 煤灰中 SiO_2 的含量较高，所以其中矿物质的变化主要表现为长石、辉石和石英等的相互转化，这与热力学计算的结果是吻合的（图 2.17）。根据$(SiO_2)_{5.74}Al_2O_3$-CaO-FeO 拟三元相图（图 2.18）可以判断，辉石、钙长石和 SiO_2 形成了 CaO-SiO_2-FeO 共熔体系，增加了高温下煤灰中非晶体的含量。

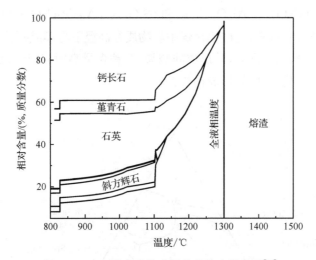

图 2.17　FG 煤中矿物质转化的热力学结果[17]

SiO_2-Al_2O_3-Fe_2O_3-CaO-MgO-Na_2O-K_2O-SO_3-TiO_2-P_2O_5-CO-CO_2，V_{CO}：V_{CO_2} = 6：4

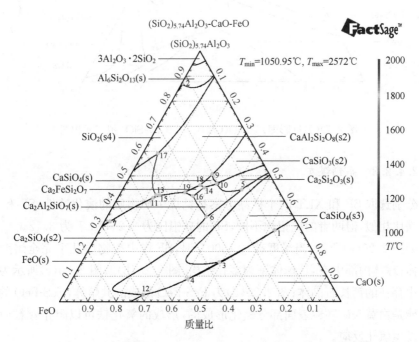

图 2.18（另见彩图）　$(SiO_2)_{5.74}Al_2O_3$-CaO-FeO 拟三元相图

　　由图 2.15 可以看出，1300℃下 FG 煤灰的 XRD 衍射峰变弱，随着温度的升高，晶体矿物质的衍射峰逐渐消失；FTIR 谱图中的谱带逐渐变宽，表示精细结构的特征峰逐渐消失，这是由大量的非晶体形成引起的。

根据 FeO(CaO)$_{4.07}$-Al$_2$O$_3$-SiO$_2$ 和（SiO$_2$)$_{5.74}$ Al$_2$O$_3$-CaO-FeO 拟三元相图（图 2.18和图 2.19)可知,高硅铝比煤中矿物质在高温下易形成钙长石、黄长石、莫来石及硅酸盐。硅铝比高时,易形成硅酸盐;钙铁含量高时,易形成钙铁硅酸盐或铝酸盐;硅铝含量高时,则易形成钙长石。

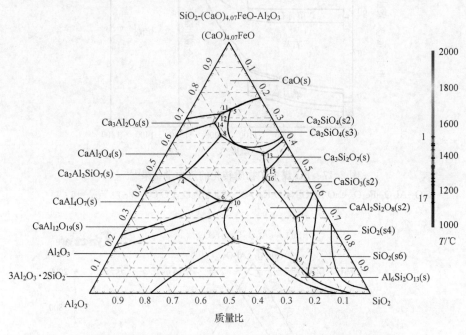

图 2.19(另见彩图)　FeO(CaO)$_{4.07}$-Al$_2$O$_3$-SiO$_2$ 拟三元相图

2.4.2.3　高钙煤灰

分别选取 SF 和 XLT 两个样品考察高钙煤中矿物质的演化特性,SF 和 XLT 的钙铁比相似,但两者的硅铝比不同,SF 的硅铝比为 2.24,XLT 为 3.12。

如图 2.20(a)所示,当温度超过 1300℃时,SF 煤中矿物质几乎完全熔融团聚为球体;球体内部中空,且球体壁为多孔结构[图 2.20(b)];图 2.20(c)所示为多孔结构中存在的钙长石晶体;图 2.20(d)为 FeS-FeO 形成的共熔体,FeS-FeO 的共熔体可能是由黄铁矿颗粒表面部分氧化形成的,形成的氧化铁可以阻止颗粒内部进一步发生氧化反应。

根据不同温度下 SF 煤灰的 FTIR 谱图结果(图 2.21)可知:

(1) 1100℃时,1100 cm^{-1} 和 517 cm^{-1} 为 Fe$_3$O$_4$ 的特征峰,随着温度升高逐渐减弱,到 1300℃时特征峰几乎不可分辨;到 1350℃时完全消失。1450℃时,517 cm^{-1} 的特征峰明显增强,但 1100 cm^{-1} 处的特征峰没有变化,前者疑似为铁硅

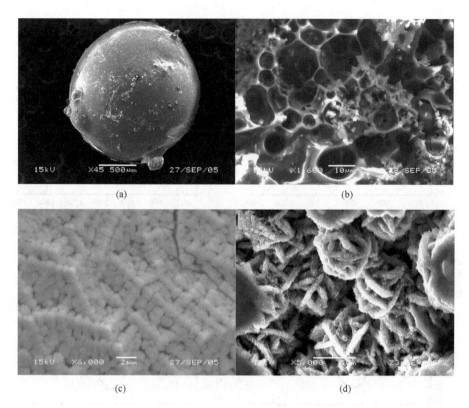

图 2.20 1300℃时 SF 煤中矿物质形态微观结构图

(a) 矿物质熔融后团聚成球体;(b) 球体内部的多孔结构;(c) 钙长石晶体;(d)FeS-FeO 的共熔体

酸盐中 Fe—O 键的振动峰,由于受结构限制,振动强度明显下降。

(2) 900 cm^{-1}和 418 cm^{-1}左右为 Si—O—Al 的振动峰,可以作为硅铝酸盐特征峰,随着温度升高,峰强度不断增强,说明硅铝酸盐含量增加;当温度达到 1400℃时,特征峰基本消失,由于红外光谱对近程有序结构也十分灵敏,可推断此时硅铝酸盐转化为非晶体。

(3) 468 cm^{-1}为 Si—O—Si 的对称振动峰,随着温度升高而逐渐减弱,同时 1000 cm^{-1}左右的峰在 1450℃时消失,说明 SiO$_2$ 含量逐渐减少。

(4) 根据 900 cm^{-1}和 418 cm^{-1}左右的 Si—O—Al 振动峰位置的变化可以判断硅酸盐结构的变化。如图 2.22 所示,随着温度的升高,两处峰均向高波数移动,可以推断硅酸盐的结构从层链状向构架状转化。当温度超过灰熔点之后,矿物质形成硅酸盐熔体,构架状的结构具有更高的聚合度和聚合尺寸,使得硅酸盐熔体的表面张力下降。

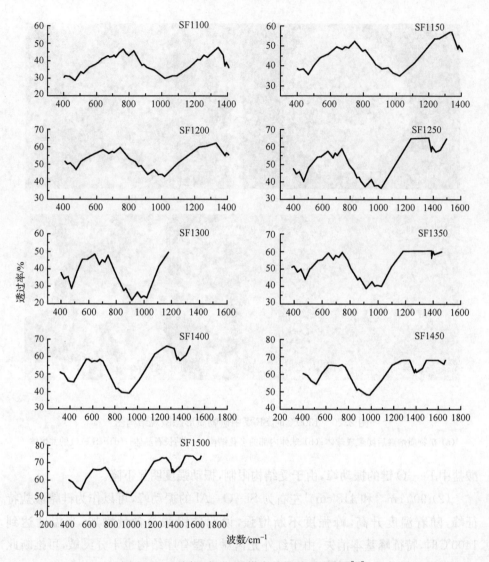

图 2.21　不同温度下 SF 煤中矿物质 FTIR 图[11]

815～1500℃下 SF 灰中矿物质变化如图 2.23 所示,815℃下的制备的 SF 低温灰中的主要组成为 $CaSO_4$(14%)、Fe_2O_3(22%)、SiO_2(30%)、$Ca_{12}Al_{14}O_{33}$(1%)和 $CaSi_2O_5$(9%)。在灰化过程中,煤中矿物质主要发生了以下反应:①高岭石分解生成 CaO 和 SiO_2;②CaO 和 SO_2 反应生成 $CaSO_4$;③FeS_2 发生氧化和分解最终生成 Fe_2O_3;④CaO 和 Al_2O_3 反应生成 $Ca_{12}Al_{14}O_{33}$;⑤CaO 和 SiO_2 反应生成 $CaSi_2O_5$。

高温下 SF 煤中矿物质主要转变为钙镁黄长石,矿物质可能发生了如下反应:

$$CaO + SiO_2 + Al_2O_3 \longrightarrow Ca_2Al_2SiO_7 \tag{2.41}$$

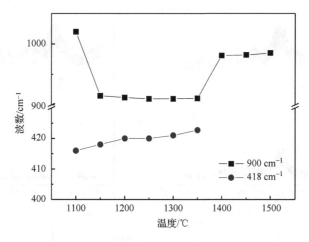

图 2.22　硅酸盐结构特征峰随温度的变化[11]

$$CaO + MgO + SiO_2 \longrightarrow Ca_2MgSi_2O_7 \tag{2.42}$$

钙镁黄长石在结构上区别很小，同时由于镁在煤中矿物质的含量不高，镁黄长石的含量也不大，所以几乎可以认为主要矿物质为钙铝黄长石。随着温度的升高，钙铝黄长石的含量不断增加，超过 1400℃ 时，其含量开始下降，并伴随大量非晶体的出现；温度继续升高时，基本无法准确定量测定矿物质含量，但通过 $d = 4.3 \sim 2.1$ 位置的圆峰可以判定其主要组成为钙铝黄长石。此外，根据矿物质中主要元素组成含量和 CaO-SiO_2-FeO-Al_2O_3 拟三元相图也可以得到相同的结论，如图 2.24 所示。

利用 Siroquant 进行定量分析得到主要组分及其含量随温度的变化如图 2.25 所示。1100℃ 时，仍有 CaO 和 SiO_2 存在，未发生反应；低温灰中的 Fe_2O_3 转化为 Fe_3O_4。1200℃ 时，CaO 几乎完全消失，Fe_3O_4 含量下降，同时 $CaFe_2O_4$ 的出现证明共熔体 $CaO \cdot Fe_2O_3$ 的形成。在 $1250 \sim 1400$℃，SiO_2 含量逐渐减小，铁硅酸盐 $Ca_3Fe_3(SiO_4)_3$ 生成，并随着温度的升高逐渐转化为 $Fe_2Al_2(SiO_4)_3$。温度超过 1400℃ 时，SF 煤中矿物质大部分都转化为非晶体，但 FTIR 谱图仍可以提供熔体结构的变化。

815℃ 时 XLT 灰（XLT815）中硬石膏的含量较多，如图 2.26 所示，1161 cm^{-1}、1115 cm^{-1}、677 cm^{-1}、612 cm^{-1} 和 591 cm^{-1} 是硬石膏的特征峰，峰形明显且强度较高，说明硬石膏含量较多。1089 cm^{-1}、799 cm^{-1}、774 cm^{-1}、508 cm^{-1} 和 465 cm^{-1} 是石英的特征峰，石英中的非对称 Si—O—Si 振动波峰与硬石膏中的"SO_4^{2-}"振动波峰相叠加，在 $1200 \sim 950$ cm^{-1} 范围内出现强且宽的波峰。799 cm^{-1} 和 774 cm^{-1} 处特征峰强度随着温度的升高逐渐减弱，说明石英含量逐渐减少。根据灰化学组

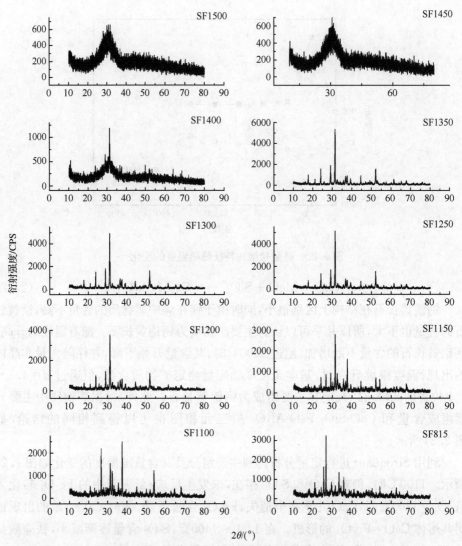

图 2.23 不同温度下 SF 煤中矿物质 XRD 图[11]

成,XLT815 灰中应该有 Fe_2O_3 存在,但是由于硬石膏的含量较大,赤铁矿的特征峰 1080 cm^{-1}、539 cm^{-1} 受硬石膏特征峰的影响而变得不明显;在 1100~1400℃ 的 FTIR 图中,910 cm^{-1} 和 418 cm^{-1} 是 Si—O—Al 振动峰,属硅铝酸盐的特征峰,XLT 煤灰中主要的硅铝酸盐是钙铝黄长石,因此 418 cm^{-1} 的变化可以反映钙铝黄长石的含量变化。同时,受 Fe^{3+} 的影响在 1200~950 cm^{-1} 范围的宽峰向低波数迁移,而 500~400 cm^{-1} 的峰向高波数移动,说明 XLT 在 815℃ 时的灰中存在赤铁矿。另外,在 1200℃ 时 558 cm^{-1} 和 523 cm^{-1} 处 Fe—O 振动峰的出现,也表明了铁氧化物的存在。

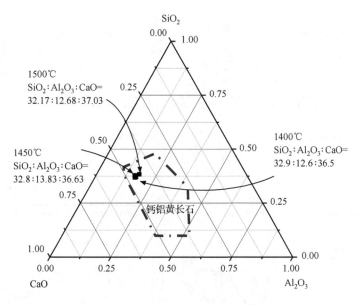

图 2.24　1400℃、1450℃和1500℃下钙硅铝在三元相图中的分布[11]

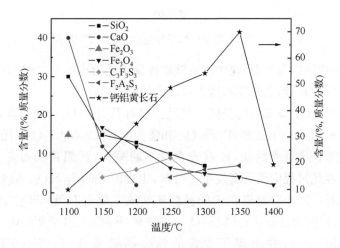

图 2.25　SF 煤中矿物质组成随温度变化规律[11]

由 XRD 图（图 2.27）可知，XLT815℃ 煤灰中的晶体矿物质主要有石英（SiO_2）、硬石膏（$CaSO_4$）、钙铝黄长石（$Ca_2Al_2SiO_7$）和赤铁矿（Fe_2O_3）等。由灰成分分析可知，XLT 煤灰中的 CaO 含量高达 27.90%，所以 XLT 原煤灰中大部分的钙是以硬石膏的形式存在的，一少部分存在于钙铝黄长石中。灰化过程中，高岭石失水生成偏高岭石，随着温度的升高，一部分偏高岭石会转化为 SiO_2 和 Al_2O_3；石膏失水形成硬石膏，少量石膏分解生成 CaO，生成的 CaO 与偏高岭石、SiO_2 和

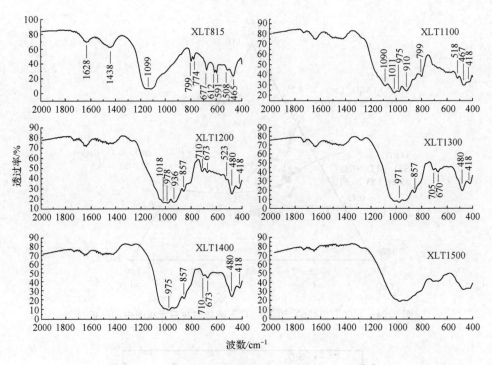

图 2.26　XLT 煤中矿物质随温度变化的 FTIR 图[17]

Al_2O_3 反应生成钙铝黄长石;煤中的黄铁矿被氧化成为赤铁矿,释放的硫氧化物与 CaO 反应生成硬石膏,也是硬石膏含量较高的原因之一。

1100℃时 XLT 煤灰中的晶体矿物质主要有石英(SiO_2)、硬石膏($CaSO_4$)、钙铝黄长石($Ca_2Al_2SiO_7$)、磁铁矿(Fe_3O_4)和镁黄长石($Ca_2MgSi_2O_7$),随着温度的升高,从原煤到不同温度的灰,硬石膏含量不断减少,钙铝黄长石含量逐渐增加(图 2.27);在此过程中硬石膏发生了分解,生成的 CaO 与 SiO_2、Al_2O_3 反应生成了钙铝黄长石。1200℃时煤灰中的晶体矿物质主要有石英(SiO_2)、钙铝黄长石($Ca_2Al_2SiO_7$)、镁黄长石($Ca_2MgSi_2O_7$)、磁铁矿(Fe_3O_4)、硅酸铝(Al_2SiO_5)和铝氧化钙($Ca_3Al_2O_6$)等,并出现了少量的铁尖晶橄榄石(Fe_2SiO_4)和镁橄榄石(Mg_2SiO_4);在此温度下,随着钙铝黄长石、镁黄长石的大量增加,硬石膏的含量已经很小。1300℃时煤灰中的晶体矿物质主要为钙铝黄长石和少量的铁镁橄榄石,此时形成了大量的非晶体。1400℃和1500℃时煤灰中主要含钙铝黄长石和大量的非晶体。XLT 煤灰中矿物质在高温下发生的主要反应为

$$Al_2O_3 \cdot 2SiO_2 \cdot 2H_2O \longrightarrow Al_2O_3 \cdot 2SiO_2 + H_2O \tag{2.43}$$

$$CaSO_4 \cdot 2H_2O \longrightarrow CaSO_4 \longrightarrow CaO + SO_3 + SO_2 \tag{2.44}$$

$$Al_2O_3 \cdot 2SiO_2 + 2CaO \longrightarrow 2CaO \cdot Al_2O_3 \cdot SiO_2 + SiO_2 \tag{2.45}$$

$$FeO + SiO_2 \longrightarrow Fe_2SiO_4 \qquad (2.46)$$

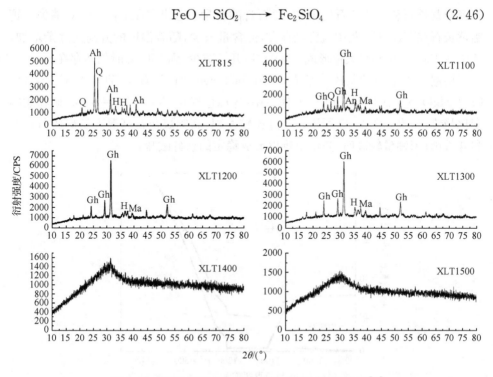

图 2.27　XLT 煤灰中矿物质随温度变化的 XRD 图[17]

Q. 石英(Quartz)；Ah. 石膏(Anhydrite)；Gh. 钙铝黄长石(Gehlenite)；H. 氧化铁(Hematite)；

Ma. 磁铁矿(Magnetite)；An. 钙长石(Anorthite)

如图 2.28 所示，XLT 煤灰中石英含量随着温度的升高先增加后减少，在 1300℃消失，原因是石英参与了钙铝黄长石、镁黄长石、橄榄石等的形成。同时，随

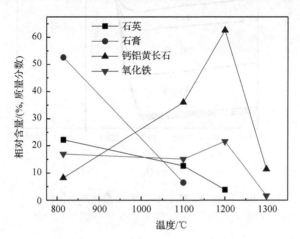

图 2.28　XLT 煤中矿物质组成随温度变化规律[17]

着钙铝黄长石和镁黄长石的增加,硬石膏的含量也逐渐降低,至 1300℃消失。钙铝黄长石在 XLT815 灰中就已经存在,但含量较少,随着温度的升高而逐渐增加,其中在 1200~1400℃大量形成,1400℃后开始减少,到 1500℃时仍然存在。

根据煤中不同的灰成分组成,利用 FactSage 软件计算了 SiO_2-Al_2O_3-Fe_2O_3-CaO-MgO-Na_2O-K_2O-CO-CO_2 体系中(还原性气氛 V_{CO} : V_{CO_2} $=6$: 4)矿物质的变化趋势,结果如图 2.29 所示。经过比较发现,高钙煤灰在高温下易形成黄长石和硅酸钙;当钙量较高时,高温下难以形成稳定的铁硅酸盐。

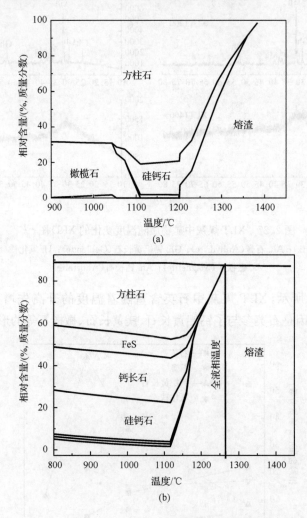

图 2.29　SF(a)和 XLT(b)矿物质演化产物比较[11, 17]

2.4.2.4 高铁煤灰

分别选取 YZ 和 GZ 两个样品考察高铁煤中矿物质演化特性,YZ 和 GZ 的硅铝比接近,分别为 2.44 和 2.07;但 YZ 中 $CaO+Fe_2O_3$ 接近 40%,而 GZ 中 $CaO+Fe_2O_3$ 约为 30%。

如图 2.30 所示,1250℃时 YZ 煤中矿物质熔融团聚成球体,球体内部为空心结构;将球体破碎后在球体内部发现少量 Fe_3O_4 的颗粒;利用 EDX 对球体内外表面进行分析,其主要组成为铁硅酸盐;同时在球体内壁上发现大量晶体,其组成接

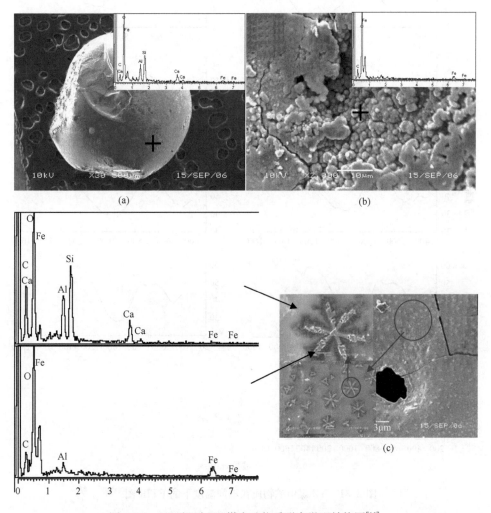

图 2.30 1250℃时 YZ 煤中矿物质形态微观结构图[16]

(a) 矿物质熔融后团聚成球体;(b) 球体内部存在 Fe_3O_4 颗粒;(c) 球体内表面 Fe_3O_4 晶体

近 Fe_3O_4；由于 Fe^{2+} 和 Fe^{3+} 具有较强的极性，无法大量以铁硅酸盐或铁铝酸盐的形式稳定存在，所以仅有部分转化为铁硅酸盐或钙铁硅酸盐，其余大部分以 Fe_3O_4 形式存在。

利用红外分析 YZ 煤中矿物质在高温下的变化情况（图 2.31），比较主要吸收峰的变化得到以下几点结论：

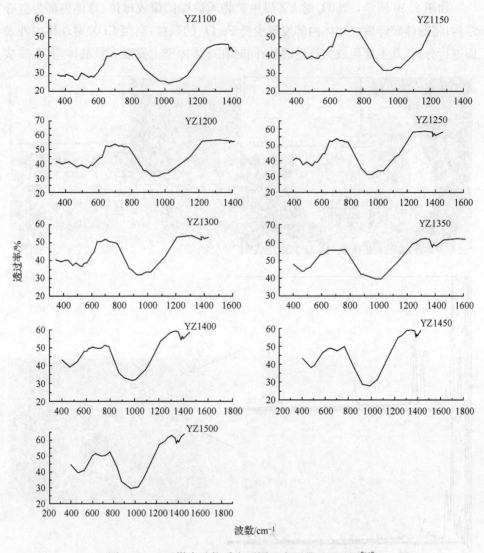

图 2.31　YZ 煤中矿物质在不同温度下的 FTIR 图[16]

（1）1100℃时，主要衍射峰为 Fe_2O_3 特征峰 1113 cm^{-1} 和 539 cm^{-1}、Si—O—Si 对称振动 1027 cm^{-1} 和弯曲振动 466 cm^{-1}、Si—O—Al 振动 951 cm^{-1} 和 380 cm^{-1}，

说明 Fe_2O_3、SiO_2 和硅铝酸盐的存在。

（2）1150℃时，Fe_2O_3 振动特征峰 1113 cm^{-1} 由于受 Si—O(1020 cm^{-1})的影响基本无法分辨，同时特征峰 1020 cm^{-1} 受 1113 cm^{-1} 的影响而变为圆峰；特征峰 539 cm^{-1} 逐渐减弱，说明其含量随着温度升高而下降，在 1400℃时 FTIR 光谱中的精细结构消失，特征峰几乎无法辨别。

（3）Si—O—Al 振动特征峰 951 cm^{-1} 受到 Fe_2O_3(1113 cm^{-1})的影响，很难从峰的强弱上判断其含量的变化。

（4）当温度超过 1300℃时，铁硅酸盐的含量增大，可以认为 460 cm^{-1} 的特征峰是由铁硅酸盐中 Si—O 键引起的，通过比较 1030 cm^{-1} 和 460 cm^{-1} 特征峰位置的变化（图 2.32）可知，1030 cm^{-1} 基本不受影响，而 460 cm^{-1} 向高波数移动，可以推断是由 Fe 离子增加引起的。

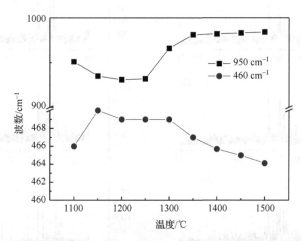

图 2.32　硅酸盐结构特征峰随温度的变化[16]

（5）390 cm^{-1} 比通常的 Si—O—Al 振动特征峰 420 cm^{-1} 明显向低波数移动，这应该是由铁离子的加入引起的[14-16]，那么特征峰 390 cm^{-1} 应主要体现了铁铝硅酸盐的变化；随着温度的升高，其强度变化不明显，且峰强度很小，说明只有少量铁硅铝酸盐存在。

815℃时，YZ 煤低温灰中主要矿物质为 Fe_2O_3（40.1%）、$CaSO_4$（8%）、$CaSi_2O_5$（7.9%）、SiO_2（20%）和 Al_2O_3（6%）。在灰化过程中，煤中矿物质主要发生的反应与 SF 煤的情况类似。1100～1500℃ YZ 煤中矿物质变化情况如图 2.33 所示，利用 Siroquant 定量分析[20,21]，得到其主要组分及含量随温度的变化（图 2.34）。YZ 煤中矿物质最主要组成为 Fe_2O_3，在 1100℃时，还检测到 $(Fe^+)_2(Fe^{2+})_3O_4$ 的存在，可能是 FeS_2 的氧化产物；当温度超过 1250℃时，一部分

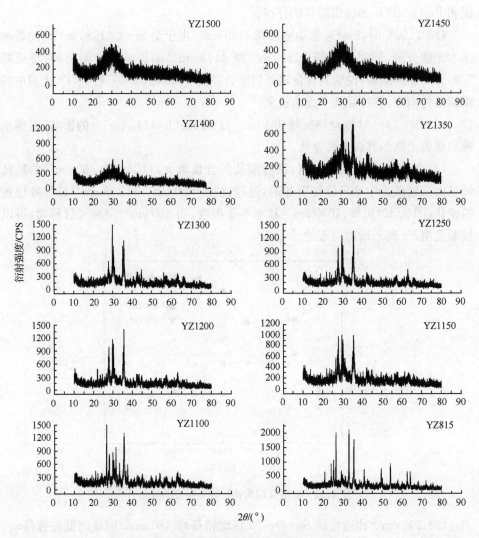

图 2.33　不同温度下 YZ 煤中矿物质 XRD 图[16]

Fe_2O_3 转化为 Fe_3O_4，同时还有少量 $Fe_{2.56}Si_{0.44}O_4$ 生成，后者可能是由 Fe_3O_4 和 Fe_2SiO_4 反应得到的；温度超过 1350℃时，仅有 Fe_3O_4 存在，这时 $CaSO_4$ 几乎完全分解并与 SiO_2 反应生成 $CaSi_2O_5$；高温下稳定存在的 $CaFeSi_2O_6$ 是由 $CaSi_2O_5$ 和 Fe_2O_3 反应生成的，高温促进其反应进行，随着温度的升高，其含量逐渐增加。

　　YZ 煤中矿物质在高温下存在的铝硅酸盐主要为钙长石和钙铝黄长石，其含量随着温度升高而增大，当超过 1250℃时，硅铝酸盐含量由于铁硅酸盐生成的竞争反应而急剧下降。高温下，少量铁铝硅酸盐 $Fe_2Al_4Si_5O_{18}$ 生成，随温度变化无明

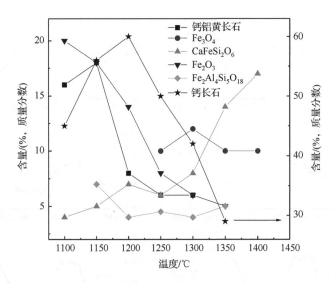

图 2.34　YZ 煤中矿物质组成随温度变化规律[16]

显规律；当超过 1400℃时，大量非晶体生成，XRD 衍射强度下降，已经无法进行定量分析，但通过 $d=2.5140$ 的衍射峰，可以确定有 Fe_3O_4 存在。

对于 GZ 煤中矿物质变化，FTIR 表征结果（图 2.35）显示：

（1）1100～1150℃时，主要吸收峰为 1090 cm^{-1} 和 460 cm^{-1}，可推断主要组成为 SiO_2。

（2）1200～1450℃时，Fe—O 振动特征峰 1080 cm^{-1}、563 cm^{-1} 和 539 cm^{-1} 随着温度的升高逐渐减弱，说明铁氧化物含量下降；Si—O 特征峰 1020 cm^{-1}、470 cm^{-1}，其中 470 cm^{-1} 随温度升高而减小，说明 SiO_2 含量下降；Si—O—Al 特征峰 930 cm^{-1}、390 cm^{-1}，其中 930 cm^{-1} 的特征峰随着温度增强而减弱，但 380 cm^{-1} 的特征峰随温度的升高而增强，由于这两处特征峰体现了硅铝酸盐 $CaAl_2Si_2O_8$ 和铁铝硅酸盐 $Fe_2Al_4Si_5O_{18}$ 中 Si—O—Al 变化的平均数，所以很难根据峰强变化判断组成变化；但是 390 cm^{-1} 比通常的 Si—O—Al 振动特征峰 420 cm^{-1} 明显向低波数移动，这应该是由铁离子的加入导致的，其主要反映了铁铝硅酸盐的变化，而且峰强度随温度增大，这与铁铝硅酸盐含量的增加相吻合。

（3）图 2.36 表明特征峰 930 cm^{-1} 随着温度的升高向高波数移动；根据 XRD 分析结果，$CaAl_2Si_2O_8$ 的含量下降，而 $Ca_{0.88}Al_{1.77}Si_{2.23}O_8$ 的含量增加，后者是脱钙的钙长石。为了使缺钙离子引起的结构电荷不平衡达到中性，部分铝离子位置由硅代替，而铝离子的减少导致了 Si—O—Al 特征峰 930 cm^{-1} 向高波数移动。

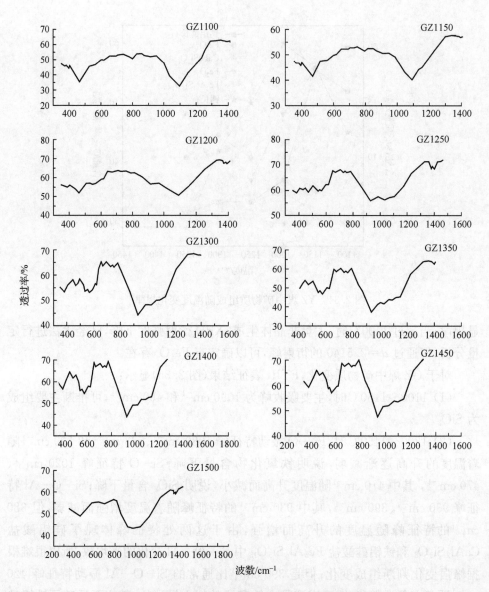

图 2.35　GZ 煤中矿物质在不同温度下的 FTIR 图[15]

　　815℃下，GZ 煤低温灰中主要矿物质为 Fe_2O_3（29%）、$CaCO_3$（12%）、SiO_2（44%）、$Ca_{12}Al_{14}O_{33}$（1%）和 $CaSO_4$（2%）和 $CaAl_4O_7$（12%）。在灰化过程中，煤中矿物质主要发生的反应为[7]

$$(Mg, Ca)O \cdot Al_2O_3 \cdot 5SiO_2 \cdot nH_2O \longrightarrow 2H_2O + (Mg, Ca)O + 2SiO_2 + Al_2O_3$$

$$(2.47)$$

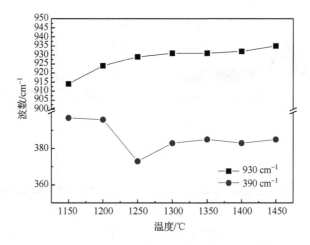

图 2.36　硅酸盐结构特征峰随温度的变化[15]

$$CaO + Al_2O_3 \longrightarrow Ca_{13}Al_{12}O_{33} \tag{2.48}$$

$$CaO + 2Al_2O_3 \longrightarrow CaAl_4O_7 \tag{2.49}$$

$$CaO + SO_2 + O_2 \longrightarrow CaSO_4 \tag{2.50}$$

$$4FeCO_3 + O_2 \longrightarrow 2Fe_2O_3 + 4CO_2 \tag{2.51}$$

GZ 煤中矿物质在 1100~1500℃的变化情况如图 2.37 所示,通过 Siroquant 定量分析,得到主要组分及含量随温度的变化(图 2.38)。钙长石($CaAl_2Si_2O_8$) 的含量随着温度的升高而增加,当温度超过 1250℃时,转化为假钙长石 ($Ca_{0.88}Al_{1.77}Si_{2.23}O_8$),假钙长石的结构与钙长石接近,是钙长石的脱钙形式;两者含量的总和随着温度的升高先增大后减少,是高温下 GZ 煤中矿物质的主要组成。 1100~1150℃时,矿物质中仍含有大量的 SiO_2 和 CaO,其中 CaO 是 $CaCO_3$ 的分解产物;SiO_2 和 CaO 的含量随着温度升高而下降;到 1200℃时 CaO 基本完全消失;1250℃时 SiO_2 完全消失。在高温下,低温灰中存在的 Fe_2O_3 逐渐转化为 Fe_3O_4,当温度超过 1150℃时,有部分 Fe_3O_4 转化为 $Fe_{2.95}Si_{0.05}O_4$,并统称为铁氧化物,衍射峰 $d=2.5298$ 左右为铁氧化物的最强线,但此位置同时还有钙长石的衍射峰,铁氧化物含量的变化主要由其他的强线 $d=2.9530$,$d=2.0886$,$d=1.4758$ 来判断;铁氧化物的含量随着温度的升高而减小,超过 1450℃时,大部分转化为铁硅酸盐和铁铝硅酸盐。当温度达到 1200℃时,$Fe_2Al_4Si_5O_{18}$ 和 $CaFeSi_2O_6$ 生成,可能发生了如下反应:

$$Fe_2O_3 + Al_2O_3 + SiO_2 \longrightarrow Fe_2Al_4Si_5O_{18} \tag{2.52}$$

$$Fe_2O_3 + CaCO_3 + SiO_2 \longrightarrow CaFeSi_2O_6 \tag{2.53}$$

前者含量随着温度升高而增大,是高温下 GZ 煤中矿物质的主要组成,也是硅

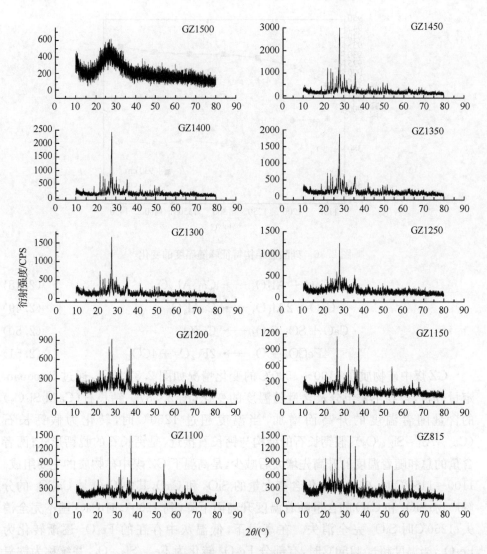

图 2.37　不同温度下 GZ 煤中矿物质 XRD 图[15]

铝酸盐后期含量下降的原因;后者随着温度升高而逐渐减小,到 1350℃基本消失。在 1200℃时,还有 $CaAl_2O_4$ 生成:

$$CaCO_3 + Al_2O_3 \longrightarrow CaAl_2O_4 \tag{2.54}$$

但当温度继续升高到 1250℃时,$CaAl_2O_4$ 消失,$FeAl_2O_4$ 生成:

$$Fe_2O_3 + Al_2O_3 \longrightarrow FeAl_2O_4 \tag{2.55}$$

但其含量随着温度的升高而降低。当温度达到 1500℃时,非晶体为主要组成,无法完成定量分析。

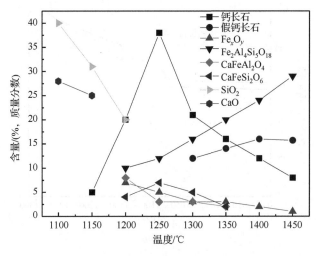

图 2.38　GZ 煤中矿物质组成随温度变化规律[15]

利用 FactSage 计算得到了 YZ 和 GZ 煤中矿物质在高温下的组成变化,如图 2.39 所示。高铁煤中矿物质在高温下的产物包括钙长石、铁橄榄石和辉石等。当铁含量较高时(YZ),易形成铁橄榄石和铁辉石;当铁含量较低时(GZ),易形成斜方辉石和堇青石。

上述四类典型煤灰的演化规律,高温下典型煤灰中主要矿物质产物总结如表 2.5 所示。利用 FactSage 软件计算可以获得高温下主要矿物质的变化趋势,理论计算结果与 XRD 分析结果基本一致,而且从计算结果中还可以看出矿物质的区域大小反映矿物质的相对含量,与 XRD、FTIR 结合,可以更好地说明高温下矿物质的演变行为。

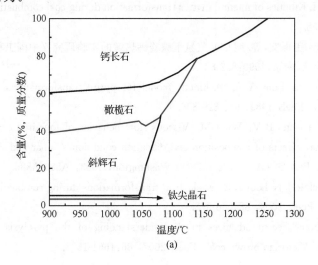

(a)

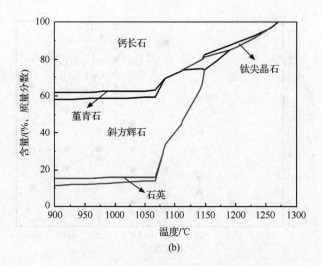

图 2.39　YZ(a)和 GZ(b)中矿物质随温度的变化

表 2.5　典型煤灰高温下的矿物质产物

典型煤灰分类	高温下主要产物
高硅铝($SiO_2+Al_2O_3>80\%$)	莫来石($3Al_2O_3 \cdot 2SiO_2$)、钙长石($CaAl_2Si_2O_8$)
高硅铝比($SiO_2/Al_2O_3>2$)	钙长石、黄长石($Ca_2Al_2SiO_7$)、硅酸盐(SiO_3^{2-}、SiO_4^{4-}、$Si_2O_6^{4-}$)
高钙($CaO>15\%$)	钙铝黄长石($CaAl_2Si_2O_8$)、硅酸钙($CaSiO_3$)
高铁($Fe_2O_3>15\%$)	钙长石、铁橄榄石(Fe_2SiO_4)、铁辉石($Fe_2Si_2O_6$)、堇青石($Fe_2Al_4Si_5O_{18}$)

参 考 文 献

[1] Palugniok H. Kinetics of mienral matter transformation during coal combustion. Fuel, 2002, 81: 1251-1258.

[2] 池保华,郑瑛,王保文,等. 纯 CO_2 气氛下碳酸钙热解的实验研究 // 中国工程热物理学会第 12 届学术会议,南京,1990: 832-835.

[3] Srinivasachar S, Boni A A. A kinetic model for pyrite transformations in a combustion environment. Fuel, 1989, 68: 829-836.

[4] Klein L C, Fasano B V, Wu J M. Viscous flow behavior of four iron-containing silicates with alumina, effects of composition and oxidation condition//Lunar and Planetary Science Conference. Part 2. (A83-21281 07-91) Washington, 1983: A880-A886.

[5] Zeng T, Helble J J, Bool L E, et al. Iron transformations during combustion of Pittsburgh no. 8 coal. Fuel, 2009, 88: 566-572.

[6] Li C Z. Some recent advances in the understanding of the pyrolysis and gasification behaviour of Victorian brown coal. Fuel, 2007, 86: 1664-1683.

[7] Li C Z, Sathe C, Kershaw J R, et al. Fates and roles of alkali and alkaline earth metals during the pyrolysis of a Victorian brown coal. Fuel, 2000, 79:427-438.

[8] Sugawara K, Enda Y, Inoue H, et al. Dynamic behavior of trace elements during pyrolysis of coals. Fuel, 2002, 81:1439-1443.

[9] Clarke L B. The fate of trace elements during coal combustion and gasification: an overview. Fuel, 1993, 72:731-736.

[10] Bai J, Li W, Li B. Characterization of low-temperature coal ash behaviors at high temperatures under reducing atmosphere. Fuel, 2008, 87: 583-591.

[11] Bai J, Li W, Li C, et al. Influences of minerals transformation on the reactivity of high temperature char gasification. Fuel Process Technol, 2010,91: 404-409.

[12] Bai J, Li W, Bai Z. Effects of Mineral matter and coal blending on gasification. Energy Fuels,2011, 25: 1127-1131.

[13] Bai J, Li W, Li C, et al. Influences of mineral matter on high temperature char gasification. J Fuel Chem Technol, 2009, 37: 134-139.

[14] Bai J, Li W, Li C, et al. Influence of coal blending on mineral transformation at high temperatures. Mining Sci Technol(China), 2009, 19: 300-305.

[15] 白进,李文,李保庆. 高温弱还原气氛下煤中矿物质变化的研究. 燃料化学学报,2006,34: 291-298.

[16] 白进,李文,白宗庆,等. 兖州煤中矿物质在高温下的变化规律. 中国矿业大学学报, 2008, 37:369-372.

[17] 马志斌,白宗庆,白进,等. 高温弱还原气氛下高硅铝比煤灰变化行为的研究. 燃料化学学报,2012,40:279-285.

[18] Ma Z, Bai J, Li W, et al. Transformation behaviors of mineral matters in coal ash with different Si/Al ratio at high temperature under reducing atmosphere // The 11th China-Japan Symposium on Coal and C1 Chemistry, Yinchuan, 2011:45-46.

[19] Ma Z, Bai J, Li W, et al. Effect of coal ash on the reactivity of char gasification at high temperatures // The 3rd International Symposium on Gasification and its Application, Vancouver, 2012:99-110.

[20] Ward C R, French D. Determination of glass content and estimation of glass composition in fly ash using quantitative X-ray diffractometry. Fuel, 2006, 85:2268-2277.

[21] Ward C R, Taylor J C, Cohen D R. Quantitative mineralogy of sandstones by X-ray diffractometry and normative analysis. J Sediment Res, 1999, 69:1050-1062.

第3章

灰化学对熔渣性质的影响

3.1 煤灰组成与熔融性和流动性的关系

　　煤在热转化过程中矿物质转变成灰分,而煤灰的熔融特性及黏温特性是动力用煤和气化用煤的一项重要指标。按排渣方式分类,煤的气化和燃烧工艺均可分为固态排渣和液态排渣两大类。固态排渣技术要求煤灰熔融温度比操作温度高,灰渣以固态形式排出。为防止结渣,需要煤有较高的灰熔融温度,以保证气化炉或锅炉始终在低于灰熔融软化温度的炉温下运行。若煤灰熔融软化温度低,一方面易导致结渣,使炉子无法排灰,甚至烧坏设备,影响生产的连续进行;另一方面,小颗粒的燃料会被熔渣的液膜包裹,或进入黏结在一起的大块灰渣中间而隔绝氧气,不能燃烧,导致碳损失率高。液态排渣技术要求操作温度高于煤灰流动温度,且对应温度范围内的黏度数值为 2.5~25 Pa·s 或 15~50 Pa·s。如果温度低于流动温度或操作温度区间无法达到黏度要求均会导致排渣不畅,反应器无法正常运行。研究煤灰组成对灰熔融性和黏度的影响是非常必要的,这对于特定的煤种能否满足不同排渣方式的气化、燃烧工艺及扩大适用煤种范围具有十分重要的意义。煤灰矿物质组成和化学组成均与上述两种性质有着密切联系[1-5]。

3.1.1　煤灰组成与熔融性的关系

3.1.1.1　煤灰在高温下的熔融性

　　煤灰熔融性用来描述煤灰受热时由固态逐渐转向液态的过程。由于煤灰是复杂的混合物,因此没有严格物理意义的熔点,通常采用变形温度(deformation temperature,DT)、软化温度(sphere temperature,ST)、半球温度(hemisphere temperature,HT)和流动温度(flow temperature,FT)来描述其熔融过程的变化,根据ISO 540:1995(E)《固体矿物燃料—灰熔融性的测定—管式高温炉法》进行测定,在此标准的基础上建立了我国的国家标准 GB/T 219—2008 煤灰熔融性的测定方法,这也是目前最为广泛接受和使用的煤灰熔融性描述方法。如图 3.1 所示,四个特征温度的定义分别为:变形温度(DT),灰锥尖端或棱开始变圆或弯曲时的温度;软化温度(ST),灰锥弯曲至锥尖触及托板或灰锥变成球形时的温度;半球温度(HT),灰锥变形近似半球形,即高约等于底边长一半时的温度;流动温度(FT),灰锥熔化展开成高度在 1.5 mm 以下的薄层时的温度[6]。工业应用中,通常将软化温度作为熔融性指标,称为灰熔点。除此之外,还有热机械分析(thermal mechanical analysis,TMA)和 ACIRL 测试法①,但应用范围非常窄。

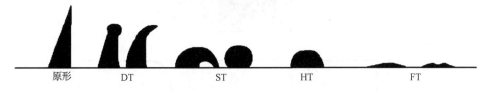

原形　　　　DT　　　　　ST　　　　　　HT　　　　　　FT

图 3.1　灰锥熔融特性示意图[6]

澳大利亚的 Gupta 等利用热机械分析仪测定煤灰的熔融性(图 3.2)。从曲线图上可以看出,撞头移动的距离与煤灰中出现液相含量有关。其优点是可以在三维尺寸上反应灰渣体积的变化,而且体积变化的速率、峰形的宽度和高度也可以作为判断熔融性的参数[7]。该方法可以更加客观地反映液固含量的连续变化趋势,因此也被较多地用于实验室研究领域。TMA 法测试的步骤包括:①将 50 mg 煤灰样品均匀置于钼坩埚中;②在 260 kPa 压力下将粉末样品压实;③将测试用撞头置于样品上,并在上部加 100 g 重物在界面处产生 140 kPa 压强;④升温速率为 50 ℃/min 从室温升至 700℃,然后以 5 ℃/min 升至 1600℃;⑤记录撞头向下移动的距离。

ACIRL 法采用图 3.3 中的装置进行测试,同时将 6 个灰柱置于两个平行板中间,升温速率为 5 ℃/min,最高至 1600℃,通过记录两个平行板间高度变化趋势判断煤灰熔融性[9]。该方法的原理与 TMA 法类似,熔融测试过程中将灰样或灰柱置于一定压力下,可以有效地消除颗粒效应;此外,ACIRL 法在测试过程中需用 6 个灰柱,这样可以消除样品不均匀性和制样过程带来的误差。从 ACIRL 曲线图中可以看出,随着温度逐渐升高,两板之间的距离缩小,该曲线同样可以反映熔融性的连续变化趋势。

3.1.1.2　矿物质组成对熔融性的影响

煤中主要结晶矿物(>5%)有石英、高岭石、伊利石、长石、方解石、黄铁矿和石膏;次要矿物(1%~5%)有方石英、蒙脱石、赤铁矿、菱铁矿、白云石、氯化物和重晶

---

① 即澳大利亚煤炭工业研究实验室(Australian Coal Industries Research Laboratories)的方法。

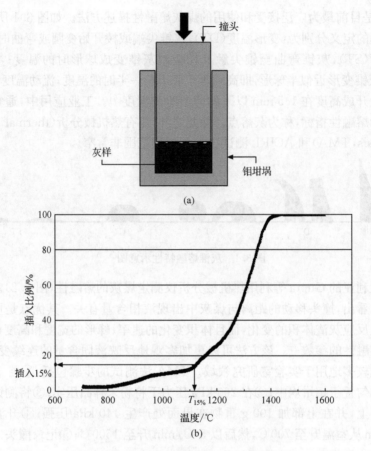

图 3.2　TMA 测定熔融性原理示意图[8]

(a) TMA 测试原理示意图；(b) TMA 测试熔融性曲线

石等。通常，富含石英、高岭石和伊利石的煤，灰熔融温度较高；而蒙脱石、斜长石、方解石、菱铁矿和石膏含量高的煤，灰熔融温度较低。煤经高温灰化后，由于发生了物理化学变化，煤灰中的主要结晶矿物变成石英、黏土矿物、长石、硅酸钙、赤铁矿和硬石膏等。煤灰熔融性实验表明，硅酸盐矿物含量高的煤灰，熔融温度较高；如果硅酸盐含量少，而硫酸盐和氧化物矿物含量高，则煤灰熔融温度较低。煤灰中的耐熔矿物是石英、偏高岭石、莫来石和金红石，而常见的助熔矿物是石膏、酸性斜长石、硅酸钙、赤铁矿和重晶石[10-25]。高温灰中一些常见的耐熔矿物、助熔矿物与煤灰熔融温度半球温度的基本关系如图 3.4 所示。

Vassilev 等[10]考察了全球范围内具有代表性的 43 个样品，对高温下灰样的 XRD 分析发现，较高的半球温度是由晶相中硅酸盐矿物含量增加引起的，较低的半球温度是受钙镁碳酸盐和氢氧化物影响，如图 3.5 所示。同时，他们还提出煤灰

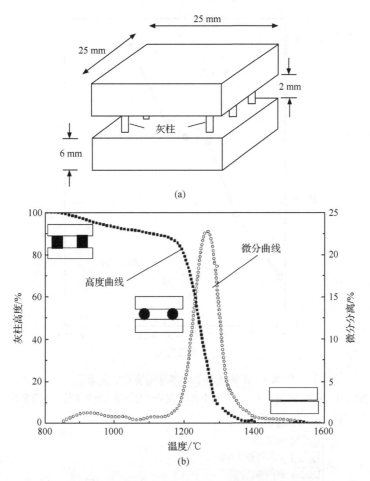

图 3.3　ACIRL 法测定煤灰熔融性示意图[9]

(a) ACIRL 法测试装置示意图；(b) ACIRL 法熔融性曲线

的软化温度和流动温度分别与石膏和非助熔物质的分解速率有关。

川井隆夫等[13]选用 21 种不同地质年代的煤研究了黏土矿物对灰熔融性的影响，发现年老煤中的矿物质以高岭石为主，其煤灰熔融温度比年轻煤的高；高岭石的含量与煤灰熔融性有很好的相关性（相关系数 $r=0.89$），硬石膏的存在会降低高岭石的熔融温度；煤灰熔融温度的显著差别取决于石英、高岭石和长石的含量。随着高岭石含量的增加，煤灰熔融温度逐渐提高；对高岭石含量相同的煤灰，熔融温度随长石含量增加而降低。高岭石中主要成分之一是酸性氧化物 Al_2O_3 的晶体物质，具有牢固的晶体结构，熔点高（2050℃），在煤灰熔化过程中起骨架作用；Al_2O_3 含量越高，骨架的成分越多，熔点就越高。但由于 Al_2O_3 晶体具有固定熔点，当温度达到相应铝酸盐类物质的熔点时，该晶体即开始熔化并很快呈流体状，因此

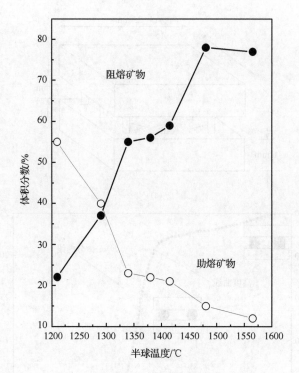

图 3.4 矿物质种类与半球温度对应关系[11]

助熔矿物包括长石＋硅酸钙＋赤铁矿＋石膏＋重晶石；阻熔矿物包括石英＋高岭石＋莫来石＋含钛氧化物

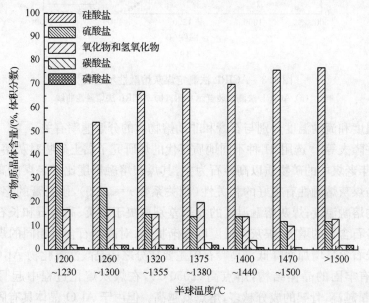

图 3.5 半球温度和灰中矿物质晶体的关系[11]

Al_2O_3 含量越高,软化温度和熔化温度的温差就越小。王泉清等[15]研究了在弱还原气氛中,高岭石对神木大柳塔煤灰熔融性的影响,指出使用 Al_2O_3/SiO_2 较高的高岭石,能显著提高煤灰熔融温度,当高岭石的添加量为灰分的 27%～32% 时,软化温度可达 1300℃。XRD 分析结果表明,添加高岭石的煤灰混合物在高温下软化熔融时,主要生成钙长石、方石英、铁橄榄石、铁尖晶石和莫来石等[10]。

李慧等[16]的研究结果表明,淮北煤田煤层中煤灰的矿物组成为石英、硬石膏、赤铁矿和红柱石等,在燃烧过程中,矿物质的种类发生了变化,形成高温下稳定的莫来石;淮南煤灰在熔融过程中,石英的含量随着温度的升高迅速减少,莫来石的 X 射线衍射强度很强;莫来石相对含量的增加是淮南煤灰熔融温度高的主要原因。Bai 等[11]发现,灰中大量存在的石灰石为钙铝黄长石、钙长石的大量生成提供了条件,这两种矿物的低温共熔是煤灰熔点低的主要原因,如图 3.6 所示。

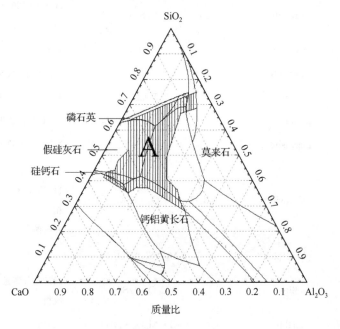

图 3.6　$CaO\text{-}SiO_2\text{-}Al_2O_3$ 三元相图(A 为低共熔区)

煤灰熔融性主要受高温下矿物质组成和含量影响,但高温下矿物质相结合形成的共熔体对熔融性也有影响。Bai 等[10]利用 XRD 等仪器研究表明,神府煤灰中非晶态物质随着温度的升高而增多,1300℃时煤灰中的主要物相是钙铝黄长石和镁黄长石,在 $CaO\text{-}SiO_2\text{-}Al_2O_3$ 三元相图中处于低共熔物的区域,导致神府煤灰熔点较低。

　　总的来说,莫来石的生成是煤灰熔融温度高的主要原因,低灰熔融温度煤灰在加热过程中,黄长石、铁钙辉石和尖晶石的生成起到了降低煤灰熔融温度的作用。

　　Song 等[4]通过在煤灰中添加 CaO、Fe_2O_3 和 MgO 的实验证明,煤灰中熔点较高的矿物质(如莫来石)转化为熔点较低的矿物质(如黄长石和尖晶石),熔点相应降低;但当这些氧化物含量继续增加时,灰中主要矿物质为氧化铝和方石英,造成熔点升高。由此可见,高温下熔融性是由矿物质的熔融性和热稳定性决定的,现将高温下煤灰中矿物质组成和热稳定性总结于表 3.1。

表 3.1　煤灰中矿物质的熔融性和热稳定性[10,11,13]

中文名称	英文名称	化学式	转化或熔点/℃
硬石膏	anhydrite	$CaSO_4$	1000 ～ 1200℃ 区 间 分 解,1195℃变为 α-$CaSO_4$
赤铁矿	hematite	Fe_2O_3	1550℃
磁铁矿	magnetite	Fe_3O_4	1591℃熔融,磁性强
菱铁矿	siderite	$FeCO_3$	400～600℃分解,放出 CO_2
黄铁矿	pyrite	FeS_2	400℃左右氧化分解
白铁矿	marcasite	FeS_2	高于 350℃即转化为黄铁矿
钾云母	muscovite	$K_2O \cdot 3Al_2O_3 \cdot 6SiO_2 \cdot 2H_2O$	700 ～ 800℃ 脱水,升温至 1150℃左右变为各种不稳定相,1150℃以上生成 α-Al_2O_3 和白榴石
金云母	phlogopite	$KMg_3(Si_3Al)O_{10}F_2$	
莫来石	mullite	$3Al_2O_3 \cdot 2SiO_2$	1810℃分解熔融为 Al_2O_3 和液相
钙长石(斜长石)	anorthite	$CaO \cdot Al_2O_3 \cdot 2SiO_2$	1553℃
钾长石(正长石)	orthoclase	$KAlSiO_3$	1170℃分解熔融为白榴石和液相
斜方钙沸石	gismondine	$CaO \cdot Al_2O_3 \cdot 2SiO_2 \cdot 4H_2O$	
刚玉	corandum	Al_2O_3	2050℃

续表

中文名称	英文名称	化学式	转化或熔点/℃
石英	quartz	SiO_2	1610℃
磷石英	tridymite	SiO_2	1680℃
方石英	cristobalite	SiO_2	1730℃
方钙石	lime	CaO	2570℃
钙铝黄长石	gehlenite	$2CaO \cdot Al_2O_3 \cdot SiO_2$	1590℃
钠长石	albite	$NaAlSi_2O_8$	在 400℃以上转变为其他形式（高钠长石）时稳定，在 1100℃熔融
水铝英石	allophane	$(1\sim2)SiO_2 \cdot Al_2O_3 \cdot 5H_2O$	约 700℃慢慢脱水，加热则呈强酸性，约于 900℃转变为莫来石
红柱石	andalusite	$Al_2O_3 \cdot SiO_2$	与硅线石、蓝晶石同质异相，加热至 1300℃，分解为莫来石和玻璃质
蓝晶石	kyanite	$Al_2O_3 \cdot SiO_2$	与红柱石、硅线石同质异相，加热至 1300℃，分解为莫来石和玻璃质
方解石	calcite	$CaCO_3$	900℃左右分解
白云石	dolomite	$CaCO_3 \cdot MgCO_3$	800℃分解为 $CaCO_3$、MgO、CaO，至 950℃分解成 CaO、MgO、CO_2
石膏	gypsum	$CaSO_4 \cdot 2H_2O$	128℃脱水 3/4，163℃完全脱水
钙铁辉石	hedenbergite	$CaFeSi_2O_6$	加热到约 950℃固相分离成 $\beta\text{-}CaSiO_3$、磷石英和 Ca-Fe 系橄榄石，约在 1180℃完全熔融

中文名称	英文名称	化学式	转化或熔点/℃
高岭石	kaolinite	$Al_2O_3 \cdot 2SiO_2 \cdot 2H_2O$	400～600℃失水转变为偏高岭土,1000℃左右重结晶,生成无定形 SiO_2 和 γ-Al_2O_3,以及少量的 Al-Si 尖晶石
金红石	rutile	TiO_2	1720℃
铁橄榄石	fayalite	$2FeO \cdot SiO_2$	1065℃
硬绿泥石	chloritoid	$FeO \cdot Al_2O_3 \cdot SiO_2 \cdot H_2O$	
易变辉石	pigeonite	$(Fe,Mg,Ca)SiO_3$	熔融温度约为 1400～1500℃
硫硅酸钙	calcium silicate sulfate	$Ca_5(SiO_4)_2SO_4$	
柱沸石	epistibite	$Ca_2(Si_9Al_3)O_{24} \cdot 8H_2O$	
黄榴石	topaz	$Al_2(SiO_4)(OH)_2$	
磷酸铝	aluminum phosphate	$AlPO_4$	
硅灰石	wollastonite	$CaO \cdot SiO_2$	是 β-$CaSiO_3$ 的矿物名称,加热至 1200℃转化为 α-$CaSiO_3$
假硅灰石	pseudowollastonite	$CaO \cdot SiO_2$	1540℃
硅钙石	rankinite	$3CaO \cdot 2SiO_2$	1464℃分解融为 Ca_2SiO_4 和液相
硅酸钙	calcium silicate	$2CaO \cdot SiO_2$	1540℃
硅酸三钙	tricalcium silicate	$3CaO \cdot SiO_2$	1900℃ 发生分解转化为 α-$2CaO \cdot SiO_2$(2180℃熔融)$+CaO$
铝酸钙	monocalcuim aluminate	$CaO \cdot Al_2O_3$	1600℃熔融
铝酸三钙	tricalcium aluminate	$3CaO \cdot Al_2O_3$	1539℃发生转化
二铝酸钙	grossite	$CaO \cdot 2Al_2O_3$	1765℃熔融

3.1.1.3 煤灰化学组成与熔融性的关系

　　煤灰是一种极为复杂的物质,特别是高温下其矿物质组成和含量难以准确地确定。目前较为先进的测试方法还难以普及,因此各国学者通常把煤灰成分用 SiO_2、Al_2O_3、Fe_2O_3、CaO、MgO、TiO_2、Na_2O、K_2O、SO_3 和 P_2O_5 10 种氧化物来描述；当某些煤样中的 Mn 含量较高时，也在灰成分中考虑增加 MnO_2。在研究煤灰和熔融性关系时通常仅考虑前 8 种元素的影响。有学者认为硫和磷也具有助熔效果，其助熔作用是通过与灰中含钙和镁的矿物反应形成硫酸盐和磷酸盐实现的。当煤灰中的硫或磷足够高时，可以减少钙和镁的氢氧化物和硅酸盐的形成，从而起到助熔作用，但其本质还是煤灰中的钙和镁。

Vassilev 等[10] 按照 J1SM 8801 规定的方法，在氧化气氛中测定了各灰样的特征熔融温度。根据测得的 HT，将灰样分成低灰熔点灰（HT＝1200～1300℃）、中等灰熔点灰（HT＝1320～1440℃）和高灰熔点灰（HT＞1470℃）三组。结果表明，硅、铝、铁、钙和硫的氧化物对 HT 的数值有显著影响。当灰中 SiO_2、AlO_3 和 TiO_2 含量增加，而 Fe_2O_3、CaO、MgO、Na_2O 和 SO_3 含量减少时，灰样的 HT 由低变高，HT 居中的一组灰样中 K_2O 含量最高。按照作用由大至小，能使 HT 提高的氧化物有如下顺序：$TiO_2＞Al_2O_3＞SiO_2＞K_2O$；能使 HT 降低的氧化物，其作用由大至小的顺序为：$SO_3＞CaO＞MgO＞Fe_2O_3＞Na_2O$，$K_2O$ 表现出中间行为。这与刘新兵对我国主要煤田的灰样的研究结果一致。刘新兵[17] 认为，碱金属氧化物以游离形式存在时能显著降低煤灰熔融温度，但多数煤灰中的 K_2O 是作为伊利石组成的一部分存在的，而伊利石受热直到熔化仍无 K_2O 析出，对煤灰的助熔作用显著减小。这也说明元素的矿物形态对煤灰熔融性有重要影响。

根据这 8 种氧化物的性质可以将其分为两大类：一类是酸性氧化物（SiO_2、Al_2O_3、TiO_2），主要作用是提高煤灰的熔融温度；另一类是碱性氧化物（Fe_2O_3、CaO、MgO、Na_2O、K_2O），可降低煤灰的熔融温度。Vorres 等[18] 认为煤灰中的酸性和碱性组分的行为与离子的化学结构特性有关，从而提出了"离子势"的概念。所谓离子势，即离子化合价与离子半径之比。Si^{4+}、Al^{3+}、Ti^{4+} 和 Fe^{3+} 的离子势分别为 9.5、5.9、5.9 和 4.7，Mg^{2+}、Fe^{2+}、Ca^{2+}、Na^+ 和 K^+ 的离子势分别为 3.0、2.7、2.0、1.1 和 0.75。可见，酸性组分具有最高的离子势，而碱性组分较低。离子势最高的阳离子易与氧结合形成复杂离子或多聚物，即煤灰中的酸性组分易形成多聚物；而碱性组分则为氧的给予体，能够终止多聚物集聚并降低其熔点。Küçükbayrak 等[19] 在研究土耳其褐煤灰的化学组成与煤灰熔融温度之间的关系时，发现阶段结果与 Vorres 的"离子势"论点一致：在氧化气氛中，褐煤灰中具有显著助熔作用的成分是 Na_2O 和 K_2O，其次是 CaO 和 MgO。从离子势的数值看，Na^+ 和 K^+ 最低，其次是 Ca^{2+} 和 Mg^{2+}。这几种组分能够破坏多聚物，从而表现出助熔效果。Na_2O 和 K_2O 含量最高的褐煤灰，熔融温度最低。回归分析表明，碱性组分之和与灰熔融温度之间存在着良好的相关性（r＝0.84）。

各种化学组分对灰熔融性温度影响的大致规律可以总结如下：

1. 二氧化硅

任一煤灰的矿物组成中几乎都含有 SiO_2，其在煤灰中含量最多，一般占 30%～70%。随 SiO_2 含量增加，ST 和 FT 的温差增大。这是由于煤灰中 SiO_2 主要以非晶体的状态存在，很容易与其他一些金属和非金属氧化物形成玻璃体物质。玻璃体物质具有无定形结构，没有固定的熔点，它随着温度的升高而变软，并开始流动，随后完全变成液体。SiO_2 含量越高，形成的玻璃体成分越多，所以煤灰的流动温度与软化温度之差也随着 SiO_2 含量的增加而增加。当 SiO_2 含量超过 45% 时，不管其他成分的含量如何，SiO_2 含量增加时，FT 和 ST 的温差随之增大。SiO_2 含量在 45%～60% 范围内时，SiO_2 含量增加，灰熔融性温度则降低。超过 60% 时，SiO_2 含量增加对灰熔融性温度的影响则无一定规律。灰渣熔化时容易起泡，形成多孔性残渣，这主要是由于 SiO_2 是网络形成体氧化物。而煤灰中还有许多其他氧化物，这些氧化物可分为修饰中间氧化物（Al_2O_3 及 Cd、Pb、Zn 的氧化物）和修饰网络氧化物（Na_2O、CaO 及 K、Li、Mg、Ba 的氧化物）。其中修饰中间氧化物随着不同情况分别起到形成网络和修饰网络两种作用。修饰网络氧化物能进入网架结构内部使网络发生改变，可以使中间氧化物全部或部分由六配位变为四配位，从而起到补网作用。这 3 类氧化物间的相互作用使得 SiO_2 表现出助熔的不确定性；但当 SiO_2 含量超过 70% 时，其灰熔融性温度均比较高。

2. 氧化铝

煤灰中 Al_2O_3 的含量一般均较 SiO_2 少，大部分煤灰成分中，Al_2O_3 含量为 15%～30%，Al_2O_3 能显著增高煤灰的灰熔融性温度。如图 3.7 所示，当 Al_2O_3 含量低于 12% 时，熔点出现先降低而后增加的规律；当煤灰中 Al_2O_3 含量高于 15% 时，灰熔融性温度随 Al_2O_3 含量的增加而有规律地增加；当 Al_2O_3 含量高于 25% 时，ST 和 FT 的温差则随含量的增加而越来越小；当其含量在 30% 以上时，煤灰熔点总是在 1350℃ 以上；在煤灰中 Al_2O_3 含量超过 40% 时，不管其他成分的含量变化如何，其灰的 FT 必然超过 1500℃。

3. 硅铝比

单独对不同组成的煤灰样品进行比较时，有时很难单从氧化硅或氧化铝的含量解释熔融性的差异，而某些研究者发现硅铝比与煤灰熔融性有较好的关联性。煤灰的硅铝比是煤灰中 SiO_2 和 Al_2O_3 的质量比或物质的量比，其质量比的范围为 0.43～3.89。

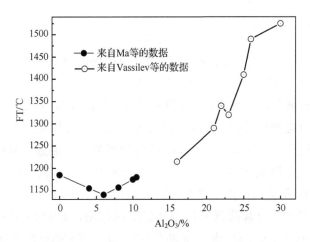

图 3.7 氧化铝含量对熔融性的影响[12,20]

硅铝比对煤灰流动温度的影响如图 3.8 所示。van Dyk[21]利用水洗、乙酸铵洗和盐酸洗的三步法脱除煤灰中部分矿物质来改变样品的硅铝比,指出随着硅铝质量比的增加煤灰的流动温度呈直线增加趋势($r=0.8514$)。Song 等[4]利用纯氧化物模拟煤灰的方法测定了硅铝比对煤灰熔融性的影响,发现当硅铝比从 1.6 增加到 4.0 时,煤灰熔融温度随着硅铝比增加而增大,并利用 FactSage 进行热力学计算给出了可能的解释:随着硅铝比的增加,高温下矿物质组成由钙长石转化为莫来石,最后变为熔点更高的刚玉。由此也可以看出,无论哪种元素的含量过高,与其他元素的质量比或物质的量比超过一定范围时,都会造成熔点的迅速升高。

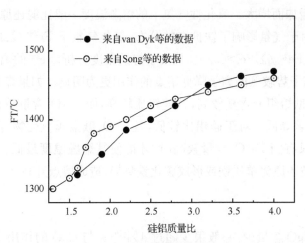

图 3.8 硅铝比对熔融性的影响[4,21]

4. 氧化钙

煤灰中 CaO 的含量变化很大,许多侏罗纪褐煤的第三纪褐煤的煤灰中,CaO 的含量可高达 30％以上[3,15,16]。由于 CaO 是碱金属氧化物,很容易和 SiO_2 作用形成熔点较低的硅酸盐。而在煤灰中,SiO_2 含量一般比较高,有足够的量和 CaO 在高温时形成复合硅酸盐,因此 CaO 一般均起降低灰熔融性温度的作用。但另外,单体 CaO 的熔点很高,达 2590℃,当 CaO 含量增加到一定数量时(40％～50％或以上),CaO 不仅不降低灰熔融性温度,反而能使其升高。就我国煤而言,如果煤灰中 SiO_2/Al_2O_3 质量比在 3.0 以上,CaO 含量为 20％～25％时灰熔融性温度最低。在煤灰中 $CaSO_4$ 也起降低灰熔融性温度的作用,但不如 CaO 显著。煤灰的 SiO_2/Al_2O_3 比小于 3.0,CaO 含量为 30％～35％时,煤灰熔融温度最低;当 CaO 含量超过 30％～35％时,再增加 CaO,煤灰熔融温度开始升高。

5. 氧化铁

煤灰中 Fe_2O_3 的含量变化也很大,一般为 5％～15％,个别煤灰可高达 50％以上[22]。Fe_2O_3(熔点为 1560℃)的助熔效果与煤灰所处的气氛性质有关。在氧化或弱还原气氛中,均起到降低灰熔融性温度的作用。在弱还原气氛中,Fe_2O_3 以 FeO(熔点为 1420℃)的形态存在,与其他价态的铁相比,FeO 具有最强的助熔效果,易与 SiO_2 等物质易形成低共熔点化合物,使熔点最低。煤灰中 Fe_2O_3 含量小于 20％时,Fe_2O_3 含量每增加 1％,ST 平均降低 18℃;煤灰 FT 和 ST 的温差,随 Fe_2O_3 含量的增加而增大。氧化性气氛下的熔融温度一般比弱还原性气氛高 40～170℃。这是由于气氛影响了铁价态的分布,氧化气氛下 $Fe^{2+}/\sum Fe < 0.25$,而在弱还原气氛下 $Fe^{2+}/\sum Fe > 0.25$。从离子势的角度分析,Fe^{2+} 的离子势为 2.7,而 Fe^{3+} 为 4.7,离子势较低的离子降低熔点的作用更为明显。如果煤灰中的 CaO、碱金属氧化物等助熔组分含量较高,且硅铝比较高,而 Fe_2O_3 含量较低时,就能使煤灰熔融温度显著降低。对于硅铝比较低,且 CaO、碱金属氧化物等组分的含量也较低的煤灰,只有当 Fe_2O_3 含量较高时,才能使其熔融温度最低。强还原性气氛下,氧化物易被还原为单质铁或形成碳化铁骨架,造成熔点升高[23]。

6. 氧化镁

煤灰中 MgO 含量少,一般很少超过 4％[20]。与 CaO 的作用十分相似,MgO 在煤灰中一般起降低灰熔融性温度的作用。人为增加 MgO 含量的实验表明,煤灰中 MgO 含量为 13％～17％时,灰熔融性温度最低,小于或大于这个含量,灰熔融性温度均将升高,但由于在实际煤灰中 MgO 含最很少,可以认为它在煤灰中只起降低熔点的作用[20]。

7. 氧化钾与氧化钠

煤灰中的 K₂O 和 Na₂O 能显著降低灰熔融性温度,但其在高温时易挥发。煤灰中 Na₂O 含量每增加 1%,ST 降低 17.7℃,FT 降低 15.6℃[24]。如图 3.9 所示,Gupta 等[7]选择了不同钾含量的煤灰考察熔融性变化规律,发现随着钾含量增加,熔融性温度降低,而且通过 TMA 的测试方法也获得了相似的结果。$T_{25\%}$ 可以看成 TMA 方法中定义的变形温度,这种降低作用可以用前面提到的"离子势"观点来解释。

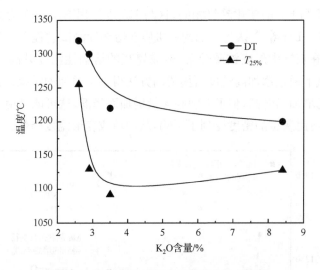

图 3.9　煤灰熔融性随钾含量的变化趋势[7]

关于煤灰矿物质组成及煤灰化学组成与煤灰熔融性的关联程度,不同研究者有不同的看法。Lolja 等[25]认为氧化物组成比矿物组成以及熔融历程对煤灰熔融性的影响更为重要,而 van Dyk 等[26]认为仅从化合物角度考虑熔融性的影响是不合理的,应该更多地从矿物组成角度关联熔融性变化规律。无论从哪个角度进行关联,其目的都是更好地了解和掌握熔融性变化规律,为预测和调控熔融性建立基础。由于矿物组成的确定有一定困难,因此以氧化物形式进行的研究更加普遍并为广泛使用。

3.1.1.4　残碳对煤灰熔融性的影响

煤中的有机物在燃烧和气化过程中均无法完全转化,残留在飞灰或熔渣中成为残碳,其通常在5％以下,但也有部分锅炉或气化炉飞灰中的残碳较高,最高可到18％以上。宏观上,残碳多为圆形、蜂窝状和多孔状大颗粒。微观上,残碳颗粒为非均质体,呈三种形态:惰质碳、各向同性焦和各向异性焦。惰质碳为燃烧过程中未熔化的颗粒,来源于煤中的惰质组;后两种则已经历反应和熔融过程。碳的颗粒形态还可以根据颗粒的形状、孔隙率、壁厚、炭和灰成分相的组合等分成多种类型,但三种微观形态是最基本的。三种碳颗粒不仅微观形态不同,其物理化学特性,如密度、元素组成、比表面积、空隙和表面积的分布等也有显著差异[27-30]。

如图3.10所示,Chen等[29]通过将不同煤焦添加在对应的煤灰中考察有机质存在条件下煤灰熔融性的变化规律,发现随着煤焦添加量的增加,煤灰的熔融性变差,且DT、ST和FT的变化趋势相同,这与Bai等使用石墨粉作为添加物得到的结论是一致的。Bai等[23]认为添加的有机质在熔融性测试过程中可与灰中含铁矿物发生反应,在灰锥中形成铁质骨架,造成煤灰的熔融性温度升高。马艳芳等[20]在弱还原气氛下通过添加高纯度石墨粉的方法得到了类似的结果。总体上熔融温度随碳含量的增加而升高,但DT随碳含量增加而降低,这可能是由于添加石墨粉以后,测试所使用灰锥的密度受到了影响,从而造成变形温度降低。

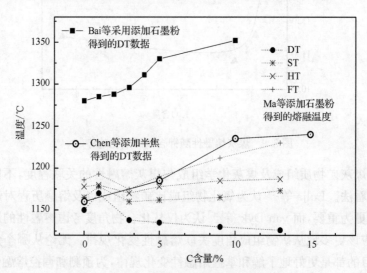

图3.10　不同形态碳对煤灰熔融性的影响[20,29]

3.1.1.5　煤灰熔融性和相图之间的关系

在理论上,由相平衡关系可以得到煤灰成为液体和固体时的最低温度,分别称为液化温度和固化温度;同时还可以获得在中间温度时固相和液相的组成。相图是煤灰组成和矿物质组成的结合。利用相图可以将煤灰化学组成和矿物组成对煤灰熔融性影响有机结合起来,通过三元及多元复杂相图可以预测煤灰熔融过程中矿相的变化。

Huggins 等[30]认为在还原气氛下,含铁量较多的煤灰在加热过程中,其最重要的反应在三元相图 $CaO\text{-}SiO_2\text{-}Al_2O_3$ 中进行。在 ASTM 煤灰熔融温度检测中激冷煤灰样,用多种仪器(Mössbauer 光谱仪、CCSEM、XRD)进行分析,结果发现在不同温度下煤灰中矿物质的变化行为与三元相图 $CaO\text{-}SiO_2\text{-}Al_2O_3$ 中表现一致;并选择研究了三种美国煤灰,发现不同组成的煤灰,添加剂(FeO、CaO、K_2CO_3)混合物在三元系统相图 $Al_2O_3\text{-}SiO_2\text{-}XO$ (X=Fe、Ca 或 K_2)中的液相线温度有良好的相关性,两者呈现接近于平行的变化趋势。与液相线相比,煤灰熔融温度较低,且组成点有一定的移动,这是由于煤灰中还存在少量其他组分。

3.1.1.6　气氛对煤灰熔融性的影响

在测定煤灰高温熔融性时,实验气氛通常分为三种[6]:氧化气氛、弱还原气氛和强还原气氛。其中氧化气氛为加热炉中不放任何含碳物质,并让空气自由流通;弱还原气氛为炉内通入(50±10)%(体积分数)的氢气(H_2)和(50±10)%(体积分数)的二氧化碳(CO_2)混合气体;而强还原气氛是指炉中全部为还原气体一氧化碳(CO)与氢气(H_2)。气氛对于煤灰的熔融性影响明显,在煤的气化与燃烧过程中,碳与水蒸气发生氧化与气化反应时,气体产物中存在 H_2 与 CO 等还原性气氛,特别是在气流床气化炉中,生成气中有效气($CO+H_2$)的组成达 90%(体积分数)以上。但在强还原气氛下测定煤灰熔融温度实验难度较大,稍有不慎极易发生爆炸,因此,关于这方面的研究较少。

煤灰在弱还原性气氛下的熔融温度均低于氧化性气氛下的熔融温度,同时熔融温度的差异随煤灰中的 Fe_2O_3 含量增加而增加。Song 等[4]考察了强还原气氛和惰性气氛对煤灰熔融性的影响,发现还原气氛下的熔融温度高于惰性气氛。通过 XRD 和 SEM-EDX 的表征发现,强还原气氛下煤灰多孔网状结构中单质铁的出现是熔融性温度较高的原因。

3.1.1.7　量子化学在煤灰熔融性方面的应用

李洁等[31]根据量子化学的理论和方法,通过对煤灰中矿物表面的能级、前线轨道组成等性质进行计算,并在矿物的特征结构下,应用 DV-Xα 法考察了矿物的前沿轨道和费米能级等性质,将其化学状态、表面化学反应活性以及成键特性与熔融特性相关联。莫来石很容易与电子接受体结合,不容易与电子给予体结合。但当莫来石与电子给予体结合时,Si 原子的活性高于 Al。煤灰中莫来石分子簇的最高占据轨道基本由与 Si 原子相连接的 O7 和 O12 组成,且具有很高的能态。通过计算结果推知,煤灰中莫来石表面化学活性强弱关系为

$$Al1+O13<Al8+O13<Al1+O12<Si6-O7<Al8+O14<Si6-O12$$

因此在 Al1+O13 和 A18+O13 易断键,使晶格发生重组。量子化学计算从微观方面很好地解释了配煤对降低高灰熔点煤的熔融机理,与实验结果也吻合较好。

利用 CASTEP 化学软件包,基于密度泛函理论(density functional theory, DFT)的局域密度近似(local density approximation,LDA),对煤灰熔融中产生的低熔点生成物霞石与钠长石进行了系统的光学特性理论研究。经比较发现,霞石与钠长石中的阴离子群[AlO$_4$]$^{5-}$ 与硼砂助熔剂中的 Na$^+$ 发生反应,且霞石与钠长石相互作用产生低温共熔现象,使煤灰熔点降低。对于高熔点煤,应选取其中具有活泼光学性质、氧化还原性强、金属性强的元素作为助熔剂来降低灰熔点,其反应物之间易发生低温熔融反应,如钠、钙和铁元素[31-33]。

3.1.2　煤灰组成与黏温特性的关系

3.1.2.1　高温下煤灰的黏温特性

随着煤气化和燃烧温度的提高,煤灰在熔融态下的流体性质逐渐受到重视。虽然通过煤灰熔融特性的四个特征温度可以粗略地判断煤灰熔融后的流动性,但对于采用连续液态排渣、膜式壁技术等先进工艺的反应器是远不够的。煤灰的黏温特性用来描述煤灰在高温下形成的熔渣黏度与温度之间的关系,是煤灰在高温下的重要物理性质。通常采用黏度和温度的对应曲线来表示,即黏温曲线。不同的煤灰样品在高温下的黏温特性差异较大,不仅是黏度数值,而且包括黏温曲线的变化趋势。有的煤灰样品在气化炉操作温度范围内黏度变化不大,即相对应的气化操作温度范围宽;当气化炉内温度在一定范围内波动时,对气化运行影响较小。有的煤灰样品当温度稍有变化时,其在高温下的黏度变化比较剧烈,在很窄的温度范围内,流动性呈现出巨大的差异,从而导致反应器内结渣,导致排渣不畅而发生堵塞现象。根据黏温曲线的上述特点可以将熔融煤灰分为三类,即玻璃渣、塑性渣和结晶渣(图 3.11)[34]。显然,煤灰熔渣具有玻璃渣特性时是有利于液态排渣操作的;对于具有塑性渣特性的煤灰熔渣,需研究控制温度范围远离黏度快速增加的区域;而结晶渣则不适合用于液态排渣反应器。熔渣的黏温特性与煤灰化学组成有

关,因此对于塑性渣和结晶渣,可以通过调控煤灰化学组成的方法来改变渣型和黏温曲线类型。

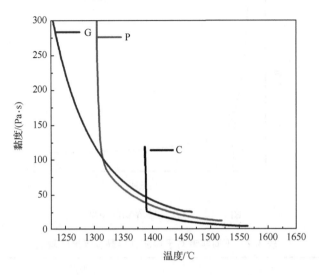

图 3.11　熔渣的三种不同类型[34]

G:玻璃渣;P:塑性渣;C:结晶渣

当操作温度升高时,渣的黏度均会有不同程度的降低,这有利于反应器内熔融灰渣的流动和排出。但煤灰在高温下的黏度太低也会对液态排渣造成问题,如对于耐火砖为内壁的气化炉,如果黏度过低,会使炉砖侵蚀和脱落加快。相关文献报道,当操作温度在 1400℃ 以上时,温度每增加 20℃,耐火材料被侵蚀的速率会增加一倍。对于采用水冷壁的气化炉,如果熔渣的黏度太低,会使固态渣层变薄,难以达到以渣抗渣的效果。因此,对于熔渣式反应器,必须掌握和控制操作温度范围内熔渣的黏温特性[2,35]。

熔渣的黏温曲线除了可以表明黏度数值和熔渣类型以外,还可以得到熔渣的临界黏度温度(T_{cv}),通常采用图形法确定,如图 3.12 所示。对于这个温度点的精确定义尚有争论[36],表 3.2 是不同研究者对于高温下临界黏度温度的表述。但 T_{cv} 的基本定义可认为是黏温曲线图中黏度突然增大时对应的温度,即出现黏度突变的拐点。此温度也被认为是煤灰在高温下的黏度是否受晶体影响的分界点。

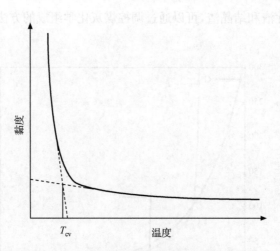

图 3.12　煤灰的临界黏度温度[36]

表 3.2　不同学者对于煤灰临界黏度温度的观点

作者	时间	观点
Mills 等[37]	1993	低于该温度点时,黏度快速增加
Nowok 等	1993	该温度点附近,渣由一相变为两相或多相[37]
Singer	1991	固相熔渣开始结晶并从液相开始分离的温度[38,39]
Benson[40]	1991	结晶粒子出现的温度; 流体性质由牛顿流体转变为非牛顿流体
Vorres 等[41]	1986	由液相为主的状态转为固相为主
Watt 等[42]	1969	结晶开始影响流动的温度
Corey[43]	1964	该温度点以下的降温过程熔渣流体出现屈服应力,由流体转变为塑性流体
Reid 等[44]	1944	缓慢降温到该温度附近出现突变,由全液相转变为塑性流体,并出现黏度数值突然增大的现象

3.1.2.2　高温下煤灰黏温特性的测定及影响因素

1. 高温下煤灰黏温特性的测定原理

煤灰黏度测定的基础是流体黏度的测定。黏度是衡量流体流动性的指标,表示流体流动的分子间因摩擦而产生阻力的大小,有三种表示方法:①动力黏度,面积各为 $1\,m^2$,相距 $1\,m$ 的两层流体,以 $1\,m/s$ 的速度做相对运动时所产生的内摩擦力,单位:Pa·s(帕·秒);②运动黏度,动力黏度与同温度下该流体密度 ρ 之比,单位为 m^2/s;③恩氏黏度,某浓度下,在思氏黏度计中流出 200 mL 液体所需时间与 20℃流出同体积蒸馏水所需时间之比。在国际单位制中黏度以 Pa·s 表示,也用 P(poise,泊)和 cP(centi poise,厘泊)表示,1 cP=10^{-2} P=10^{-3} Pa·s。煤灰黏度的数值较大且范围宽,研究中多采用 Pa·s 和 P 作为单位。

　　黏度计用来测量具有牛顿行为材料的动态黏度。常见的流体黏度测定可以根据被测样品是否和测量工具接触,分为接触法和非接触法测定。接触法包括毛细管法、平板法、拉伸法、下落法和旋转法等;非接触法包括高温摄像法和激光感应法等[36]。目前,对于高温熔体的黏温特性,最可行和可靠的方法为旋转法。如图 3.13所示,高温旋转黏度仪通常包括 3 个部分:黏度计、高温炉和控制器。黏度计部分还包括转子和坩埚,还有部分仪器配备了真空保护管,可以提供不同气氛下的黏度测试。

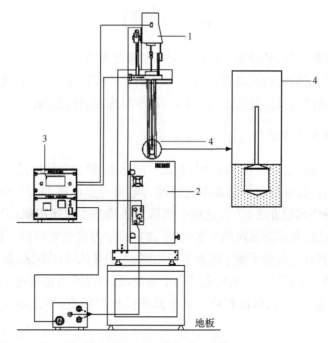

图 3.13　高温黏度仪示意图

1. 黏度计;2. 高温炉;3. 控制器;4. 转子和坩埚

　　不同型号和品牌的高温旋转黏度仪会略有差异,但测试的基本原理相同,即牛顿摩擦定律。在熔融灰渣中两个渣层之间摩擦切应力 f 与受力面积 S、垂直于流动方向的剪切速率梯度 dv/dx 成正比,公式如下:

$$f = \eta S \frac{\mathrm{d}v}{\mathrm{d}x} \tag{3.1}$$

式中，f 为摩擦切应力，Pa；$\mathrm{d}v/\mathrm{d}x$ 为剪切速率梯度，$1/\mathrm{s}$；S 为熔融煤灰的受力面积，m^2；η 为动力黏度，Pa·s，与煤灰的组成、温度和压力有关。由此可以得出动力黏度的公式：

$$\eta = \frac{f}{s\left(\dfrac{\mathrm{d}v}{\mathrm{d}s}\right)} \tag{3.2}$$

高温黏度的测量是利用游丝扭矩式黏度计的转子在熔融灰渣中以恒定角速度旋转，由上述方程可知，熔渣的黏滞阻力与钢丝的偏转角 φ 成正比：

$$\eta = \frac{K}{\omega}\varphi_i = K_i\varphi \qquad (i = 1, 2, \cdots, n) \tag{3.3}$$

$$K = 1\Big/\left(S \frac{\mathrm{d}v}{\mathrm{d}x}\right) \tag{3.4}$$

式中，K_i 为常数，与游丝的直径和角速度等因素有关，需通过已知黏度的标准物进行标定；ω 为转子的旋转角速度，rad/s；φ 为钢丝的偏转角，rad。因此通过改变游丝的直径、角速度以及测量转子的大小，可改变黏度测量的范围。

2. 高温下煤灰黏温特性的测定方法

黏温特性的测定过程在国际上没有统一的标准，较为公认的是 Hurst 等[45]使用的测定方法。我国目前可以参照的标准为电力行业标准 DL/T 660—2007《煤灰高温黏度特性试验方法》[34]。这两个测试方法的基本程序相似：①在 800 ℃以上制备煤灰；②煤灰在测试坩埚中熔融；③选定设定温度点并停留一段时间，保证样品和温度均匀；④将转子置于液面下开始测试；⑤开始降温测试，温度间隔 10～120℃，每个温度下停留一定时间保证温度均匀；⑥当黏度数值超过 150 Pa·s 或更高时，停止测试，并进入降温程序。根据其测试过程特点，可以将此方法称为间歇法。

中国科学院山西煤炭化学研究所于 2008 年引进了美国 Theta 公司研制的高温旋转黏度仪。该设备具有在降温过程中连续测定熔渣黏度的功能，并且在样品测试区加装了真空保护管，可以实现各种气氛环境下的测定。该方法的测试程序与间歇法相似：①制备煤灰；②根据煤灰熔点温度或完全液相温度，确定熔样和测试温度；③煤灰在高温炉中进行预熔，冷却降温后形成渣块用于测试；④渣块置于测试坩埚中，真空保护管抽真空后，通入指定气体；⑤升温至测定温度，待温度恒定后开始测试,降温速率 1 ℃/min;⑥当黏度数值超过 300 Pa·s 或更高时,停止测试,并继续降温。与间歇法比较,此法可以称为连续法。

3. 高温下煤灰黏温特性的影响因素

测试过程中选用不同的降温速率和气氛对结果也有一定的影响。由图 3.14 可以看出,降温速率对黏温特性中的临界黏度温度影响较为明显。当降温速率由 15 ℃/min 降至 5 ℃/min 时,临界黏度温度由 1400 ℃升至 1490 ℃。这主要是由于降温速率较大时,停留时间变短,降温过程中形成的晶体颗粒没有足够的时间长大,减小了对黏度的影响。

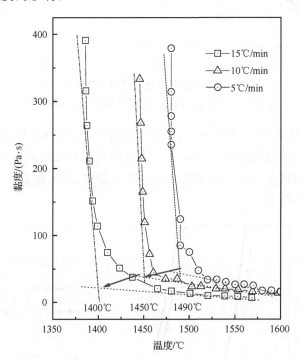

图 3.14   弱还原气氛(V_{CO} ：V_{CO_2} ＝6：4)不同降温速率下的黏温特性
CaO：5.7％；SiO_2：51.9％；Al_2O_3：27.1％；Fe_2O_3：9.7％

降温速率对熔渣的影响还可以从热力学角度进行考虑。如图 3.15 所示,当降温速率较大时,熔渣的热力学路径为 S,由液相转化为过冷液体,随后转化为玻璃体;反之,当降温速率较小时,其热力学路径为 C,由液相转化为固液混合的多相,当温度低于转化温度时开始形成晶体。

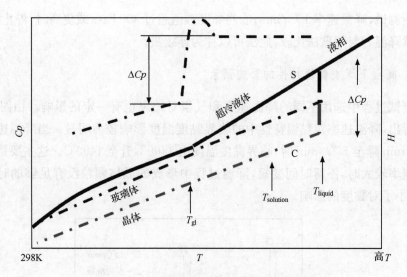

图 3.15　熔渣降温过程的热力学路径[46]

T_{gl}:玻璃转化温度;$T_{solution}$:固液混合温度;T_{liquid}:液相温度

　　另外,许多学者对不同气氛下的黏温特性测试进行了深入研究。图 3.16 为不同气氛中煤灰的黏温曲线图。Nowok[47] 发现煤灰在氧化气氛下的黏度总是高于弱还原气氛下的黏度。这一现象被 Kong 等[48] 加以证明,他们发现铁含量越高,受到的影响也越明显。

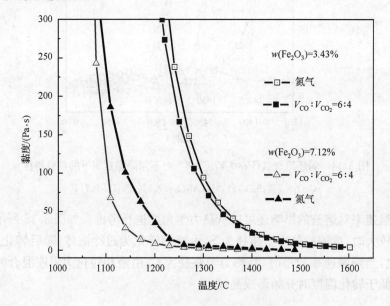

图 3.16　气氛对黏温特性的影响

　　这主要是因为煤灰中的铁元素在不同的反应气氛下存在的状态不同：在高温氧化条件或空气环境中，铁以三价态铁（Fe^{3+}）的形态存在；在弱还原环境中部分铁元素以二价态铁（Fe^{2+}）存在；而在强还原性气氛中煤灰中的铁元素多数被还原为单质铁（Fe）与二价态铁（Fe^{2+}）的形式，所以导致煤灰高温黏度也不相同。FeO能与煤灰中的 SiO_2 生成熔点更低的弱酸性盐及其低熔点混合物，从而能够降低同一温度下的煤灰高温黏度，所以在弱还原气氛下煤灰高温黏度最低。

　　Folkedahl 等[49]研究了 9 种低阶煤灰的黏温特性与气氛的关系，发现当通入 10％水蒸气时，黏温曲线的变化呈现两种不同的趋势，如图 3.17 所示。煤灰 MTI 258（CaO -6.6％，SiO_2-60.9％，Al_2O_3-17.9％，MgO -1.9％，Na_2O -1.1％，K_2O-2.2％，TiO_2-0.7％，Fe_2O_3-7.4％）的黏度随水蒸气的加入而降低。这是由于水分子以—O—H 进入了熔渣结构中，其作用与非桥键氧相同，起到了修饰网状结构的作用。其反应过程可以表述为

$$H_2O + —Si—O—Si— \longrightarrow 2—SiOH \qquad (3.5)$$

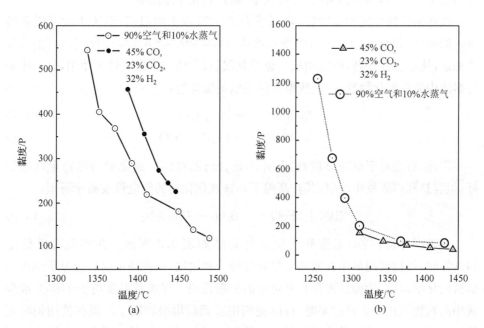

图 3.17　水蒸气对黏温特性的影响[49]

(a) MTI 258 渣；(b) Rochelle 渣

　　然而，对于煤灰 Rochelle（CaO -23.3％，SiO_2-38.9％，Al_2O_3-20.8％，MgO-6.6％，Na_2O-1.4％，K_2O-0.4％，TiO_2-1.5％，Fe_2O_3-6.1％），当水蒸气通入时，黏度数值增加，且临界黏度温度降低。Vogel 等[50]认为水分子可以溶解在熔渣中，

与硅酸盐中的金属阳离子反应形成金属-羟基络合物,而这种水溶解作用对碱金属离子的作用最为明显。此外,Folkedahl 等还指出由于水蒸气的加入,熔渣在降温过程的结晶速率降低约两个数量级,这是临界黏度温度降低的主要原因。

此外,黏温测试过程所使用坩埚和转子的材质也会对实验结果有一定影响。最常用的材料分别是铂(Pt)、钼(Mo)、刚玉(Al_2O_3)、氧化锆(ZrO_2)以及石墨(C)和氮化硼(BN)。其中铂转子和坩埚的性质最为稳定,可以在任意气氛下使用,但相应的测试成本较高,特别是还原气氛下会明显缩短转子和坩埚的使用寿命。钼坩埚性质稳定,几乎不与熔渣发生反应,但易氧化,因此无法在氧化气氛下使用;同时,在氧化气氛下温度高于 770℃时可以发生如下反应:

$$3Fe_2O_3 + Mo \longrightarrow 6FeO + MoO_3 \tag{3.6}$$

刚玉的性质较为稳定,但使用温度受限制。当实验温度较高时,坩埚和转子中的氧化铝会扩散到熔渣中,影响黏度测试的准确性;且扩散程度还受到煤灰组成和坩埚加工工艺的影响,如密度、开口孔率、碱性氧化物浓度等。

氧化锆的热稳定性非常好,可以承受 2200℃以上的温度,但用于测试煤灰熔渣时的温度不能超过 1400℃,否则氧化锆会与硅铝酸盐迅速发生反应。石墨的性质稳定,使用温度较高,但使用气氛也受到限制,无法在氧化气氛下使用,且石墨易与熔渣中的铁氧化物反应,生成单质铁或铁的碳化物:

$$FeO + C \longrightarrow Fe + CO \tag{3.7}$$

$$3FeO + 4C \longrightarrow Fe_3C + 3CO \tag{3.8}$$

因此,石墨对于煤灰黏度测定,并不是合适的材料。氮化硼的热稳定性非常好,但容易和熔渣发生反应,其在高温下与铁氧化物的反应程度高于石墨:

$$2BN + 3FeO \longrightarrow B_2O_3 + 3Fe + N_2 \tag{3.9}$$

使用不同材料的温度和气氛条件总结如表 3.3 所示。在实验温度低于 1400℃时,可以使用氧化锆或刚玉材料的转子和坩埚,但在测试前后应分析煤灰和熔渣的化学组成,检验是否存在氧化铝的扩散现象。在实验温度高于 1400℃或煤灰中的碱性氧化物含量较高时,可以使用铂或钼质坩埚和转子。但在使用钼时需严格控制气氛,以消除系统内的氧气,否则由于钼氧化造成的扩散也会影响黏度测试的准确性。石墨和氮化硼不宜用于煤灰熔渣的黏度测试。

表 3.3　不同材料用于煤灰熔渣黏度测试的条件[51]

材质	可能发生的反应	反应温度范围/℃	最高使用温度/℃	操作气氛
Mo			＞1600	惰性或还原性
Pt			＞1600	惰性或氧化性
C	$FeO(l)+C(s)\longrightarrow Fe(l)+CO(g)$	1000～1100	由铁含量决定	仅惰性
ZrO_2	$ZrO_2\longrightarrow ZrO_2(octa)\longrightarrow ZrO_2(mono)$	1300～1400	＜1400	惰性、氧化性或还原性
Al_2O_3	$Al_2O_3(s)\longrightarrow Al_2O_3(l)$	1000～1600	＜1000	惰性、氧化性或还原性
BN	$3FeO(s)+2BN(s)\longrightarrow$ $B_2O_3(s)+3Fe(s)+N_2(g)$	1000～1100	＜1100	惰性、氧化性或还原性

4. 连续法测定黏温特性的影响因素

Kong 等[52]利用 Theta 高温旋转黏度仪研究了连续法测定过程的影响因素，包括降温速率和坩埚材料对不同类型熔渣的影响。

分别选择了非晶渣 ZZ 和结晶渣 DT，考察降温速率对两种熔渣黏温曲线测定的影响。如图 3.18 所示，降温速率分别为 1 ℃/min、5 ℃/min、10 ℃/min、20 ℃/min时，ZZ 的黏温曲线差别较小。对不同温度下的黏度数据进行比较发现，随降温速率增大，黏度数值降低。同时，随黏度数值增大，黏温曲线的偏差增大。当黏度值达到最大排渣黏度 100 Pa·s 时，对应温度的偏差约为 30℃。相同温度下的黏度偏差如图 3.19 所示，在 1400℃下黏度的偏差约为 15%，在 1600℃下的偏差约为 2%。利用切线法确定临界黏度温度分别为 1400℃、1405℃、1412℃ 和 1420℃，最大差距为 20℃，小于切线法本身带来的误差。利用 Raman 表征了不同降温速率得到的渣，如图 3.20 所示。发现结构差别较小，仅 900 cm^{-1} 的吸收峰强度增加。这说明熔渣中的 Q^2（NBO/T＝2）结构增加、聚合度降低，这是造成黏度降低的主要因素。

对结晶渣 DT，降温速率分别为 1 ℃/min、3 ℃/min、7 ℃/min、15 ℃/min 时，其黏温曲线差异明显，如图 3.21 所示。对不同温度下的黏度数据进行比较发现，随着降温速率增大，黏度数值降低，且临界黏度温度 T_{cv} 显著下降。温度高于临界黏度温度时，黏度数值的最大偏差约为 5%；而当温度低于临界黏度温度时，黏度的差异最大可达到 5 倍（图 3.22）。而且从黏温曲线在临界黏度温度附近的增加趋势来看，随着降温速率增加，黏度在 T_{cv} 附近的增加趋势减缓。

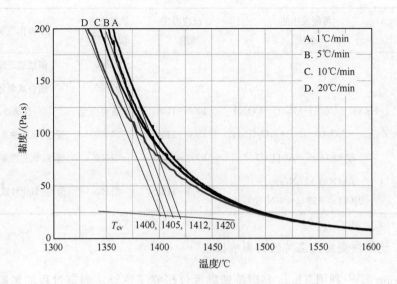

图 3.18　降温速率对 ZZ 非结晶渣黏温曲线的影响[52]

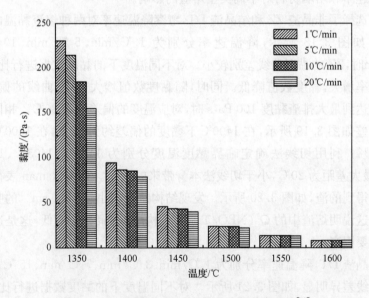

图 3.19　相同温度下 ZZ 非结晶渣的黏度比较[52]

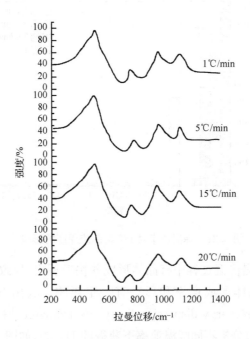

图 3.20　降温速率对 ZZ 非结晶熔渣结构的影响[52]

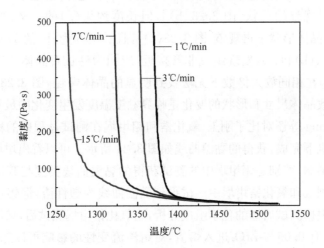

图 3.21　降温速率对 DT 结晶渣黏温曲线的影响[52]

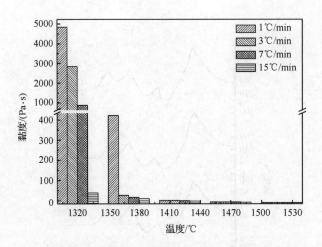

图 3.22　降温速率对 DT 结晶渣黏度的影响[52]

　　结晶渣的特点是降温过程中有晶体形成并快速析出，导致黏度突然增大。而改变降温速率对晶体形成速率和形态有一定影响。利用 SEM-EDS（scanning electron microscope/energy dispersive X-ray spectrometer，扫描电子显微镜-能量分散 X 射线光谱仪）分析不同降温速率下获得的 DT 渣，如图 3.23 所示。当降温速率为 1 ℃/min 时，形成的晶体为长条状［图 3.23（a）］；降温速率为 3 ℃/min 时，形成晶体仍呈规整的条状［图 3.23（b）］，但长度约为（a）的一半；当降温速率为 7 ℃/min 时，晶体形状不再规整［图 3.23（c）］，且长度约为（b）的 1/3~1/2。利用 EDS 分析（a）、（b）和（c），发现组成非常接近，应同为钙长石晶体。当降温速率为 15 ℃/min 时，在相同放大倍数下无法找到明显的晶体颗粒［图 3.23（d）］。因此，降温速率导致晶体尺寸和形状的变化是临界黏度温度发生变化的最重要原因。

　　此外，Kong 等还对比了刚玉、氧化锆和钼坩埚在测试过程中的稳定性。实验均在惰性气氛下完成，获得的黏温曲线如图 3.24 所示。可以看出坩埚材料对黏温曲线有显著影响，特别是钼坩埚中的测试获得的黏温曲线类型与其他两种材料有本质区别。刚玉和氧化锆坩埚中测试得到黏温曲线为塑性渣，但钼坩埚中得到的为结晶渣。根据测试后渣的化学组成分析，用氧化锆坩埚测试后，熔渣的化学组成变化最小，仅有 0.06% ZrO_2 进入熔渣，对熔渣流变性的影响可以忽略，因此得到的结果应该最接近真实值。

　　利用 XRD 对测试后的灰渣进行分析，如图 3.25 所示。可以看出在钼坩埚中测试后，灰渣中钙长石晶体的强度较强，说明其晶体相对含量比在其他两种坩埚中得到的高。这可能是由于在高温测试过程中有少量 Mo 进入熔渣中，促进了钙长石晶体的形成和析出。灰渣的成分分析也证明了有约 0.5% 的 MoO_3 进入了熔渣

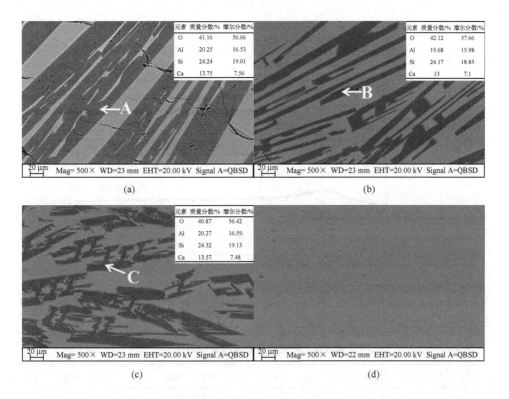

元素	质量分数/%	摩尔分数/%
O	41.16	56.66
Al	20.25	16.53
Si	24.24	19.01
Ca	13.75	7.56

元素	质量分数/%	摩尔分数/%
O	42.12	57.66
Al	19.68	15.98
Si	24.17	18.85
Ca	13	7.1

元素	质量分数/%	摩尔分数/%
O	40.87	56.42
Al	20.27	16.59
Si	24.32	19.13
Ca	13.57	7.48

图 3.23　不同降温速率下 DT 结晶渣的 SEM-EDS 比较[52]

(a) 1 ℃/min；(b) 3 ℃/min；(c) 7 ℃/min；(d) 15 ℃/min

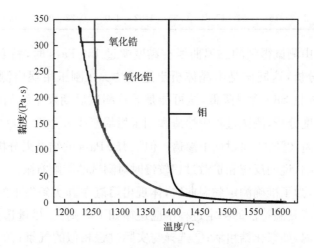

图 3.24　坩埚材质对黏温特性测定的影响[52]

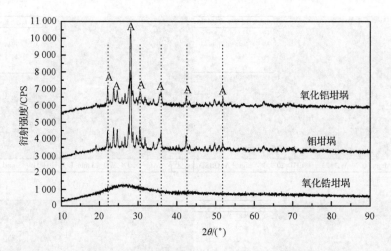

图 3.25　不同坩埚测试后灰渣的 XRD[52]

（表 3.4）。由于测试过程中采用了惰性气氛，因此 Mo 可能是通过与熔渣中氧化物发生反应后混入的。但由于其含量较低，XRD 结果未能检测到含 Mo 组分。

表 3.4　测试前后熔渣组成的对比[52]

样品	SiO_2	Al_2O_3	Fe_2O_3	CaO	MgO	TiO_2	K_2O	Na_2O	P_2O_5	SO_3	MoO_3	ZrO_2
渣	46.21	27.37	6.06	17.22	0.63	1.00	1.04	0.18	0.066	0.18	—	—
渣-氧化锆	46.15	27.20	6.03	17.10	0.64	1.01	1.05	0.20	0.064	0.15	—	0.06
渣-氧化铝	45.90	27.79	6.05	17.02	0.63	1.00	1.06	0.24	0.064	0.20	—	—
渣-钼	46.12	27.16	6.16	17.04	0.65	1.02	1.06	0.22	0.064	0.10	0.50	—

　　刚玉坩埚中测试得到的黏温曲线在黏度超过 150 Pa·s 时，黏度快速增加；根据 XRD 结果分析，这同样是由晶体析出造成的。在刚玉坩埚中测试后，熔渣中 Al_2O_3 含量增加且 SiO_2 含量降低，这可能是导致测试后期发生结晶的原因。从化学组成变化角度分析，测试过程中熔渣和刚玉坩埚至少发生两类反应：①Al_2O_3 通过反应进入熔渣；②SiO_2 向坩埚中渗透。但从 150 Pa·s 的结果来分析，测试前期结果几乎不受影响，说明反应和扩散过程较慢时对测试的影响有限。

　　综上所述，为了准确测定黏温曲线，体现出熔渣在真实条件下的黏温特性，在高温煤灰和熔渣黏温特性的测定过程中应遵循如下原则：①尽量选择高温下化学性质稳定的坩埚，如氧化锆坩埚；②选择与实际过程相似的气氛；③尽量选择与实际过程相似的降温速率。同时，应建立不同降温速率与熔渣黏温数值的关系，为选择合理的降温速率提供参考。

3.1.2.3　煤灰化学组成与黏温特性的关系

煤灰在高温下的物性特征取决于煤灰中无机矿物质的组成,而矿物质组成又与化学组分密切相关。当煤灰化学组分不同时,其矿物质组成往往不同,因而煤灰在高温下表现出来的物性特征也有很大的差别。煤灰化学组分对黏温特性的影响与其在高温下熔渣中结构的不同作用密切相关。利用煤灰在高温下形成的熔融灰渣的网络结构理论,可以解释煤灰中主要化学组成对黏度的影响。基于酸碱性理论,煤灰化学组成可以分为三类:造网组分、修饰组分和中性组分。造网组分(离子)通常组成四面体且成为网格结构的基本单元;修饰组分(离子)对于网格结构有破坏作用;中性组分既可以起到组成网格结构的作用,也可以起到破坏的作用。为了起到电荷平衡的作用,当中性组分遇到修饰组分时,会形成稳定的可以进入硅酸盐结构的金属-氧阴离子团。但是,在修饰组分不足的情况下,中性组分会作为修饰组分存在[35,53-60]。

按照这个分类标准,煤灰中化学组分可以划分为三组:

(1) 造网组分(离子):Si^{4+},Ti^{4+};

(2) 修饰组分(离子):Na^{+},K^{+},Mg^{2+},Ca^{2+},Fe^{2+},Ba^{2+},Cr^{3+},V^{5+};

(3) 中性组分(离子):Al^{3+},Fe^{3+},Zn^{2+};

另外,还有未确定作用的组分:Urbain 等[53]认为磷是造网组分,但 Kalmanovitch 等[54]认为磷是修饰组分。Mysen 等[55]认为磷化物可以转化为磷酸盐,起到解聚高聚合程度的硅铝酸盐的作用。目前尚未看到对煤灰中 S 作用的考察。

煤灰中常见组分对高温黏度的影响如下[36,41-47,53-54,60-65]:

1. 二氧化硅(SiO_2)

煤灰中 SiO_2 的含量较多,它是煤灰在高温下形成的熔融灰渣网络的主要氧化物,即造网离子。其含量越高,煤灰在高温下形成的网络越大,煤灰在高温下流动时内部质点运动的内摩擦力越大,因此 SiO_2 起着增加煤灰高温黏度的作用。如图 3.26所示,Corey 等[43]将不同 SiO_2 含量与黏度进行了关联。在不考虑 Al_2O_3 的情况下,发现 SiO_2 含量与黏度的对数呈线性关系,并指出其中部分点的偏离是由碱金属等引起的。而 Reid 等[56]认为在相同温度下,高温下煤灰的黏度与 SiO_2 含量存在线性关系,其中 SiO_2 含量为

$$S = \frac{100 \times SiO_2}{SiO_2 + \text{Equiv. } Fe_2O_3 + CaO + MgO} \tag{3.10}$$

式中,Equiv. $Fe_2O_3 = FeO + Fe_2O_3 + Fe$;$SiO_2$、$CaO$ 和 MgO 代表氧化物含量。

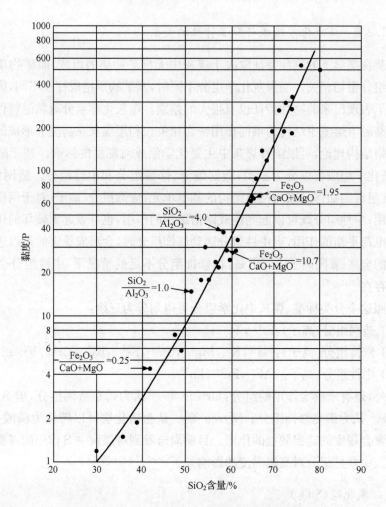

图 3.26　1315.6℃时 SiO₂ 含量对黏度的影响[43]

2. 二氧化钛(TiO₂)

从硅酸盐结构考虑,TiO₂ 有以下三种作用:①钛离子(Ti^{4+})直接替代网络中的 Si^{4+} 形成新的结构,起到增加黏度的作用。②如式(3.11)所示,钛离子(Ti^{4+})可以通过提供桥键氧原子,使原来的八面体结构发生松散进而解体[55]。

$$2[\equiv Si—O—Si \equiv] + TiO_2 === 4[\equiv Si—O^-] + Ti^{4+} \qquad (3.11)$$

③当 Ti^{4+} 和阳离子结合并与 TiO₂ 以四面体和八面体形成团簇时,Ti^{4+} 被包围在团簇中,对硅酸盐结构没有影响,从而对黏度没有明显影响。因此,Ti^{4+} 在煤灰中的作用较为复杂,随着温度以及化学组成的不同,其作用也不同。例如,在含量低的

时候，TiO$_2$是以八面体的结构存在的；随着其含量的增加，八面体结构的 Ti^{4+} 逐渐减少，而四面体的 Ti^{4+} 含量逐渐增多，同时煤灰高温黏度随温度的变化发生较大的改变[57]。另外，煤中的 TiO$_2$ 含量较低，多是伴生在其他矿物（铁矿石）中，所以在研究煤灰黏度变化规律时，通常不考虑 TiO$_2$ 的影响，而在冶金渣的流体性质研究中较为重视。

3. 三氧化二铝（Al$_2$O$_3$）

Al$_2$O$_3$通常在网络结构模型中被称为两性氧化物，它既是网络结构的形成体，又是网络结构的改变体。当 Al$_2$O$_3$进入纯 SiO$_2$熔体时，会使 SiO$_2$网络结构强度减弱[55]（图 3.27），从而降低黏度。例如，将 10％的 Al$_2$O$_3$加入到温度为 2000～2500 K的纯净的 SiO$_2$熔体时，后者的黏度至少降低两个数量级。当 SiO$_2$熔体中 Al$_2$O$_3$的含量增至 18％时，其黏度减少量将增至 3 个数量级[36]。然而，当 SiO$_2$熔体中有键能强度较大的氧化物（如 CaO 和 MgO）存在时，Al$_2$O$_3$ 中的单元结构由 [AlO$_6$]$^{9-}$ 转化成[AlO$_4$]$^{6-}$ 四面体而进入到[SiO$_4$]$^{6-}$ 网络中。而煤灰正好具备上述条件，即 Al$_2$O$_3$含量增高，煤灰高温黏度也会增大。

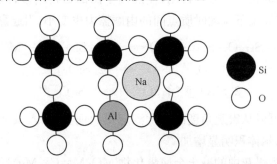

图 3.27　铝离子进入四面体配位的示意图[55]

Tang 等[58]在研究 CaO-SiO$_2$-MgO-Al$_2$O$_3$熔渣时指出，随着 Al$_2$O$_3$含量从 5％到 20％变化（图 3.28），黏度数值呈现逐渐增加的趋势。这与 Al$_2$O$_3$中的单元结构由[AlO$_6$]$^{9-}$ 转化成[AlO$_4$]$^{6-}$ 四面体而进入[SiO$_4$]$^{6-}$ 网络的解释相吻合。但临界黏度温度先降低而后增加，这是由其含量增加导致高温下矿物质产物变化引起的。

4. 碱土金属氧化物（CaO 和 MgO）

煤灰中的碱土金属氧化物主要包括 CaO 和 MgO，它们通常均能起降低煤灰高温黏度的作用。通过两种途径可使 SiO$_2$立体结构分解：一方面，使得 SiO$_2$立体网络结构发生松散、解聚，从而使其流动性增加，减小黏度；另一方面，二价阳离子

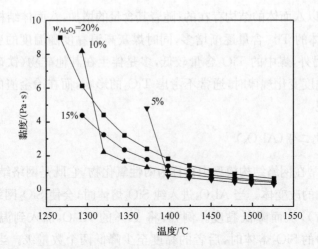

图 3.28　氧化铝含量对黏温特性的影响[58]

Fe^{2+}、Ca^{2+} 和 Mg^{2+} 与网络中未达到键饱和的 O^{2-} 相连接；随着碱性氧化物的增多，网络结构中将得到更多 O^{2-}，致使网络遭到破坏而变小。当 O^{2-} 的浓度增高时，上述化学平衡向正反应方向移动，使阴离子团的数目增多，但其相对分子质量变小，进而煤灰在高温下流动时质点间的内摩擦力也变小，引起黏度降低[53]。

$$\equiv Si-O-Si \equiv + MO === 2(\equiv Si-O^-) + M^{2+} \qquad (3.12)$$

$$[Si_2O_7]^{6-} + O^{2-} === 2[SiO_4]^{4-} \qquad (3.13)$$

$$2[Si_3O_9]^{8-} + 3O^{2-} === 3[Si_2O_7]^{6-} \qquad (3.14)$$

　　上述观点也可以从宏观角度的密度测定得到证实：加入碱金属或碱土金属氧化物时，熔渣的摩尔体积明显增加[59]。

　　一些学者认为煤灰中的碱土金属氧化物 $MO(M=Ca,Mg)$ 通过以下两个途径来降低其黏度：①同碱金属氧化物的作用一样，碱土金属氧化物通过共价键把两个四面体结构连接起来；

$$\equiv Si-O-Si \equiv + MO === \equiv Si-O-M-O-Si \equiv \qquad (3.15)$$

②由于不同离子的电性不同，碱土金属氧化物 $MO(M=Ca$ 和 $Mg)$ 中的 M^{2+} 逐渐靠近 SiO_2 立体网络结构中的氧原子。

　　Nowok 等[47]还指出，碱土金属中 Ba 降低黏度的能力最强，而煤中最常见的碱土金属氧化物减小黏度的能力为 $CaO>MgO$。这可以从离子半径来解释：离子半径越大，对硅酸盐网格结构的破坏作用越强。碱土金属氧化物对于黏度的影响还与温度相关[53]。在高温区内随着其含量增大，煤灰高温黏度逐渐降低。但另外，在低温区内碱土金属氧化物却能够增加熔体结构，加大温度对于黏度的影响作用。即随温度降低，黏度增大的速率增加，导致低温范围内流动性降低。由于 Mg^{2+} 的离子半径较小，与氧结合能力比 Ca^{2+} 强，所以在低温区，Mg^{2+} 增大黏度的作用大于 Ca^{2+}。

如图 3.29 所示，Kong 等[60]也发现钙离子可以解聚硅铝酸盐网状结构。当氧化钙含量增加时，黏度会不断地降低，熔渣类型由塑性渣转变为玻璃渣；临界黏度温度降低，可选的操作范围变宽。但氧化钙含量较高时，过多的钙离子在硅铝酸盐的网状结构中游离，在降温过程中，促进熔渣结晶，使其由塑性渣转变为结晶渣，同时临界黏度温度升高，使得可操作范围变窄。临界黏度温度的变化与高温熔渣中主要的矿物质组成有关。利用拟三元相图分析高温下组成的变化，如图 3.30 所示。随着氧化钙的加入，煤灰完全液相温度先降低后增加。主要组成由莫来石转变为钙铝黄长石，而后转变为钙长石。由于临界黏度温度是由主要组成矿物质的结晶温度决定的，因此出现了临界黏度温度随着氧化钙含量增加呈先降低后升高的现象。由黏温特性表示的熔渣类型完成了由结晶型转化为玻璃型，继而又转化为结晶型的过程。

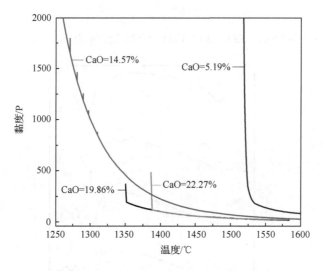

图 3.29　氧化钙含量对黏温曲线的影响[60]

从桥键氧的角度考虑，在高温范围内，加入 CaO 引入的非桥键氧对黏度产生了降低作用；但在低温范围内，过量的 CaO 会与桥键氧再次结合，从而造成黏度的增加。如图 3.31 所示，从硅酸盐网状结构来看，加入石灰石后 1000 cm^{-1} 附近的 Si—O—Si 振动峰先向低波数移动，而后向高波数移动。这说明在液相温度以下，硅酸盐结构的强度经历了由强到弱而后又增强的过程。

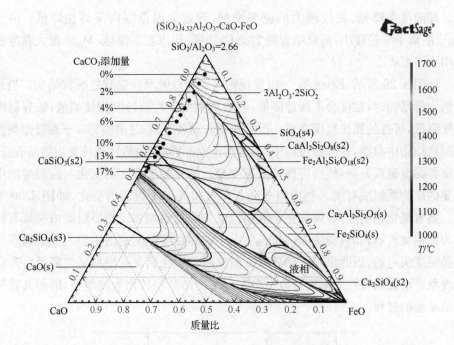

图 3.30（另见彩图）　SiO₂-Al₂O₃-CaO-FeO 拟三元相图（$w_{SiO_2/Al_2O_3} = 2.66$）[60]

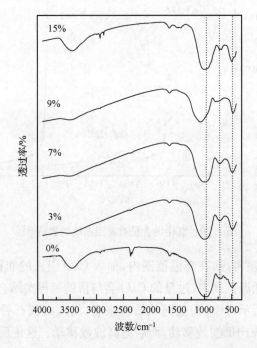

图 3.31　1300℃时加入不同比例石灰石的熔渣 FTIR 谱图[60]

Song 等[64]研究了 MgO 含量为 $1.00\%\sim9.00\%$ 时黏温特性的变化规律。发现含量不同的煤灰样品的黏度均随温度的降低而开始缓慢升高。当温度低于临界黏度温度时黏度突然增加,临界黏度温度的变化趋势为先降低后增加,这与 CaO 对黏温特性的影响是相同的。另外,由图 3.32 可以看出,CaO 对黏温特性的影响与 MgO 不同,特别是对渣型的影响,这与 Mg^{2+} 离子半径较小,可以形成配位数较高的结构有关。

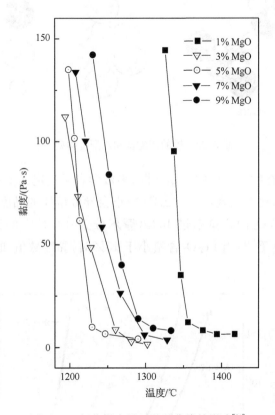

图 3.32　氧化镁含量对黏温曲线的影响[64]

5. 三氧化二铁和氧化亚铁(Fe_2O_3 与 FeO)

在不同的气氛下,铁有不同的离子价态,所以铁在硅酸盐中表现为两种作用:①二价铁(Fe^{2+})起网络修饰作用;②三价铁(Fe^{3+})起两性作用。Fe^{2+} 和 Fe^{3+} 对硅酸盐高温下黏度影响不同的主要原因是 Fe^{3+} 通过四面体的结构与周围的四个氧原子相连接,而 Fe^{2+} 通过八面体的结构与周围的六个氧原子相连接(图 3.33)。四面体结构的 Fe^{3+} 更容易与同样是四面体结构的 Si 相连接,从而达到电荷平衡。虽然这样可以使部分 Si—O 键断开,使得立体网络结构部分解体,但是新形成的 Fe—O—Si 又形成了小的立体网络结构,所以宏观上表现为硅酸盐在高温下黏度有所降低,但幅度不是很明显。而 Fe^{2+} 的八面体的结构能够使原来的立体网络结构大幅度松散和解体,导致其黏度明显降低。

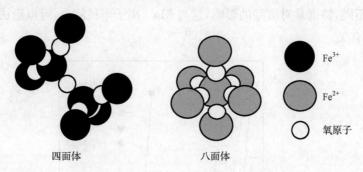

四面体　　　　八面体

图 3.33　铁的四配位和八配位构型[36]

由于两种价态的铁体现的作用不同,多数学者通过定义 $Fe^{3+}/\sum Fe$($\sum Fe = Fe^{2+} + Fe^{3+} + Fe$)比率发现,$Fe^{3+}/\sum Fe$ 减小会导致熔体的黏度呈非线性快速降低,而当熔渣中 FeO_x 的含量超过 10%(摩尔分数)时,Fe^{3+} 的作用将与 Fe^{2+} 相同[61]。由图 3.34 看出,当 Fe_2O_3 含量小于 15% 时,黏度数值和临界黏度温度均降低。

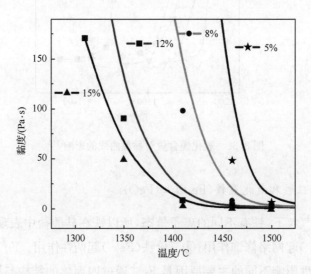

图 3.34　Fe_2O_3 含量对黏温曲线的影响[23,65]

此外，$Fe^{3+}/\sum Fe$ 还受其他因素的影响[61]：随温度的升高，$Fe^{3+}/\sum Fe$ 值降低；随着 CaO/SiO_2 的增加，$Fe^{3+}/\sum Fe$ 值升高；当 $CaO/SiO_2 = 1.5$ 时，$\sum Fe$ 增加导致 $Fe^{3+}/\sum Fe$ 降低；当 $CaO/SiO_2 = 0.7$ 时，$\sum Fe$ 减小又导致 $Fe^{3+}/\sum Fe$ 升高。

6. 碱金属氧化物（Na_2O 和 K_2O）

通常，煤灰中的 Na_2O 和 K_2O 均能显著降低煤灰的高温黏度。它们熔融在 SiO_2 的网络结构中，使网络结构发生变化，由原来的 BO 型转向 NBO 型。

$$\equiv Si-O-Si \equiv + M_2O === \equiv Si-O^-M^+ + M^+O^--Si \equiv \qquad (3.16)$$

碱金属氧化物可以使原来的网络结构发生松散和解聚，显著降低完全液相温度，同时降低体系的黏度。当碱金属氧化物的含量低于 10%（摩尔分数）时，碱金属离子仅是随机分布在三维的硅酸盐结构中，其含量不足以破坏原来的 SiO_2 立体网络，熔体的黏度不会出现明显的降低现象；当碱金属氧化物的含量超过 10%（摩尔分数）时，由于碱金属的渗透和破坏作用，原来的立体网络结构解体成由单一的 Si—O 环组成，碱金属离子随机分散在 Si—O 环的阴离子周围[36]。这个结论也得到了熔体密度变化规律的印证：当碱金属含量大于 12%（摩尔分数）时，比体积随着碱金属含量的进一步增加而明显增大[63]。

碱金属离子降低系统黏度的能力与离子的半径以及移动性有关。在低温区间，离子半径对于碱金属降低黏度的能力影响占优，所以 $Na>K$；在高温区间，离子移动能力的影响占优，所以 $K>Na$。

对于煤中碱金属，还需要注意以下两个因素的影响：第一，当环境温度足够高时，由于碱金属具有较高的饱和蒸气压，因此在高温条件下会出现因其挥发而造成的黏度下降[41]；第二，当煤中的 Cl 含量足够高时，形成的氯化物会析出，造成熔体中碱金属含量降低，从而导致黏度增加。

Ilyushechkin 等[66]通过高温旋转黏度仪测定 K_2O 含量对黏温特性影响时发现，0~4%含量范围内熔渣中的 K 可能由于高温挥发或析出到晶体内，对熔体黏度几乎没有影响。但 K_2O 含量增加会造成临界黏度温度升高（图 3.35），这是由于加入 K_2O 后，促进了晶体的析出。

7. 硅铝比对黏温曲线的影响

除以上涉及的常见组分外，煤灰中硅铝比也是研究煤灰流动性的一个重要参数。在 $SiO_2 + Al_2O_3$ 总量不变的情况下，随着硅铝比从 1.0 增加到 4.5，煤灰黏度逐渐降低，而且熔渣类型可以由结晶型转化为玻璃型。而当 $SiO_2 + Al_2O_3$ 总量

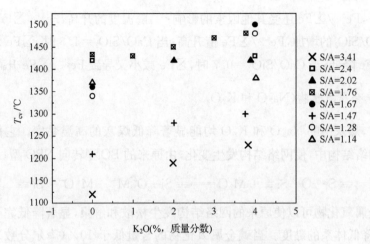

图 3.35　氧化钾对临界黏度温度的影响[66]

也发生变化时,硅铝比对黏度和临界黏度温度的影响规律为先降低后升高。低硅铝比时,随着硅铝比的增加,熔渣黏度和临界黏度温度降低;高硅铝比时,随着硅铝比的增加,熔渣黏度和临界黏度温度升高,如图 3.36 所示[65]。Ilyushechkin 等[66]认为当硅铝比小于 2 时,临界黏度温度对应的固相含量在 15% 左右;硅铝比较高的熔渣通常为非结晶型。实际情况下,若其他组分不变,仅硅铝比发生变化的情况较少,因此深入研究硅铝比与其他因素的共同影响更具有实际意义。

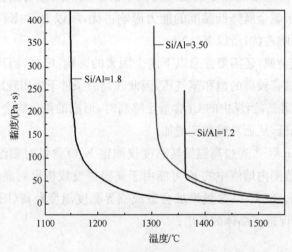

图 3.36　硅铝比对熔渣黏温曲线的影响[65]

3.1.2.4　熔渣结构对黏温特性的影响

在硅铝酸盐熔渣的结构中存在两种不同作用的氧:桥键氧(T),同时连接两个硅原子;非桥键氧(NBO),仅与一个硅原子相连。桥键氧和非桥键氧的数目体现了熔渣结构的聚合程度。桥键氧含量越高,熔渣结构的聚合程度越高;非桥键氧含量越高,说明熔渣结构聚合程度越低。理论上,熔体聚合程度越高,分子间摩擦力越大,黏度越高;反之,黏度越低。通常采用 NBO/T 来表示熔渣结构的聚合程度:

$$\frac{NBO}{T} = \frac{CaO + MgO + FeO + Na_2O - (Al_2O_3 + Fe_2O_3)}{SiO_2 + TiO_2 + 2(Al_2O_3 + Fe_2O_3)} \tag{3.17}$$

Kong 等[48]在研究 $CaCO_3$ 对黏度影响时指出,温度高于 T_{liq} 时,随着 CaO 含量增加,NBO/T 增大,非桥键氧数量增加,Raman 谱图中 1000 cm^{-1} 和 718 cm^{-1} 处的吸收峰增强(图 3.37),说明熔渣中硅铝酸盐结构的聚合程度减小,导致熔渣的黏度降低。

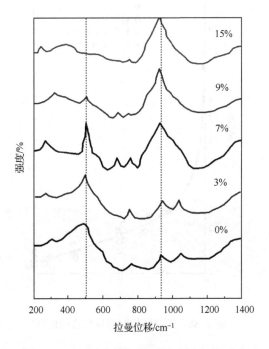

图 3.37　不同氧化钙含量熔渣的拉曼光谱[48]

此外,Q 值也常被用来描述硅酸盐结构的聚合程度:

$$Q = 4 - (NBO/T) \tag{3.18}$$

$CaO\text{-}SiO_2$ 体系的 NBO/T 和 Q 值如表 3.5 所示。

表 3.5　CaO-SiO$_2$ 体系的 NBO/T 和 Q 值

结构	化学式	构型	NBO/T	Q
$[SiO_4]^{4-}$	$2CaO \cdot SiO_2$	单体	4	0
$[Si_2O_7]^{6-}$	$3CaO \cdot 2SiO_2$	多面体	3	1
$[Si_2O_6]^{4-}$	$CaO \cdot SiO_2$	链状	2	2
$[Si_2O_5]^{2-}$	$CaO \cdot 2SiO_2$	片状	1	3
SiO_2	SiO_2	三维	0	4

图 3.38 表明,硅酸盐和硅铝酸盐分子的聚合程度越高,且形成分子链越长时,熔渣的黏度越大,特别是当 NBO/T 从 0 增加到 1 时,熔渣的黏度值显著增加。

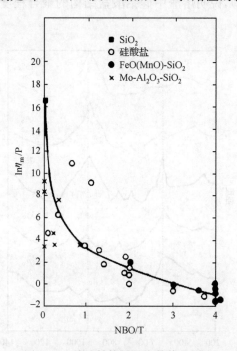

图 3.38　熔渣结构对黏度数值的影响

此外,Q 还与熔渣黏温曲线的类型相关(图 3.39)。当 $Q>2.5$ 时,熔渣呈现玻璃渣的性质;而当 $Q=2$ 时,熔渣呈现塑性或结晶渣的性质。

3.1.2.5　影响黏温特性的其他因素

煤灰的黏温特性除了与其组成密切相关外,还和流体的性质有关。因此在考虑对黏温特性的影响因素时,通常还可以从熔渣中的固相或液相含量、晶体尺寸和

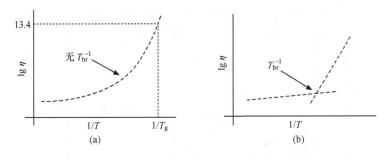

图 3.39 黏温特性与 Q 值的关系

(a) $Q > 2.5$，非结晶渣，无明显转折温度；(b) $Q = 2$，结晶渣，存在明显转折温度

固相摩尔体积等方面分析。

1. 固相或液相含量

Kong 等[60]在添加 $CaCO_3$ 对黏温特性影响的研究中发现，利用 FactSage 计算得到的固相含量变化曲线与黏温曲线的变化趋势相似。如图 3.40(a)所示，根据原煤灰计算所得的固相含量随温度的升高而缓慢降低，在 1440℃时有明显的拐点，随后变化非常缓慢。原煤灰的黏温曲线表明其渣型为玻璃型，根据切线法获得临界黏度温度为 1454℃。黏温曲线的临界黏度温度与固相曲线的拐点非常接近。在图 3.40(b)中，原煤灰添加了 15％的石灰石，其氧化钙含量达到 39.82％。从黏温曲线的类型分析，其渣型属于结晶渣，临界黏度温度为 1258℃。固相含量曲线在 1268℃时出现明显的拐点，在接近 18℃范围内（1250～1268℃），固相含量降低了 80％左右，且该拐点与临界黏度温度非常接近。因此，Kong 等[60]认为，固相曲线与熔渣的黏温特性变化趋势接近，且固相曲线的其中一个拐点可以指示临界黏度温度。同时，比较不同黏温曲线的临界黏度温度时的固相含量发现，临界黏度温度和固相含量的高低没有明显关系。

2. 晶体尺寸

晶体尺寸对于黏温特性影响的研究受制于其主要研究手段 SEM 无法在热态下使用，所观察到的晶体形态均通过激冷实验获得，该方法被认为保留了高温下的矿物质组成[39]。Ilyushechkin 等[66]通过 SEM 表征固态渣获得了高温下固相比例，与 FactSage 计算获得的固相比例结果一致[65]。Oh 等[67]研究了 SUFCo 和 PMB 两种煤灰的黏温曲线，并且将熔渣进行激冷获得了 SEM 照片。通过分析认为，瘦长的大晶粒不会导致黏度快速增加，即不会导致熔渣类型呈结晶渣。同时，对于匹兹堡八号(Pittsburgh No.8)和 PMA 的研究发现，两种煤灰的黏温曲线均

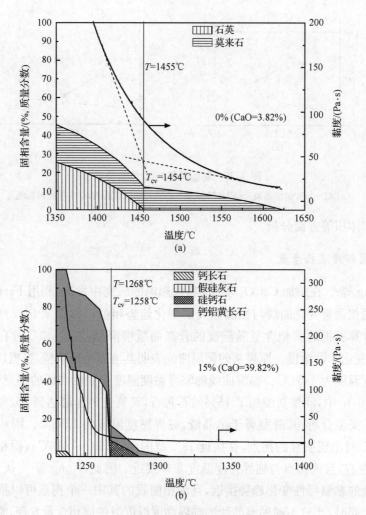

图 3.40　固相含量曲线和黏温曲线比较[60]

(a) 原煤灰；(b) 添加 15%石灰石，CaO＝39.82%

指示熔渣为结晶渣，SEM 表征固态渣中出现了树枝状晶体，可以想象其相互间作用会大于瘦长的大晶体。然而，由于所分析的固态渣是通过激冷法获得的，所以尚不能完全确定树枝状晶体的形成时间。Kong 等[60]在研究添加石灰石对黏温曲线影响时同样发现，瘦长的晶体不会导致黏度快速增加。当晶体的尺度大于100 μm×50 μm 时[图 3.41(e)]，其熔渣类型为结晶渣，可以认为形成晶粒的尺寸决定了熔渣类型。但是这个参数并不能通用，因为不同实验室测定黏度特性时的温度参数和气氛等具有一定差距，也会导致形成晶体尺度的差别。

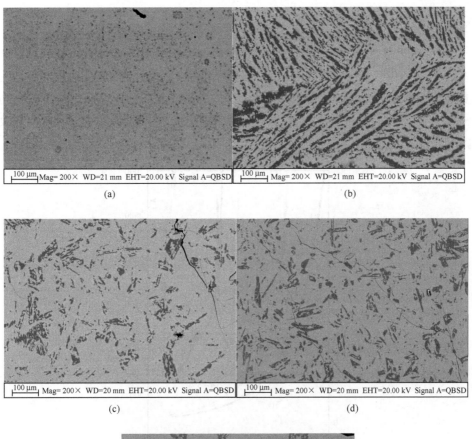

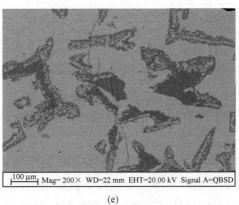

图 3.41　添加不同 $CaCO_3$ 含量的熔渣 SEM 图[60]

(a)原煤灰；(b)CaO＝14.10％，玻璃渣；(c)CaO＝24.81％，玻璃渣；

(d)CaO＝29.22％，塑性渣；(e)CaO＝39.82％，结晶渣

3. 残碳对黏温特性的影响

Bai 等[23]通过添加石墨的方法获得了不同残碳量的熔渣,发现添加石墨对熔渣黏温特性有明显的影响(图 3.42)。当石墨量从 3％增加到 15％,黏度和临界黏度温度都明显增加。XRD 等分析认为,这是由于碳和矿物质反应生成了碳化物(4.3.5 节)。碳化物的熔点非常高,在黏温测试范围内以固相形式出现,从而导致黏度增加。

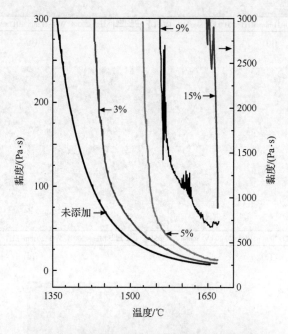

图 3.42　不同碳含量对熔渣黏温特性的影响[23]

3.2　煤灰熔融性与黏温特性的预测方法

煤灰熔融性和黏温特性的测定过程均存在不确定性及诸多影响因素,因此建立熔融性和黏温特性的预测方法不仅可以验证数据的可靠性。同时,也可在一定程度上替代繁琐的实验,特别是对于通过配煤和添加助剂等手段调控熔融性和黏温特性更为有据可依,为指导煤灰熔融性和黏温特性在实际生产过程中的应用提供便利。

3.2.1　煤灰熔融性的预测方法

根据 Fieldner 的统计[68]，至少有 180 位以上的研究者在 1981 年以前开展了煤灰熔融性研究，考察了煤灰化学组成对煤灰熔融性的影响，并建立了相关的预测模型。迄今为止，至少已经建立了 20 余种方法来预测和描述化学组成与熔融性间的定量关系。建立联系的途径可以分为两种：第一，直接将煤灰熔融性温度与化学组成含量或以含量为基础的各种比值建立数学关系，采用回归的方法确定预测方程中的常数，熔融性和化学组成间建立的是一种统计关系；第二，以具有化学意义的信息作为中间桥梁，建立煤灰熔融温度和煤灰化学组成的关系，并确立煤灰熔融性预测方法。根据建立关系时变量的数量，又可以将预测方法分为单变量回归和多变量回归。从现有的结果看，随着热力学计算工具的普及，建立具有化学意义的预测方法取得了较好的结果；同时，多变量回归的预测方法具有较好精确性[68]。此外，还可以建立煤灰化学组成和其他影响因素间的关联。

3.2.1.1　单变量预测模型

单变量的预测模型多用于定性分析。例如，煤灰熔融温度的范围可以用 K 值进行判断[69]：

$$K = \frac{SiO_2 + Al_2O_3}{Fe_2O_3 + CaO + MgO} \tag{3.19}$$

K 值为 1 左右时，灰熔融温度较低，约为 1200℃；$K > 5$ 时，则为难熔，熔融温度大于 1350℃。定量关联时，通常难以在煤灰范围较大的情况下获得令人满意的结果，还可以通过划分灰成分范围来提高相关性。其他常单独使用的参数还有[70]：

（1）SiO_2 值（S）

$$S = \frac{SiO_2}{SiO_2 + FeO + CaO + MgO} \tag{3.20}$$

（2）白云石比例（D）

$$D = \frac{CaO + MgO}{FeO + CaO + MgO + K_2O + Na_2O} \tag{3.21}$$

（3）R_{250}（$CaO + Al_2O_3 + SiO_2 + FeO + MgO = 100$）

$$R_{250} = \frac{SiO_2 + Al_2O_3}{SiO_2 + Al_2O_3 + FeO + CaO} \tag{3.22}$$

（4）碱性氧化物含量

$$Base = CaO + K_2O + Na_2O + MgO + Fe_2O_3 \tag{3.23}$$

（5）碱酸比

$$B/A = (Fe_2O_3 + Na_2O + K_2O + CaO + MgO)/(SiO_2 + TiO_2 + Al_2O_3)$$

$$\tag{3.24}$$

Lojia 等[71]在还原气氛下测定了 17 种煤灰样品的熔融温度，将煤灰中的氧化物含量、酸碱比、酸性氧化物/中性氧化物比例等分别与煤灰熔融温度进行关联，得到以下结论：①某个氧化物含量作为变量时。不论采用物质的量比还是质量比，一阶或二阶关系式，都无法与熔点进行关联。这也充分说明煤灰熔融是个复杂的过程，某个氧化物的百分含量是无法决定煤灰熔融温度的；但是较为特别的是，Na_2O 含量与流动温度（FT）具有良好的线性相关性，$r=0.94$。②酸性或碱性氧化物含量。酸性氧化物包括 SiO_2、TiO_2 和 P_2O_5，两性氧化物为 Al_2O_3 和 Fe_2O_3，碱性氧化物为 Na_2O、K_2O、CaO 和 MgO，三类氧化物含量与煤灰熔融温度均无明显关系；当氧化物划分为两类时，可以将 Al_2O_3 看成酸性而 Fe_2O_3 作为碱性，即酸性氧化物包括 SiO_2、TiO_2 和 Al_2O_3，碱性氧化物为 Fe_2O_3、Na_2O、K_2O、CaO 和 MgO，仍没有发现好的线性关联，但根据煤灰组成将样品分类后，可以获得较好的线性关系。

如图 3.43 所示，Bryer 等[70]总结了前人大量的煤灰特性数据，也将煤灰的熔融温度与碱性氧化物含量进行关联，认为其关系为凹形曲线，曲线最低点对应的碱性物质含量随硅铝比不同而变化。而 Gray[72]认为关联曲线中最低点两边曲线的斜率绝对值并不相等；碱含量高的一侧斜率较小，因此不能用抛物线来描述，而应有两条直线组合进行描述。由此可以看出，单变量回归建立模型和预测方法的偏差较大。

但刘新兵等[73]的研究中碱性氧化物含量与煤灰软化点却存在较好的相关性，如图 3.44 所示。在添加高岭石、石英和伊利石后，软化温度依然和碱性氧化物含量存在较好的线性关系，但并未建立定量的表达式。对于研究结果仅进行了半定量的描述：①当碱性氧化物含量小于 40% 时，熔融温度随酸性氧化物的增多而增加；②碱性氧化物含量为 40%～50% 时，熔融温度最低；③碱性氧化物含量大于50% 时，熔点随碱性氧化物的减少而增加。

此外，Lojia 等[71]也得到了一些具有较好相关性的结果，但这些结果适用范围仅限于特定煤田的样品。流动温度与 $Al_2O_3/(CaO+MgO)$ 具有相关性，$r=0.98$；与非助熔碱含量有良好的相关性，$r=0.98$；与助熔组分（$Fe_2O_3 + K_2O + Na_2O + NiO + MnO$），$[(SiO_2 + TiO_2 + P_2O_5)/(Al_2O_3)]$，比值（$SiO_2 + TiO_2 + P_2O_5$）/（$Fe_2O_3 +$

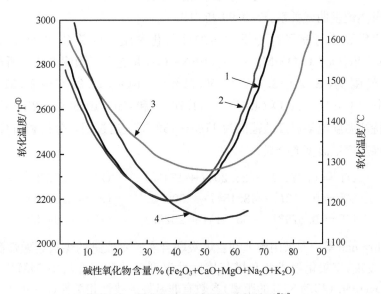

图 3.43　软化温度和碱性组分的关系[70]

1. 褐煤和次烟煤 $SiO_2/Al_2O_3 \gg 1$；2. 次烟煤 $SiO_2/Al_2O_3 \gg 1$；

3. 次烟煤 $SiO_2/Al_2O_3 = 1$；4. 烟煤

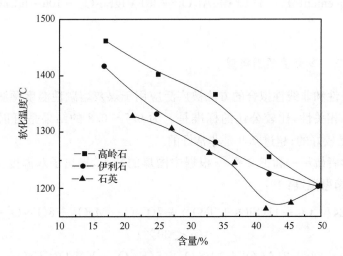

图 3.44　软化温度随碱性氧化物含量变化[73]

① ℉为非法定单位，1 ℉＝32＋1℃×1.8。

$K_2O + Na_2O + NiO + MnO$)均具有良好的非线性相关性,$r > 0.97$;并发现 FT 和 HT 与 SiO_2 值呈曲线关系,$r = 0.99$ 和 0.96。

龙永华等[74]考察了神府煤的熔融性与化学组成的关系,设计了熔融指数 $I = (SO_3 + Fe_2O_3 + CaO + MgO + K_2O + Na_2O)$,并建立了预测方法。所选择样品的组成范围为:$SiO_2$($33.34\% \sim 50.71\%$)、$Al_2O_3$($12.29\% \sim 23.31\%$)、$SO_3$($4.84\% \sim 13.49\%$)、$Fe_2O_3$($4.68\% \sim 11.76\%$)和 CaO($10.56\% \sim 27.85\%$),煤灰熔融性特征温度流动温度的范围为 $1185 \sim 1394$℃。通过回归分析和曲线拟合,得到预测煤灰熔融温度的公式:

$$DT = 0.2749I^2 - 25.204I + 1743.1 \qquad (r^2 = 0.7772) \qquad (3.25)$$

$$ST = 0.512I^2 - 48.154I + 2309.8 \qquad (r^2 = 0.8948) \qquad (3.26)$$

$$FT = 0.5793I^2 - 55.515I + 2528.3 \qquad (r^2 = 0.9445) \qquad (3.27)$$

Kahraman 等[9,75]采用澳大利亚煤炭联合实验室改进的煤灰熔融性测试方法 ACIRL 发现,煤灰化学成分和煤灰熔融性温度新的测试方法中 MMT(熔点)和 85% movement(移动 85%的距离)参数有非常好的线性相关性($r^2 = 0.97$)。但是此方法的应用较少,很难与其他结果进行比较。李平[76]利用该方法对我国煤灰熔点进行预测,发现当 Al_2O_3 为 $17\% \sim 23\%$ 时,此方法的预测效果较好。

$$85\% movement \ T = 1340 \cdot \lg Al_2O_3 - 251 \cdot \lg Fe_2O_3 - 106 \cdot \lg CaO - 172$$
$$(3.28)$$

3.2.1.2 多变量预测模型

多元线性和非线性拟合的方法被广泛应用于煤灰熔融性温度预测的研究中。关于拟合的相关性,比较公认的标准是 r 为 $0.7 \sim 0.8$ 的结果是可以接受的;为 $0.8 \sim 0.9$ 是较好的;超过 0.9 是非常好的。

我国学者姚星一和王文森[77]根据中国煤的特点,提出了双温度坐标法(YW 法)计算灰熔融温度:

$$YW_1 = 24Al_2O_3 + 11(SiO_2 + TiO_2) + 7(CaO + MgO) + 8(Fe_2O_3 + KNaO)$$
$$(b < 30\%) \qquad (3.29)$$

$$YW_2 = 200 + 21Al_2O_3 + 10 SiO_2 + 5(Fe_2O_3 + KNaO + CaO + MgO)$$
$$(b > 30\%) \qquad (3.30)$$

式中,YW 代表 FT;$b = (Fe_2O_3 + KNaO + CaO + MgO)$。

如图 3.45 所示,确定 b 值后还可以通过双温度坐标图来确定 YW 值。具体步骤如下:①计算确定 b 值;②将 b 值的对应点分别与 Al_2O_3 和 SiO_2 的对应点相连,

连线分别与左右两个温度坐标轴相交;③确定交点温度数值并相加,结果为煤灰的
流动温度。

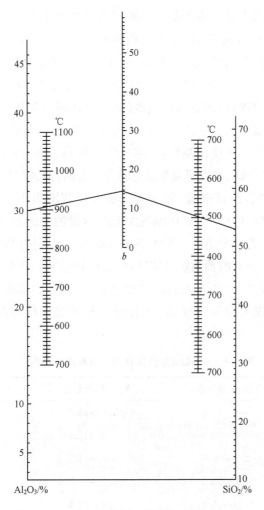

图 3.45　YW 法预测流动温度的双温标图[77]

注:(1) b 即(Fe₂O₃+CaO+MgO+KNaO)%;(2) 由此图解法求得的灰熔点(T_3)是标准法测定的结果

Winegarter 等[78]收集了美国中部和中西部地区 1215 个样品的熔点和煤灰组
成数据,采用多元线性回归的方法研究煤灰熔融温度的预测模型,其基本关系式
如下:

$$y(DT,ST,HT,FT) = a_0 + a X_1 + b X_2 + \cdots \tag{3.31}$$

式中,a_0,a,b 等为常数;X_1,X_2 等为煤灰组成或由煤灰组成得到的参数。例如,

Fe_2O_3、$(FeO)^2$、$FeO \cdot CaO$ 和 B/A 等，共计 51 个参数，此模型可简称为 WR 模型。为了优化拟合的效果，Winegarter 等进行了如下修正：①在煤灰组成中忽略了 SO_3，可以避免其含量波动造成的影响；②煤灰组成含量进行归一化；③使用摩尔分数；④使用 FeO 代替 Fe_2O_3。经过线性拟合后发现，线性相关性 r 在 0.9 以上，预测值与实验值吻合度较高。同时，Winegarter 等将每一项参数都进行了分别拟合，得到如下结论：①还原气氛下，煤灰熔融性温度与 $SiO_2 \cdot FeO$ 的相关性最好，随着该项数值增加，煤灰熔融性温度降低；②还原气氛下，FeO 的相关性略低于 $SiO_2 \cdot FeO$；③氧化气氛下，$CaO \cdot SiO_2$ 的相关性最好；④$CaO \cdot MgO$ 和 $CaO+MgO$ 等在不同气氛下表现出两性，还原气氛下提高熔点，氧化气氛下降低熔点。遗憾的是，WR 模型未明确说明煤灰成分的分布范围，造成与其他方法进行比较的困难。但从线性拟合结果来看，碱性氧化物含量范围为 10%～90%，硅铝比为 1～4，白云石比例即 $(CaO+MgO)$/碱性氧化物含量的范围为 50%～95%，从成分角度应该覆盖了非常宽的范围。然而，Seggiani 等[79]在利用 WR 模型时设置了 49 个参数。发现对于煤灰的预测效果较好，但对生物质灰熔点的预测效果不佳。其中 DT 的相关性最差（$r=0.84$），标准差接近 80℃，这可能是由生物质煤灰组成与煤灰组成范围有较大差异造成的。Seggiani 等所选择样品的煤灰组成范围如表 3.6 所示。

表 3.6　Seggiani 所选择样品的煤灰成分范围[79,80]

成分	煤灰（%，质量分数）[79]	生物质灰（%，质量分数）[79]	煤灰（%，质量分数）[80]
SiO_2	5～72.5	1.5～39.5	4.6～72.5
Al_2O_3	3.6～46.8	0～12.9	0.9～46.8
TiO_2	0.0～2.5	0.0～11.2	0.0～3.2
Fe_2O_3	0.1～90.2	0.1～7.9	0.5～69.9
CaO	0.33～41.6	0.4～73.9	0.1～41.6
MgO	0.02～10.2	1.7～19.4	0.1～10.1
K_2O	0.0～6.0	0.0～24.2	0.0～6.0
P_2O_5	0.0～9.5	0.3～14.4	0.0～9.5
Na_2O	0.0～9.9	0.8～4.3	0.0～9.9
SO_3	0.0～24.3	0.4～7.0	0.0～24.3

Seggiani 等[80]为了获得更好的拟合效果，在上述工作的基础上，将第二代回归方法的偏最小二乘法（PLSR）引入拟合过程，结果如图 3.46 所示。从拟合效果

来看,其偏差小于多元线性回归得到的结果。由于煤灰组成范围的扩大(表 3.7),拟合的相关性 r 为 $0.78\sim0.83$,标准偏差为 $74\sim86℃$。DT 的拟合结果最好,而 FT 的较差,但明显优于多元线性回归(MLR)的 $88\sim134℃$。同时,Seggiani 等还对各参数项的重要性进行了评估,认为 $e^{0.1(SV)^2}$、$[TiO_2]$、$[Fe_2O_3]^2$、$[Fe_2O_3][CaO]$ 和 $([SiO_2]/[Al_2O_3])^2$ 在预测模型中的影响较为重要。

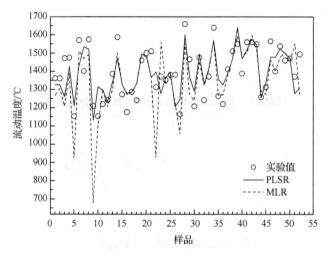

图 3.46　流动温度的 PLSR 和 MLR 拟合结果比较[80]

表 3.7　土耳其煤样的灰性质分布范围[84]

	参数	最小值	最大值
	$SiO_2/\%$	9.78	74.24
	$(Al_2O_3+TiO_2)/\%$	7.77	32.02
	$Fe_2O_3/\%$	5.59	49.62
	$CaO/\%$	0.86	36.85
	$MgO/\%$	0.21	7.1
灰	$K_2O/\%$	0.15	1.63
	$Na_2O/\%$	0.08	5.92
	$SO_3/\%$	0.45	32.95
	软化温度/℃	980	1220
	熔融温度/℃	1150	1450
	流动温度/℃	1160	+1450(1512)
	灰/%	13.64	49.52
煤	相对密度	1.27	1.74
	哈氏可磨性指数(HGI)	30	66
	矿物质/%	3	68

　　将 Seggiani 先后两部分工作进行比较可以发现,煤灰熔融性四个特征温度的拟合效果并不具有完全的确定性。从熔融性测试原理分析(图 3.47),DT 的准确性较其他温度的误差可能较大。不同颗粒接触的空间发生变化,与灰锥的密度有很大关系,但不同煤灰的密度相差较大(1.9~2.9 g/cm³)[82];随温度逐渐升高,进入液相为主的阶段,这种影响会逐渐减小。因此,拟合过程中各参数的数学意义要大于化学意义。

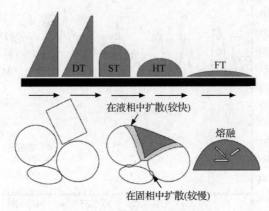

图 3.47　模拟的煤灰熔融过程[81]

　　Gray[72]将新西兰地区 7 个煤田多组样品的煤灰组成和熔融特征温度进行拟合。在关系式中设定了 40 个参数,并通过逐步回归的方法求解出常数。在拟合过程中,Gray 将碱性氧化物含量为 38%(氧化气氛下为 30%)作为分界线,将所有数据划分为两组。从结果来看,这样不仅提高了拟合的相关性,也可以解决由样品容量引起的误差。陈文敏等[83]也将 $SiO_2 = 60\%$ 和 $Al_2O_3 = 30\%$ 作为分界线,以 Al_2O_3、SiO_2、Fe_2O_3、CaO 和 MgO 含量为参数得到了一系列回归方程。

　　Özbayoğlu 等[84]收集了 30 种土耳其煤样进行煤灰熔融性预测的研究,对线性和非线性回归两种不同方法的预测效果进行了比较。样品煤灰成分和熔融性温度范围如表 3.7 所示。

　　在参数选择上,Özbayoğlu 等没有沿袭前人的方法。将参数的数量从最多 51 个减少到 16 个,但并不是简单地去掉某些参数,而且还增加了新的独立参数(如灰分、矿物质含量、密度和哈氏可磨性指数等)进行回归分析。16 个独立的参数包括:SiO_2 值、碱性氧化物含量、酸性氧化物含量、R_{250}、白云石比例、灰分、煤的密度、哈氏可磨性指数(HGI)、煤中矿物质含量、SiO_2、($Al_2O_3 + TiO_2$)、Fe_2O_3、CaO、Na_2O、K_2O 和 MgO 的含量,其中前 5 项为主要参数。线性回归的方法和前人所使用的相同,非线性回归采用了如下的表达式,并采用迭代的方法确定其中的常数。

$$Y = \infty_1 (X_1^{\infty^2})(X_2^{\infty^3}) \cdots (X_n^{\infty^{n+1}}) \tag{3.32}$$

将 16 个独立的参数带入表达式中,得到的非线性形式表达式为

$$
\begin{aligned}
T(℃) &= c_1 [SiO_2 \text{值}]^{c_2} [\text{碱性氧化物含量}]^{c_3} [\text{酸性氧化物含量}]^{c_4} [\text{白云石比例}]^{c_5} \\
&\times [R_{250}]^{c_6} [\text{灰}]^{c_7} [\text{相对密度}]^{c_8} [HGI]^{c_9} [\text{矿物质}]^{c_{10}} [SiO_2]^{c_{11}} [Al_2O_3]^{c_{12}} \\
&\times [Fe_2O_3]^{c_{13}} [CaO]^{c_{14}} [MgO]^{c_{15}} [K_2O]^{c_{16}} [Na_2O]^{c_{17}} \tag{3.33}
\end{aligned}
$$

将上式进行迭代后得到各常数数值,并进行熔融性预测。发现非线性拟合的相关性 r 为 0.934～0.963,优于线性拟合的结果,80%样品的 ST 和 FT 的偏差小于 40℃,50%样品的偏差小于 20℃。这个结果不仅优于线性回归,而且远超过了 ASTM D 1857 要求的±30℃。比较各项参数的重要性可以发现,灰分、矿物质含量和 HGI 可以提高预测的准确性;SiO_2 值、酸性氧化物比例和 R_{250} 应该作为整体考虑。同时也可以看出,对煤灰熔点和灰成分,拟合效果并不完全依赖于变量的数量。

平户瑞穗[85]根据煤灰中主要化学成分 Al_2O_3、SiO_2、CaO 和 Fe_2O_3 与灰熔融温度的关系,建立了类似的多元回归方程,得到了较好的结果,其相关系数 $r=0.95$。陈文敏等[83]在分析和统计近千个样品的基础上,归纳和总结前人的多元线性回归预测模型的特点,提出按照煤灰成分将模型分为 4 类时,可以获得较小的偏差。

(1) 当 SiO_2 的质量分数≤60%,Al_2O_3 质量分数>30%时:

$$
\begin{aligned}
ST &= 66.94 \times [SiO_2] + 71.01 \times [Al_2O_3] + 65.23 \times [Fe_2O_3] \\
&+ 12.16 \times [CaO] + 68.31 \times [MgO] + 67.19 \times \alpha - 5485.7 \tag{3.34}
\end{aligned}
$$

$$
\begin{aligned}
FT &= 5911 - 44.29 \times [SiO_2] - 43.07 \times [Al_2O_3] - 47.11 \times [Fe_2O_3] \\
&- 49.7 \times [CaO] - 41.25 \times [MgO] - 45.41 \times \alpha \tag{3.35}
\end{aligned}
$$

(2) 当 SiO_2 的质量分数≤60%,Al_2O_3 质量分数≤30%时,并且 Fe_2O_3 质量分数≤15%时:

$$
\begin{aligned}
ST &= 92.55 \times [SiO_2] + 97.83 \times [Al_2O_3] + 84.52 \times [Fe_2O_3] \\
&+ 83.67 [CaO] + 81.04 \times [MgO] + 91.92 \times \alpha - 7891 \tag{3.36}
\end{aligned}
$$

$$
\begin{aligned}
FT &= 5464 - 40.82 \times [SiO_2] - 36.21 \times [Al_2O_3] - 46.31 \times [Fe_2O_3] \\
&- 48.92 \times [CaO] - 52.65 \times [MgO] - 40.70 \times \alpha \tag{3.37}
\end{aligned}
$$

(3) 当 SiO_2 的质量分数≤60%,Al_2O_3 质量分数≤30%时,并且 Fe_2O_3 质量分数>15%时:

$$
\begin{aligned}
ST &= 5.08 \times [SiO_2] - 3.01 \times [Al_2O_3] - 8.02 \times [Fe_2O_3] - 9.69 [CaO] \\
&+ 5.8614 \times [MgO] + 3.99 \times \alpha + 1531 \tag{3.38}
\end{aligned}
$$

$$FT = 1492 - 1.73 \times [SiO_2] + 5.49 \times [Al_2O_3] - 4.88 \times [Fe_2O_3]$$
$$- 7.967 \times [CaO] - 9.14 \times [MgO] - 0.46 \times \alpha \quad\quad (3.39)$$

（4）当 SiO_2 的质量分数＞60％时：

$$ST = 10.75 \times [SiO_2] + 13.03 \times [Al_2O_3] - 5.28 \times [Fe_2O_3]$$
$$- 5.88[CaO] - 10.28 \times [MgO] + 3.75 \times \alpha + 453 \quad\quad (3.40)$$
$$FT = 943 + 6.09 \times [SiO_2] + 6.98 \times [Al_2O_3] - 6.51 \times [Fe_2O_3]$$
$$- 2.47 \times [CaO] - 4.77 \times [MgO] + 3.27 \times \alpha \quad\quad (3.41)$$
$$\alpha = 100 - ([SiO_2] + [Al_2O_3] + [CaO] + [MgO]) \quad\quad (3.42)$$

此外，还有更多的统计学方法应用于煤灰熔融性温度的预测研究中，如支持向量机、神经网络等[86-88]。Yin 等[86]利用带有动量项的反向传播神经网络对 160 个灰样的熔点进行了预测。最大误差为 15.08％，平均相对误差为 4.93％，优于经验公式的计算结果，但总体看来误差还是较大。刘彦鹏等[88]利用蚁群前馈神经网络对 65 组来自某煤场的原始数据，15 组来自实验室的数据进行预测，最大和最小训练误差分别为 1.78％和 1.39％，平均训练误差为 1.55％。李建中等[87]采用支持向量机模型，以灰中 7 种成分（SiO_2、Al_2O_3、Fe_2O_3、CaO、KNaO 和 TiO_2）作为输入量，以煤灰软化温度作为输出量进行建模，得到了最大相对误差和平均相对误差分别为 7.4％和 0.678％。

3.2.1.3　基于相图的预测模型

本质上，煤灰熔融性特征温度体现的是液固两相比例的转化。因此，基于相图建立的预测模型更具有真实的化学含义，理论上应该获得更高的相关性和预测结果。但从实际结果来分析，其预测效率并没有明显的优势，这主要是受煤灰熔融性测试方法的局限。最常用的锥形法测试结果不仅受到煤灰中液固比例的影响，且灰锥形态变化还受制于矿物质相互作用等因素。而 Kahraman 等[75]建立的新测试方法基本可以消除这种影响，这也是该模型具有良好拟合效果的重要原因。同时可以推测，基于 TMA 测试方法[68]的模型也应具有非常好的预测效果，但相关研究未见报道。

Huggins 等[30]研究了煤灰成分和三元相图之间的关系。发现随 CaO 含量变化，熔融性特征温度与液相线变化呈近似平行的关系。他们未能得到定量的表达式，但提出了利用三元图的方法对煤灰熔融温度进行关联，三个坐标分别为 SiO_2、Al_2O_3 和碱性氧化物含量，如图 3.48 所示。对于 $SiO_2 + Al_2O_3 > 70$％的美国烟煤，具有较好的规律性。

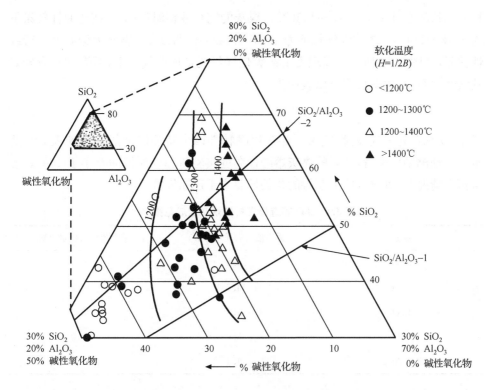

图 3.48   HT 和三元图 SiO_2-Al_2O_3-碱性氧化物的关联[30]

Gary[72]改进了 Huggins 等提出的三元图,重新对三个顶点进行了定义,分别为助熔氧化物、非助熔氧化物和碱性氧化物的含量。助熔氧化物为 SiO_2、TiO_2、P_2O_5 和 B_2O_3。还原气氛下,碱性氧化物为 CaO、MgO、FeO、Na_2O 和 K_2O 等,非助熔氧化物为 Al_2O_3;氧化气氛下碱性氧化物为 CaO、MgO、Na_2O 和 K_2O 等,非助熔氧化物为 Al_2O_3 和 Fe_2O_3。在修正的三元图中,新西兰 7 个煤田的多组样品的灰成分和煤灰熔融性温度具有良好的关联性。Hurst 等[89]采用三元相图(Ca-Si-Al)和拟三元相图(Ca-Si-Al,Fe=5%)研究了澳大利亚煤灰的熔融性,发现可以通过液相线确定流动温度。从作者给出的数值来看,与实验值非常接近,但研究者的主观因素对液相温度的确定有较大影响。

对于利用相图开展熔点预测的研究方法,Jak 等[81]的工作起了重要的推动作用。通过建立新的热力学系统 Al-Ca-Fe-O-Si,并利用 FactSage 热力学计算软件,建立了利用完全液相温度和煤灰熔点关联的方法,后续其他类似研究工作均以此热力学系统为基础。选择的 33 个样品的煤灰组成范围如表 3.8 所示,在还原性气氛(V_{H_2}：V_{CO}＝1：1)和氧化气氛(CO_2)下测定了煤灰熔点。33 个样品的 DT 为

1090～1550℃，FT 为 1110～1550℃。煤灰的完全液相温度（T_{liq}）在还原性气氛下为 1278～1744℃，氧化性气氛下为 1404～1742℃。将 T_{liq} 与煤灰熔融温度进行线性关联，如图 3.49 所示。发现无论在氧化气氛还是还原气氛下，两者均具有较好的线性关系，其数学形式可以表达为

$$T_{FT} = a_{FT} + b_{FT} T_{liq} \qquad (3.43)$$

式中，a 和 b 为常数，两种气氛下煤灰熔融特性四个特征温度的常数如表 3.9 所示。从预测结果来看，87％的煤灰熔融性温度实验值和预测值的差小于 40℃。但从拟合情况看，氧化气氛下获得的相关性要高于还原气氛。

表 3.8　Jak 等选择煤样的煤灰组成范围[81]

成分	最小值（％，质量分数）	最大值（％，质量分数）
SiO_2	24.9	50.5
Al_2O_3	14.5	39.2
CaO	1.4	23.5
Fe_2O_3	3.0	51.0
SiO_2/Al_2O_3	1.1	1.9

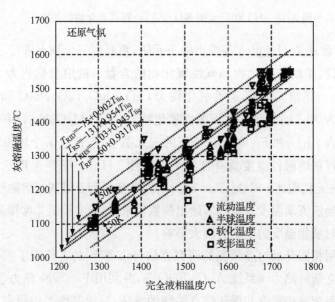

T_{RID}：变形温度；T_{RS}：软化温度；T_{RHS}：半球温度；T_{RF}：流动温度

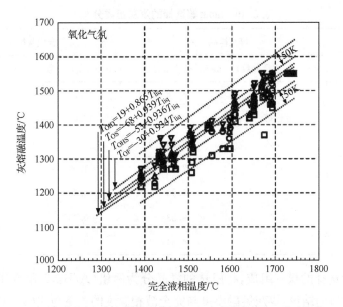

T_{OID}：变形温度；T_{OS}：软化温度；T_{OHS}：半球温度；T_{OF}：流动温度

图 3.49　氧化气氛和还原气氛下煤灰熔融温度与 T_{liq} 关联[81]

表 3.9　不同气氛下关系式 $T_{FT}=a_{FT}+b_{FT}T_{liq}$ 中的参数[81]

气氛	参数	变形温度 (DT)/℃	软化温度 (ST)/℃	半球温度 (HT)/℃	流动温度 (FT)/℃
还原(R)	a	−75	−131	−103	−60
	b	0.902	0.954	0.943	0.931
氧化(O)	a	19	−68	−53	−30
	b	0.865	0.939	0.936	0.934

　　Jak 等[81]的研究最初仅考虑了四种组分（Al_2O_3、CaO、Fe_2O_3 和 SiO_2），其优点是利用拟三元相图可方便地确定完全液相温度，但缺点是忽略了 MgO、K_2O 和 Na_2O 等对煤灰熔融性具有显著影响。

　　Song 等[4]在此工作基础上，增加了计算液相温度时所需的组分数。利用 5 种纯氧化物模拟煤灰组成的五元体系 Ca-Mg-Si-Al-Fe，在纯氢气和氩气下进行了煤灰熔融性测试，并利用 FactSage 计算了两种气氛下的完全液相温度，所选择的煤灰组成分布如表 3.10 所示。

表 3.10　Song 等选择的煤灰组成分布[4]

组分	煤灰样品		合成灰样品	
	min(%,质量分数)	max(%,质量分数)	min(%,质量分数)	max(%,质量分数)
SiO_2	20.54	58.76	16.62	60.17
Al_2O_3	14.35	40.55	12.00	55.38
CaO	3.54	37.76	2.00	45.00
Fe_2O_3	3.30	27.65	1.00	40.00
MgO	0.79	7.98	0.50	20.00
SiO_2/Al_2O_3	0.63	3.23	0.30	4.50
A/B	0.78	4.34	0.72	4.56

根据所选择的煤灰组成,将所选的样品分为两组(A/B≥2 和 A/B<2),获得了与 Jak 相似的结论,煤灰熔融温度与完全液相温度的关系与式(3.43)相同。

其中不同气氛和不同组成下分组的常数如表 3.11 所示。

表 3.11　不同气氛下 $T = a + b\,T_{liq}$ 中的参数[4]

灰熔融温度/℃	Ar 气氛				H_2 气氛			
	A/B<2		A/B≥2		A/B<2		A/B≥2	
	a	b	a	b	a	b	a	b
IDT	355	0.56	238	0.69	169	0.73	139	0.77
ST	561	0.44	314	0.67	61	0.83	277	0.72
HT	630	0.40	340	0.66	−72	0.97	248	0.76
FT	537	0.50	465	0.60	−173	1.07	290	0.77

Song 等[4]认为在惰性气氛(Ar>99.99%,体积分数)下煤灰样品熔融温度预测值的标准误差为 20℃。在强还原气氛(H₂>99.99%,体积分数)下为 5~10℃,其标准误差均小于实验误差值。说明完全液相熔融温度模型可以较好地预测我国煤灰样品在惰性与强还原气氛下的熔融温度。

尽管 Jak 和 Song 等在氧化气氛、强还原气氛和惰性气氛下均获得了较好的结果,但 Bai 等[23]在与气化条件更接近的弱还原气氛下很难获得如此高的相关性。本书作者考察了我国典型的 80 多个煤种,灰成分范围为:CaO(5%~40%)、SiO_2(10%~60%)、Al_2O_3(5%~50%)、Fe_2O_3(1%~35%)、MgO (0.1%~5%)、

SO_3 $(0.1\%\sim10\%)$、P_2O_5 $(0.01\%\sim2.5\%)$、TiO_2 $(0.1\%\sim4\%)$、K_2O $(0.1\%\sim3\%)$ 和 $Na_2O(0.1\%\sim3\%)$。同时,利用 FactSage 计算 10 种组分的完全液相温度,并与弱还原气氛($V_{CO}:V_{CO_2}=6:4$)下获得的数据进行关联,同样获得了类似的线性关系:

$$FT = 345 + 0.6669 \times T_{liq} \tag{3.44}$$

但将所有样品进行拟合时,其相关性系数 $r^2=0.66$,最大偏差为 93℃,最小偏差为 28℃。为了进一步提高拟合的相关性和预测效果,Bai 等[23]根据煤灰组成特点将煤灰划分为四类,并分别进行拟合,发现其相关性明显提高(表 3.12)。

表 3.12　四类典型煤灰的划分和拟合得到的关系式[23]

种类	特点	关系式	r
高硅铝煤灰	Si+Al>80%	FT=−378+1.12895×T_{liq}	0.94
高硅铝比煤灰	Si/Al>2.0	FT=411+0.61562×T_{liq}	0.85
高铁煤灰	Fe_2O_3>10%	FT=22+0.8621×T_{liq}	0.90
高钙煤灰	CaO>15%	FT=226+0.75411×T_{liq}	0.82

Bai 等的结果与前人对比,其相关性略低。这可能是由以下原因造成的:①所选样品的煤灰组成范围较宽,因此熔融性温度范围较大;②选用真实煤灰作为研究对象,煤灰中矿物质种类差异对熔融过程的影响不同;③弱还原气氛下,$Fe^{3+}/\sum Fe$ 比值可能随矿物组成而变化,这有待于进一步验证。但这种方法用于预测助熔剂对熔融性的影响时,准确性非常高[60]。Bai 等尝试根据相图中主要组成对四个典型煤灰种类进行进一步分类,获得了更好的相关性[60]。

Li 等[90]也利用 FactSage 软件对还原气氛($V_{CO}:V_{CO_2}=6:4$)下我国淮南煤熔点变化规律进行了预测。选择了煤灰中的 10 种组分(Al_2O_3、CaO、Fe_2O_3、Na_2O、K_2O、MgO、SiO_2、SO_3、P_2O_5 和 TiO_2)计算不同温度下的液相含量。通过比较发现,75%液相含量对应的温度与 FT 非常接近,可以非常好地预测淮南煤添加石灰石后熔点的变化规律(表 3.13)。最小偏差为 0,最大偏差为 56℃。其预测结果较好主要是由于所选样品的硅铝比变化较小,对液相温度的变化规律影响几乎一样。另外,可推测 $T_{75\%}$ 并不适用于所有的煤灰样品,可能仅适用于高硅铝比的煤灰。

表 3.13　淮南煤灰熔点 FT 实验值与预测值的比较[90]

样品	FT 测试值/℃	FT 预测值/℃	温差/℃
HN115	1400	1389	11
HN115（CaO,8%）	1445	1451	6
HN115（CaO,15%）	1340	1396	56
HN115（CaO,20%）	1280	1302	22
HN115（CaO,25%）	1280	1294	14
HN115（CaO,30%）	1310	1384	74
HN115（CaO,42%）	>1500	1481	—
HN106	>1500	>1600	—
HN106（CaO,8%）	1470	1470	0
HN106（CaO,15%）	1450	1418	32
HN106（CaO,20%）	1360	1326	34
HN106（CaO,25%）	1310	1288	22
HN106（CaO,30%）	1310	1364	54
HN106（CaO,42%）	1500	1512	12

3.2.2　黏温特性的预测方法

　　煤灰和熔渣黏温特性的测定需要精密的设备和较为复杂的流程。因此,建立模型不仅有助于甄别实验数据的可靠性,同时也可用于指导熔渣式反应器的设计和运行。黏温特性和灰化学组成呈非线性关系,且熔渣的黏度范围非常宽,从 10^{-2} Pa·s 到 10^2 Pa·s,甚至更高,因此准确预测黏度是比较困难的。熔渣属于硅酸盐熔体,在高温下的相态可以分为完全液相和固液混合两种。黏度预测模型可以根据相态的不同分为两大类。从流体性质角度来划分,完全液相的熔体可以看成牛顿流体,而固液混合的熔渣为非牛顿流体。不管是哪种流体的预测模型,均基于流动机理和组成结构,并通过数据回归得到经验公式。

3.2.2.1　牛顿流体的通用模型

　　牛顿流体可以认为是最为简单的流体。完全熔融的煤灰或熔渣可以认为是牛顿流体,尽管其流体性质在较高的剪切速率下会有一定的偏离。常用的牛顿流体模型有 Arrhenius 模型、Vogel-Fulcher-Tammann 模型、Doolittle 模型、Williams-Landel-Ferry 模型、Adam-Gibbs 模型、Weymann 模型、Seetharaman-Du Sichen 模型、Grunberg 模型和 MCT 模型,现根据模型提出的时间顺序,对其进行简要的介绍[36]。

1. Arrhenius 模型(1887)

Arrhenius 模型[91]也称作 Andrade 模型。两个模型的形式类似,但前者是基于活化能概念提出的,后者的基础包括了比体积项[92]。该模型被广泛应用于液体流体(包括硅酸盐熔体)性质,由 Arrhenius 将 Eyring 得到的复杂关系式简化而得。在分子水平上,黏滞流体结构单元的相对运动需要两个条件:①能量条件,即跳跃概率,P_e;②结构条件,即存在空位,P_v。由此可知,黏度的流动性(φ)可以表达为

$$\varphi = \frac{1}{\eta} \propto P_e \cdot P_v \tag{3.45}$$

基于上式,建立的黏度和温度的关系如下:

$$\lg\eta = \lg a + \frac{b}{T} \tag{3.46}$$

式中,T 的单位为绝对温度,K;a 和 b 均为与组成相关的常数。Richet 等认为 b 是温度的函数[92]。Wang 等[93]发现 $\lg\eta$ 和 $1/T$ 的关系常不是线性的,因此提出将参数 b 根据温度和组成重新定义,其中包含了体积膨胀系数、T_g 和可调节的参数。

2. Vogel-Fulcher-Tammann 模型(1921)

Vogel-Fulcher-Tammann(VFT)模型[33,94]包括了 3 个和组成相关的参数,分别为 a、b 和 c,该模型可以表达为

$$\lg\eta = a + \frac{b}{T-c} \tag{3.47}$$

与 Urbain 模型比较,VFT 模型增加了一个可调节的参数。同时也增加了拟合时需要的样本数量,可以较好地描述硅酸盐流体性质。Urbain 等认为 VFT 满足下列条件之一时,才会获得较好的预测结果:①温度高于完全液相温度;②过冷液相,$T_g < T < T_1$;③熔渣结构为玻璃,$T < T_g$。

3. Doolittle 模型(1951)

该模型[95,96]的建立最初基于经验数据,经过变换可以表达为以下形式:

$$\eta = a \cdot e^{-bV_m/(V-V_m)} = a \cdot e^{-bV_m/V_f} = a \cdot e^{-bV_m/V_{ff}} \tag{3.48}$$

式中,a 和 b 为由化学组成确定的常数;V 代表总体积;V_m 为由分子占据的体积

（温度外推到绝对零度下 1 g 液体未发生相变时的体积）；V_f 为自由体积（非相变情况下，由热膨胀产生的体积）；V_{ff} 为自由体积分数。

　　Cohen 等发现当假设原子被限制于相邻的单元中时，自由体积理论可以简化为 Doolittle 模型表达式。这些单元可以是液态或固态，这取决于它们的体积与临界体积的大小关系[97]。

　　4. Williams-Landel-Ferry 模型（1955）

　　Williams-Landel-Ferry(WLF)模型[33,98]可以适用于温度范围在 T_g 到 $T_g +$ 100K 的范围，可以表述为

$$\lg\left(\frac{\eta}{\eta_{\text{ref}}}\right) = \frac{-a(T - T_{\text{ref}})}{b + (T - T_{\text{ref}})} \tag{3.49}$$

式中，a 和 b 均为由化学组成确定的常数；η_{ref} 为基准温度 T_{ref} 下的黏度。

　　5. Adam-Gibbs 模型（1965）

　　Adam-Gibbs 模型[99]基于构型熵理论，其表达形式与 Arrhenius 模型相似：

$$\lg\eta = a + \frac{b}{TS_c(T)} \tag{3.50}$$

式中，a 和 b 为由化学组成确定的常数；T 的单位为热力学温度，K；S_c 是通过构型熵理论计算得到的：

$$S_c(T) = S_c(T_{\text{ref}}) + \int_{T_{\text{ref}}}^{T} \frac{\Delta C_P}{T} \tag{3.51}$$

式中，T_{ref} 表示基准温；ΔC_P 为构型热容，是由玻璃态到虚拟参考态的热容差值；$S_c(T_{\text{ref}})$ 通过下式计算得到：

$$S_c(T_{\text{ref}}) = S_{c,\text{cryst}} + \int_0^{T_f} \frac{C_{P,\text{cryst}}}{T} dT + \Delta S_f + \int_{T_f}^{T_{\text{ref}}} \frac{C_{P,\text{liq}}}{T} dT + \int_{T_{\text{ref}}}^0 \frac{C_{P,\text{gas}}}{T} dT$$

$$\tag{3.52}$$

其中，T_{ref} 为参考态的温度；ΔS_f 为晶体熔融的熵变；$C_{P,\text{cryst}}$ 为晶体的构型熵；C_P 为不同物态的比热容。

　　6. Weymann 模型（1962）

　　Weymann 模型[36]被证实可以很好地描述硅酸盐熔体黏度和温度的关系，其理论基础与 Arrhenius 模型相同，可以看成在该模型中增加了一个绝对温度项。

其基本表达式为

$$lg\eta = lga + lgT + \frac{b}{T} \tag{3.53}$$

7. Seetharaman-Du Sichen 模型（1994）[100]

该模型也是基于 Arrhenius 关系式，其改变在于活化能的表达式：

$$E_A = \sum x_i \cdot E_{A,i} + E_{A,\text{mix}} \tag{3.54}$$

其中包括了各种纯物质活化能的加和，并增加了一个项（$E_{A,\text{mix}}$）描述混合过程。

8. 模型耦合理论（MCT）[33,100]

MCT 是基于原子理论的产物。其假设是当温度降低时，原子或分子的密度增加，导致液体的结构变得更加紧凑，所以颗粒的自由移动变得困难，黏度值增加。当温度到达 T_g 时，可以认为颗粒的移动被完全冻结。MCT 的表达式由两部分组成：一部分描述原子间的相互作用，用体系的焓变化来表达；另一部分是热运动，用熵来描述。

3.2.2.2　完全液相模型

根据模型的特点，可以分为以下几种：

（1）基于 Arrhenius 关系建立的黏度模型；

（2）基于 Weymann 方程的模型；

（3）基于 Vogel-Fulcher-Tammann 方程用于关联灰黏度与温度关系的模型；

（4）直接关联黏度与组成关系的模型；

（5）其他模型。

1. Reid-Cohen 模型（1944）

通过总结黏温测试获得的结果，Reid 等[101]发现 $d\eta/dT$ 的绝对值与 $lg\eta$ 存在线性关系，可以表示为

$$\eta^{-Z} = a \cdot T - b \tag{3.55}$$

式中，黏度单位为 Pa·s，温度单位为 K 时，$Z = 0.1614$，且 $a = 1.18 \cdot 10^{-3}$；常数 b 与化学组成有关，是 SiO_2 百分含量的函数。通过拟合求解，基于式（3.55）建立了利用图形法（图 3.50）确定熔渣黏度的方法，适用于温度高于临界黏度温度的任何

温度。该图的具体使用步骤为：①将坐标轴 A 上的 2600℉ 与组成中 SiO_2 含量相连，确定坐标轴 B 上的 R；②将 A 轴上需要预测的温度点与 B 轴的 R 点连接，并延长与 C 轴相交，确定黏度数值。其中，C 是 1427℃ 时 SiO_2 百分含量和黏度关系，黏度单位为 P。

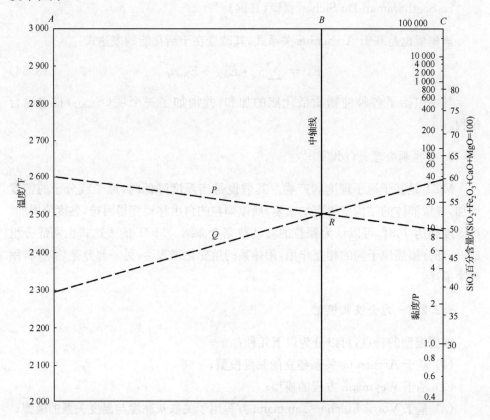

图 3.50　黏度、组成和温度的图形关系[101]
左侧刻度线代表 2600℉ 下的黏度

　　Reid 等在建立模型过程中进行了如下处理：①Al_2O_3 被从组成中扣除，可以明显提高拟合相关性，将其余组分含量按照 $SiO_2 + Equiv. Fe_2O_3 + CaO + MgO = 100\%$（质量分数）进行归一；同时定义 $Equiv. Fe_2O_3 = Fe_2O_3 + 1.1FeO + 1.43Fe$；②由于渣样中的碱金属含量从未超过 2.5%，将其忽略不计。因此，当 MgO 含量大于 3%，且 CaO 含量小于 5%，或碱金属超过 2.5% 时，获得结果的误差较大。

2. Sage-McIlroy 模型（1959）

Sage-McIlroy 模型[102]同样也是基于图形法。模型中唯一的常数为 ς，代表

SiO₂百分含量；然后选择不同ς值时的黏度和温度曲线，可以获得不同温度下的黏度数值。其中ς的定义式为

$$\varsigma = \frac{100SiO_2}{SiO_2 + Equiv.\ Fe_2O_3 + CaO + MgO} \tag{3.56}$$

如图 3.51 所示，可用的ς值范围为 45～100。同时，该模型仅适用于完全熔融煤灰黏度的预测，也就是全液相温度以上的灰渣黏度。然而，有趣的是图中的虚线解释了如何预测部分熔融的情况：如果完全液相的最大黏度小于 25 Pa·s，那么将这点向上延伸到另一点($\Delta T=10℃,\eta=25$ Pa·s)，两点相连得到的连线即为部分熔融灰渣的黏温曲线。

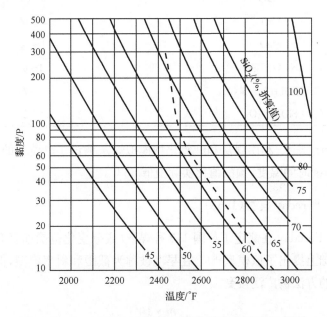

图 3.51　Sage-McIlroy 模型中黏度与温度的图形关系[102]

3. 修正的硅含量模型，ς²模型(1963)

该模型借鉴了 Reid 和 Cohen 的工作[103]，将进行拟合的煤灰成分限制为 SiO₂、Al₂O₃、Fe₂O₃、CaO 和 MgO，并忽略了其他次要组分含量的影响。将 5 种组分含量进行归一化，灰渣中铁被假设以 Fe₂O₃ 的形式出现：

$$SiO_2 + Al_2O_3 + Equiv.\ Fe_2O_3 + CaO + MgO = 100\%(质量分数) \tag{3.57}$$

然后计算 SiO₂ 的百分含量ς，并建立其与黏度和温度的关系为

$$\lg\eta = 4.468\left(\frac{\varsigma}{100}\right)^2 + 1.265 \cdot \frac{10^4}{T} - 8.44 \tag{3.58}$$

式中，黏度单位为 Pa·s；T 的单位为 K；其他常数是 Hoy 等[103]通过实测黏温数据拟合得到的。Hoy 等所选的 62 个样品的煤灰成分范围如表 3.14 所示。

表 3.14　Hoy 等所用样品的灰成分范围[103]

化学成分	范围（%，质量分数）
Al_2O_3	19～37
SiO_2	31～59
Fe_2O_3 折算值	0～38
CaO	1～37
MgO	1～12
Na_2O+K_2O	1～6
二氧化硅百分含量（ς）	45～75
SiO_2/Al_2O_3	1.2～2.3

Greenberg 等[104]利用煤灰和纯氧化物模拟煤灰测试了 ς^2 模型的效果，但发现黏度为 25 Pa·s 时的温度，预测值比实际值低 66℃。

4. Watt-Fereday 模型（1963）

Watt 和 Fereday 在测定了英国 113 种煤灰（成分变化范围如表 3.15 所示）黏温特性的基础上提出了该模型[33]。在早期被称为截距和斜率模型，但后来以提出者名字命名的方法被广泛接受。

$$\lg\eta = \frac{m \cdot 10^7}{(T-423)^2} + c \tag{3.59}$$

式中，m 和 c 分别为两个常数，根据煤灰化学组成的质量分数计算得到。

斜率：

$$m = 0.0835 \cdot SiO_2 + 0.006\,01 \cdot Al_2O_3 - 0.109 \tag{3.60}$$

截距：

$$c = 0.0415 \cdot SiO_2 + 0.0192 \cdot Al_2O_3 - 0.0276 \cdot Fe_2O_3 + 0.0160 \cdot CaO - 4.92 \tag{3.61}$$

表 3.15　Watt 等所用样品的灰成分范围[33]

化学成分	范围(%,质量分数)
Al_2O_3	15~35
SiO_2	30~60
Fe_2O_3 折算值	3~30
CaO	2~30
MgO	1~10
二氧化硅百分含量(ς)	40~80
SiO_2/Al_2O_3	1.4~2.4

Greenberg[104] 也考察了此模型的预测效果,发现黏度预测值偏高。以灰渣的黏度值 25 Pa·s 为例,对应的预测温度比真实值低 180℃。

随后,Bomkamp 对该模型的常数进行了修正。在截距的表达式中加入一项氧化镁的含量,同时对 m 和 c 进行重新计算,试图提高模型的预测效率。

截距:

$$m = 0.010\ 429\ 1 \cdot SiO_2 + 0.010\ 029\ 7 \cdot Al_2O_3 - 0.296\ 285 \qquad (3.62)$$

斜率:

$$c = 0.015\ 414\ 8 \cdot SiO_2 - 0.038\ 804\ 7 \cdot Al_2O_3 - 0.016\ 726\ 4 \cdot Fe_2O_3$$
$$- 0.008\ 909\ 6 \cdot CaO - 0.012\ 932 \cdot MgO + 0.046\ 78 \qquad (3.63)$$

Quon 等[105] 研究了 3 种加拿大煤灰的黏温特性,灰成分如表 3.16 所示。3 个样品的灰成分均在 Watt 等所选的范围内,但 Quon 等指出,利用修正模型获得的预测值有时会造成黏度数值比测试值高 2~11 倍。

5. Bottinga-Weill 模型(1972)

Bottinga-Weill 模型[33,106] 主要用于研究熔岩的黏温特性,建立于简化的人造体系基础上。由于此类数据非常丰富,该模型可以表达为

$$\lg\eta = \sum_i x_i D_i - 1 \qquad (3.64)$$

式中,D_i 为和 SiO_2 含量相关的参数,通过查表可以得到；x_i 为组分的摩尔分数。

表 3.16　Quon 等选取样品的灰成分[105]

氧化物	化学组成/%		
	A464-81	A519-81	A613-81
SiO_2	58.84	61.63	52.33
Al_2O_3	28.73	23.45	20.58
Fe_2O_3	2.83	6.57	3.02
TiO_2	1.45	0.96	0.94
P_2O_5	0.50	0.96	0.42
CaO	2.74	2.05	2.98
MgO	0.70	1.16	0.96
K_2O	未检测	未检测	未检测
Na_2O	0.10	0.08	0.71
BaO	0.35	0.60	1.13
SrO	0.39	0.08	0.12
SO_3	0.30	0.20	0.01
LOI*	0.70	0.10	16.00

* 烧失量。

虽然受限于灰化学组成的区别,该模型未用于研究灰渣的黏温特性,但建模过程中进行的假设非常有意义,尚未见到类似的假设或方法应用于灰渣黏度的预测模型中:①将氧化铝与其他组分结合为矿物质进行考虑;②由于缺少数据无法确定 $KAlO_2$ 的参数,将其替换为 $NaAlO_2$;③计算参数时利用 CaO 替代 TiO_2。Shawn 和 Cukierman[106,107] 均指出该模型应用于氧化铝含量较低的熔岩体系时具有非常好的预测性。由此可以看出,Bottinga 和 Weill 提出的假设非常成功。因此,在研究灰渣的黏温特性时,可以通过合并同类项的方法,来实现既不增加变量且可考虑更多组分的影响作用。

6. Shaw 模型(1972)

Shaw 发现 Arrehnius 模型中的两个常数 a 和 b 存在联系,参数 α 是由 $\lg\eta/10^4/T$ 的截距确定的,说明 a 和 b 存在系统关联[106]。因此 Shaw 模型表达为

$$\lg\eta = \alpha \cdot \frac{10^4}{T} - C_T \cdot \alpha + C_\eta \tag{3.65}$$

$$\alpha = \frac{\alpha_{SiO_2} \cdot \sum(\alpha_{SiO_2} - \alpha_i^0)}{1 - \alpha_{SiO_2}} \tag{3.66}$$

同时,Shaw 还采用新的数据对模型进行了验证,发现模型的使用条件受到热力学状态等条件限制,且大多数时候黏度过低。Urbain 认为这是由模型中 a 和 b 没有物理意义作为基础引起的。

7. Lakatos 模型(1972)

Lakatos 模型[107]建立在 VFT 方程的基础上。采用最小二乘法进行拟合,利用实验室配置的 30 多种样品确定方程中的常数。VFT 方程的构型无法直接进行拟合,因此先将其变形后再进行多元回归。

$$\lg\eta = a + \frac{b}{T-c} \tag{3.67}$$

方程中的常数 a、b 和 c 均与组成相关,可以表达为

$$\begin{aligned} a = &1.5183 \cdot Al_2O_3 - 1.6030 \cdot CaO - 5.4936 \cdot MgO \\ &+ 1.4788 \cdot Na_2O - 0.8350 \cdot K_2O - 2.4550 \end{aligned} \tag{3.68}$$

$$\begin{aligned} b = &2253.4 \cdot Al_2O_3 - 3919.3 \cdot CaO + 6285.3 \cdot MgO \\ &- 6039.7 \cdot Na_2O - 1439.6 \cdot K_2O + 5736.4 \end{aligned} \tag{3.69}$$

$$\begin{aligned} c = &294.4 \cdot Al_2O_3 + 544.3 \cdot CaO - 384.0 \cdot MgO \\ &- 25.07 \cdot Na_2O - 321.0 \cdot K_2O + 471.3 \end{aligned} \tag{3.70}$$

其中,a、b 和 c 中的 CaO 等表示每摩尔 SiO_2 中 CaO 等的含量。例如,CaO $=$ $(CaO/SiO_2)_{mol}$。Lakatos 等指出,模型预测的效果受到样品数量和组成分布范围的限制,通过提高样品的数量和缩小组成范围,可以提高模型预测的准确性。

8. Urbain 模型(1981)

Urbain 研究了大约 60 多种不同组成的 3 元体系,包括 SiO_2-Al_2O_3-MO 和 SiO_2-Al_2O_3-M_2O,在 Weymann 关系式的基础上建立了该模型[108]。该模型初期应用的范围为陶瓷和耐火材料,后来用于多组分组成的天然矿物体系中[33],并逐渐用于煤灰黏温特性的预测。

首先,根据液相中各种组成的氧含量,将其划分为玻璃构造组分(glass former)、玻璃修饰组分(glass modifier)和玻璃两性组分(glass amphoterics)。

$$x_g = SiO_2 + P_2O_5 \tag{3.71}$$

$$\begin{aligned} x_m = &FeO + CaO + MgO + Na_2O + K_2O + MnO \\ &+ NiO + 2(Ti_2O + ZrO_2) + 3CaF_2 \end{aligned} \tag{3.72}$$

$$x_a = Al_2O_3 + Fe_2O_3 + B_2O_3 \tag{3.73}$$

　　将 x_g、x_a 和 x_m 除以 $[1+2x(CaF_2)+0.5x(FeO_{1.5})+x(TiO_2)+x(ZrO_2)]$ 进行归一化,得到 x_g^*、x_a^* 和 x_m^*。

　　利用 x_g^*、x_a^* 和 x_m^* 计算 α:

$$\alpha = \frac{x_g^*}{x_m^* + x_a^*} \tag{3.74}$$

　　参数 b 是与 SiO_2 摩尔分数相关的:

$$b = b_0 + b_1 \cdot SiO_2 + b_2 \cdot SiO_2^2 + b_3 \cdot SiO_2^3 \tag{3.75}$$

其中,4 个常数通过 4 个抛物线方程计算获得

$$b_0 = 13.8 + 39.9355\alpha - 44.049\alpha^2 \tag{3.76}$$

$$b_1 = 30.481 - 117.1505\alpha + 129.9978\alpha^2 \tag{3.77}$$

$$b_2 = -40.9429 + 234.0486\alpha - 300.04\alpha^2 \tag{3.78}$$

$$b_3 = 60.7619 - 153.9276\alpha + 211.31616\alpha^2 \tag{3.79}$$

　　Weymann 方程中的常数 a 可以由常数 b 计算得到:

$$-\ln a = 0.2693 \cdot b + 13.9751 \tag{3.80}$$

　　最后,根据 Weymann 方程得到黏度(Pa·s)和温度(K)的关系:

$$\eta = a \cdot T \cdot e^{(b \cdot 10^3 / T)} \tag{3.81}$$

　　Urbain 等在检验模型的预测效果后,提出了其适用范围:①体系温度大于等于熔融温度或液相温度的稳定液体;②体系温度大于玻璃体转化温度的超冷液体。他们在随后的工作中给出模型用于 SiO_2-Al_2O_3、Al_2O_3-CaO 和 SiO_2-Al_2O_3-MO(M=Ca、Mg 和 Mn)体系的常数 b,为该模型的广泛应用提供了基础。同时,Urbain 指出参数 b 会随着 Fe^{3+}/Fe^{2+} 比值的增大而增加[109]。

　　众多研究者将 Urbain 模型用于灰渣黏度的研究。Mills 等[46]将其应用于灰渣黏度的预测,指出该模型可以很好地描述灰渣黏度随温度变化的趋势,黏度数值的偏差均在同一个数量级内。Mills 指出模型用于气化灰渣的黏度预测时,可以将 Fe_2O_3 转化为 $2 \cdot (FeO_{1.5})$ 而并入玻璃修饰组分中,并将其从两性组分中去掉,这样可以获得较好的预测效果。Senior 等[110]在考察 Urbain 模型后指出其适用的黏度范围为小于 $10^2 \sim 10^3$ Pa·s,并在此基础上建立了适合高黏度范围的预测模型。Vargas 等[111]考察了高阶煤煤灰熔渣的黏温特性,并利用 Urbain 模型进行了拟合,发现预测的黏度数值偏差略大,在一个数量级的范围内。

9. Urbain 修正模型[53,112-115]

在随后的几年内，Urbain 等[53]进一步修改了计算常数 a 和 b 的方法，将两者的关系定义为

$$-\ln a = m \cdot b + n \tag{3.82}$$

式中，m 和 n 为模型的参数，且随着煤灰组分的不同而改变，因此应分别计算不同修饰组分的 b 值。

$$b = \frac{X_{M_1} B_{M_1} + X_{M_2} B_{M_2}}{X_{M_1} + X_{M_2}} \tag{3.83}$$

Kondratiev 等[112]在应用 Urbain 修正模型时，仅考虑四种组分 Ca-Si-Al-Fe，并将 Fe 作为 FeO 考虑。因此 Ca 和 Fe 修饰组分仅有两种，这时常数 b 的表达式如下，计算获得的参数如表 3.17 所示。

$$b = \sum_{i=0}^{3} b_i^0 X_S^i + \sum_{i=0}^{3} \sum_{j=1}^{2} \left(b_i^{c,j} \frac{X_C}{X_C + X_F} + b_i^{F,j} \frac{X_E}{X_C + X_F} \times \left(\frac{X_C + X_F}{X_C + X_F + X_A} \right)^j X_S^i \right.$$

$$\tag{3.84}$$

式中，C、F 和 S 分别代表 CaO、FeO 和 SiO$_2$。

表 3.17 **Kondratiev 等计算 b 时的参数**[112]

			i			n	9.322
	j	0	1	2	3		
b_i^0	0	13.31	36.98	−177.70	190.03		
$b_i^{c,j}$	1	5.50	96.20	117.94	−219.56	mF	0.665
	2	−4.68	−81.60	−10.980	196.00	mC	0.587
$b_i^{F,j}$	1	34.30	−143.64	368.94	−254.85	mA	0.370
	2	−45.63	129.96	−210.28	121.20	mS	0.212

Song 等[64]在应用修正的 Urbain 模型时，考虑了煤灰中的 8 种组分（包括 Ca-Si-Al-Fe-K-Na-Mg-Ti），其中修饰组分为 5 种（包括 Ca-Mg-K-Na-Ti）。因此常数 b 的表达式如下，且拟合获得计算 b 时的参数如表 3.18 所示。

$$b = \sum_{i=0}^{3} b_i^0 X_g^i + \sum_{i=0}^{3} \sum_{j=1}^{2} \left(b_i^{c,j} \frac{X_C}{X} + b_i^{M,j} \frac{X_M}{X} + b_i^{K,j} \frac{X_K}{X} \right.$$

$$\left. + b_i^{N,j} \frac{X_N}{X} + b_i^{T,j} \frac{X_T}{X} \right) \times \left(\frac{X}{X + X_A} \right)^j X_S^i \tag{3.85}$$

式中，C、K、N、M 和 T 分别代表 CaO、K_2O、Na_2O、MgO 和 TiO_2。

表 3.18　Song 等计算 b 时的参数[64]

	j	i				m	n
		0	1	2	3		
b_i^0	0	12.72	35.11	−36	140.31		
$b_i^{c,j}$	1	−4.01	24.75	−48.08	31.92		
	2	3.75	−21.09	35.35	−19.93		
$b_i^{M,j}$	1	−16.83	80.76	−121.68	58.21		
	2	24.18	−116.15	178.12	−88.01		
$b_i^{K,j}$	1	12.29	68.72	122.47	−66.31	0.29	11.57
	2	−6.41	21.43	−1.54	−88.01		
$b_i^{N,j}$	1	10.76	−31.58	−10.17	60.29		
	2	−10.41	−1.26	138.46	−190.67		
$b_i^{T,j}$	1	27.56	−127.6	198.61	−104.08		
	2	−34.77	165.31	−272.92	157.67		

　　Bai 等[113]也利用 Urbain 修正模型进行了拟合，考虑了 4 种主要煤灰组成元素（Ca-Si-Al-Fe），并根据灰渣中铁价态分布将 Fe 分为 Fe^{3+} 和 Fe^{2+} 分别考虑。但为了简化计算，将 Fe^{3+} 并入 Al^{3+} 项，这样 b 的表达式与 Kondratiev 等所用的相同，但代表的意义有差别。通过拟合获得的参数如表 3.19 所示。

表 3.19　Bai 等计算 b 时的参数[113]

	j	i				n	9.589
		0	1	2	3		
b_i^0	0	12.31	34.98	−157.7	172.03	mF	0.665
$b_i^{C,j}$	1	5.9	94.2	113.94	−269.56	mF'	0.392
	2	−3.65	−59.4	−129.3	159	mC	0.587
$b_i^{F,j}$	1	33.4	−153.79	384.33	−282.71	mA	0.370
	2	−46.59	144.20	−196.54	121.2	mS	0.212

　　Urbain 等[53,114]还指出，采用固定的 m 和 n 无法得到理想的预测结果。但为了简化计算参数 b 的过程，经过大量的实验和计算工作，针对不同组成的硅酸盐体系提出了通用的常数 m 和 n。①离子熔体：$m=0.29$，$n=13.87$；②网状结构熔体：

$m=2.07, n=12.591$；③ SiO_2-Al_2O_3：$m=0.247, n=14.33$；④硅酸盐熔渣：$m=0.29, n=11.57$。Kondratiev 等指出采用固定的 n 值，而将 m 与组成相关，可以提高拟合的效果。m 通过下式计算得出：

$$m = m_A X_A + m_C X_C + m_F X_F + m_S X_S \qquad (3.86)$$

式中，m 为参数，X 为摩尔分数。Bai 等在计算时，将 $m_F X_F$ 拆分为两项，分别为 $m_F X_{FeO}$ 和 $m_F X_{Fe_2O_3}$。而 Song 等由于考虑的组分数较多，采用了 Urbain 推荐的硅酸盐熔渣的 m 和 n。

　　将表 3.17～表 3.19 中的参数进行比较发现，Kondratiev 等和 Bai 等的参数较为接近，其中差异可能是由对铁价态的划分引起的；而 Song 等的计算过程考虑了更多修饰组分项，导致参数与其他两人的结果有非常大的差异。然而，三人利用各自的黏温数据和参数拟合时，均获得了较好的结果。不同的数据来源会对参数有一定的影响。Kondratiev 等的数据主要来自 CSIRO，利用 Haake-1700 高温旋转黏度仪进行测试，其方法为降温单点测试法，使用惰性气氛和钼质坩埚[115]。Song 等的数据采用自制的高温旋转黏度仪测定，方法也为降温单点测试法和惰性气氛，但使用了刚玉坩埚[64]。Bai 等使用 Theta-1700 高温旋转黏度仪，测试方法为连续降温测试，所用气氛为还原气氛（$V_{CO} : V_{CO_2} = 6 : 4$），使用了钼质坩埚[5]。实验条件上的差异也给不同实验室结果的比较造成了困难，这也是出现上述现象的一个重要原因。单点测试条件下可以获得某个温度下近平衡态的黏度数值，但由于每个温度下的停留时间较长（至少 30 min），因此单次测试可以获得约 6 个点的数据，然后根据经验或拟合方程将各点相连形成黏温曲线。连续测试法是在降温过程中的连续测试，降温速率根据熔渣在反应器内下落的速度确定，每隔几秒钟可获得一个数据点，形成连续的黏温曲线；连续法获得的黏温曲线描述反应器内熔渣的流动更能体现实际工况下熔渣的流动状态。因此，在研究某个温度下熔渣的流变性时采用单点测试较为适合，而研究某个温度范围内熔渣的流体性质时更宜采用连续法。

　　10. Riboud 模型（1981）

　　Riboud 模型可以看成是对 Urbain 模型的优化，将黏温关系式中的参数 a 和 b 进行了重新定义[116]：

$$\begin{aligned}
\ln a = &-35.76 \cdot Al_2O_3 + 1.73(FeO + CaO + MgO + MnO) \\
&+ 7.02(Na_2O + K_2O) + 5.82 CaF_2 - 19.81
\end{aligned} \qquad (3.87)$$

$$b = 68.883 \cdot Al_2O_3 - 23.896(FeO + CaO + MgO + MnO)$$
$$- 39.159(Na_2O + K_2O) - 46.356CaF_2 + 31.140 \tag{3.88}$$

式中，所有的含量均采用摩尔分数。

11. Streeter 模型（1984）

Streeter 等[117]测试了美国西部地区的 17 种低阶煤灰的黏温特性，覆盖了较宽的 SiO_2 含量范围（表 3.17），并在 Urbain 修正模型中加入温度修正项，其表达式如下：

$$\ln \eta = \ln a + \ln T + \frac{10^3 \cdot b}{T} - \Delta \tag{3.89}$$

式中，$\Delta = m \cdot T + c$。根据 b 值的范围不同，Δ 值的确定需划分为以下三类：

(1) $b > 28, F = SiO_2/(CaO + MgO + Na_2O + K_2O)$ (3.90)

$$10^3 \cdot m = -1.7264 \cdot F + 8.4404 \tag{3.91}$$
$$c = -1.7137(10^3 \cdot m) + 0.0509; \tag{3.92}$$

(2) $24 < b < 28, F^I = b \cdot (Al_2O_3 + FeO)$ (3.93)

$$10^3 \cdot m = -1.3101 \cdot F^I + 9.9279 \tag{3.94}$$
$$c = -2.0356(10^3 \cdot m) + 1.1094; \tag{3.95}$$

(3) $b < 24, F^{II} = CaO/(CaO + MgO + Na_2O + K_2O)$ (3.96)

$$10^3 \cdot m = -55.3649 \cdot F^{II} + 37.9168 \tag{3.97}$$
$$c = -1.8244(10^3 \cdot m) + 0.9416 \tag{3.98}$$

Vargas 等[111]选用表 3.20 范围中的样品进行预测，发现预测结果与测量值存在指数级别的偏差。

表 3.20　Streeter 等选用煤灰的化学组成范围[117]

化学成分	范围（%，摩尔分数）
Al_2O_3	0.25~0.70
SiO_2	0.08~0.27
Equiv. Fe_2O_3	0~0.09
CaO	0.08~0.33
MgO	0.04~0.13
$Na_2O + K_2O$	0~0.11
其他	<5%

12. Kalmanovitch-Frank 模型(1988)

该模型以 Urbain 模型为基础,得到以下关系[118]:

$$-\ln a = 0.2812 \cdot b + 14.1305 \tag{3.99}$$

式中,a 和 b 的计算方法和未修正的 Urbain 模型相同。该模型对大部分英国煤样的黏温特性有较好的预测结果。

13. 结构模型(1998)

结构模型的基础为 Weymann 关系式。Zhang 等根据氧原子在硅酸盐结构中的作用不同,建立了活化能计算的方法,该模型的具体表达式如下[36,119]:

$$\eta = A^W T \exp\left(\frac{E_\eta^W}{RT}\right) \tag{3.100}$$

$$E_\eta^W = a + b(N_{O^0})^3 + c(N_{O^0})^2 + d(N_{O^{2-}}) \tag{3.101}$$

$$\ln(A^W) = a^1 + b^1 E_\eta^W \tag{3.102}$$

式中,a、b、c、d、a^1 和 b^1 均通过拟合确定;N_{O^0} 代表桥键氧占总氧的百分数;$N_{O^{2-}}$ 代表自由氧所占的百分数;N_{O^-} 和 $N_{O^{2-}}$ 由 Kapoor Frohberg 胞腔模型计算得到;R 为摩尔气体常量。Tanaka 等也通过类似的方法得到了如下的表达式[119]:

$$E_\eta = E/A + \left[\sum \alpha_i (N_{O^-} + N_{O^{2-}})\right]^{1/2} \tag{3.103}$$

式中,常数 A 和 α_i 通过实验数据拟合得到。

Senior 等将 Weymann 关系式中 a 和 b 的关系定义为

$$A = a_0 + a_1 B + a_2 \qquad (NBO/T) \tag{3.104}$$

式中,$a_0 = 2.816$,$a_1 = 0.4634$,$a_2 = 0.3534$,对于高黏流体有较好的预测结果。

Seetharaman 等[100]提出了一种基于热力学的结构模型,将不同结构的影响定义为热力学方程:

$$\Delta G_\eta^* = \sum_{n=1}^i \Delta G_i^* + \Delta G_\eta^{mix} + 3R^* T X_1 \cdots X_n \tag{3.105}$$

式中,ΔG_i^* 为不同组分的自由能;ΔG_η^{mix} 为混合过程的自由能;R^* 为摩尔气体常量;X_n 为摩尔分数。

熔体的黏度数值通过下式计算获得:

$$\eta = \frac{hN_A\rho}{M}\exp(\Delta G_\eta) \tag{3.106}$$

式中，N_A 为阿伏伽德罗常量；h 为普朗克常量。这种基于热力学的结构模型可能提供可靠的热力学数值，但其准确性在很大程度上依赖于热力学方程的选取和建立，因此不同的研究者所获得的结果差异较大[100]。

Zhang 等[119]利用分子动力学模型来描述熔体的黏度。分子模拟基于统计力学，并利用势能方程计算键合性能和分子动能，从而确定 O、Ca、Si 等原子的自扩散以及黏度数值。但这种方法受限于不同硅酸盐和硅铝酸盐体系势能方程的准确性。

14. Iida 模型（2000）

Iida 模型可以看成 Arrhenius 关系的扩展，基于熔渣具有随机的网状构型，而熔渣的黏度由结构决定。该模型增加了一项碱性指数来描述熔渣的结构，并且与黏度相关联，其具体形式为[120]

$$\mu = A\mu_0\exp\left(\frac{E}{B_i}\right) \tag{3.107}$$

$$A = 1.745 - 1.962 \times 10^{-3}T + 7.000 \times 10^{-7}T^2 \tag{3.108}$$

$$E = 11.11 - 3.65 \times 10^{-3}T \tag{3.109}$$

式中，μ_0 为非网格结构熔体的黏度：

$$\mu_0 = \sum_{i=1}^{n}\mu_{0i}X_i \tag{3.110}$$

而 μ_{0i} 通过下式计算得到：

$$\mu_{0i} = 1.8 \times 10^{-7}\frac{[M_i(T_i)]^{1/2}\exp(H_i/RT)}{(V_m)_i^{2/3}\exp[H_i/R(T_m)_i]}(\text{Pa}\cdot\text{s}) \tag{3.111}$$

式中，M 为分子式；T_m 为熔点；V_m 为为熔点下的摩尔体积；R 为摩尔气体常量；X 为摩尔分数。通过下式将 μ 和碱性指数 B_i 相关联：

$$H_i = 5.1(T_m)_i^{1/2} \tag{3.112}$$

$$B_i^* = \frac{\sum(\alpha_iW_i)_B + \alpha_{Fe_2O_3}^*W_{Fe_2O_3}}{\sum(\alpha_iW_i)_{BA} + \alpha_{Al_2O_3}^*W_{Al_2O_3} + \alpha_{TiO_2}^*W_{TiO_2}} \tag{3.113}$$

式中，W 为质量；α 为常数。

Iida 将此模型与 Urban 和 Riboud 模型进行了比较，发现大多数预测数据低于测试值，但明显优于 Urban 模型，与 Riboud 模型的结果接近[120]。

15. T-shift 模型及修正模型(2003)

Browning 等[121]认为代表相同渣型的黏温曲线可以通过温度坐标的平移而重合。因此,在 Reid 模型的基础上,增加了温度项 T_S,代表相同类型的黏温特性曲线重合需要的温度平移量。利用澳大利亚煤灰黏度数据经过拟合后,确定了线性经验公式为

$$\lg[\eta/(T-T_S)] = 14\ 788/(T-T_S) - 10.931 \tag{3.114}$$

许世森等[122]在利用该模型预测我国煤灰黏度时,发现偏差较大,于是将 T-shift 模型的一次项系数和常数项修正为与组成相关的参数:

$$\lg[\eta/(T-T_S)] = A/(T-T_S) + B \tag{3.115}$$

$$A = -2.777 + 0.1333r(\text{Fe},\text{Si}) - 55.358m(\text{Al}_2\text{O}_3)$$
$$- 5.839m(\text{CaO})_{\text{equ}} + 176.516(\text{Na}_2\text{O}) \tag{3.116}$$

$$B = 1626.30 - 5.16r(\text{Fe},\text{Si}) + 1558.71m(\text{Al}_2\text{O}_3)$$
$$- 2290.74m(\text{CaO})_{\text{equ}} - 28441.57(\text{Na}_2\text{O}) \tag{3.117}$$

$$T_S = 903.73 - 5.31r(\text{Fe},\text{Si}) + 4364.41m(\text{Al}_2\text{O}_3)$$
$$+ 311.56m(\text{CaO})_{\text{equ}} - 5738.27(\text{Na}_2\text{O}) \tag{3.118}$$

式中, $m(\text{XO}_n)$ 为 XO_n 与所有组分的物质的量之和; $m(\text{CaO}_{\text{equ}}) = m(\text{CaO}) + m(\text{MgO})$; $r(\text{Fe},\text{Si}) = m(\text{Fe}_2\text{O}_3)/m(\text{SiO}_2)$ 。利用修正的 T-shift 模型可以较好地预测我国典型煤种的黏温特性,如图 3.52 所示。

16. 图形法

图形法是指将指定温度的黏度和组成曲线绘制于三元相图或拟三元相图中,用来预测熔渣的黏度。图形法被众多研究者广泛应用,其起源应该是受相图中液相线的启发。如图 3.53 所示,Hurst 等采用图形法将黏度曲线与拟三元相图相结合,表示氧化铁含量为 5% 和 10% 时的黏度变化趋势[89]。该方法的缺点在于其准确性取决于使用者的主观臆断,但其优点是可以将该黏度曲线图绘制于拟三元相图 $\text{CaO-SiO}_2\text{-Al}_2\text{O}_3\text{-FeO}$ 中,将矿物质组成与黏度变化规律相关联。

17. 神经网络结构模型(1997)

神经网络结构最早在 1997 年应用于冶金渣黏度的预测[123]。2010 年 Duchesne 等将其应用于预测气化熔渣的黏度[124],并基于此建立了黏度预测工具盒[125]。此方法的重点在于有足够的数据进行模型训练和验证。

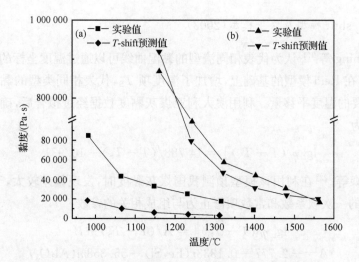

图 3.52　兖州煤和神木煤灰黏度的 T-shift 预测值与测量值比较[122]

(a) 兖州煤；(b) 神木煤

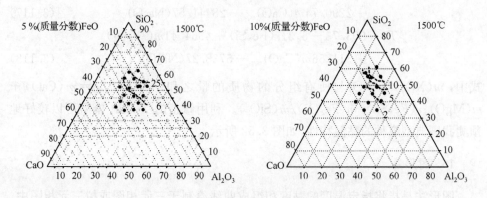

图 3.53　Hurst 等绘制的黏度曲线图[43,45,109]

18. 不同模型预测效果的比较

Vargas 等[36]利用 62.5% SiO$_2$-6.25% Al$_2$O$_3$-12.5% CaO-12.5% MgO-6.25% Na$_2$O 在 1350℃测试了多种模型的黏度预测效果，结果如表 3.21 所示。经过比较发现，Urbain 模型的预测效果最好。熔渣组成中没有中性组分是其他模型预测值偏高的主要原因。

表 3.21　各种模型预测效果的比较[36]

模型	年份	黏度/(Pa·s)
测试值模型[124]	1986	32.81
Reid-Cohen 模型	1944	120
Sage-McIlroy 模型	1959	130
ς^2 模型	1963	82
Watt-Fereday 模型	1963	78
Bomkamp 模型	1976	10 100
Bottinga-Weill 模型	1972	33
Shaw 模型	1972	51
Lakatos 模型	1972	58
Urbain 模型	1981	33
Riboud 模型	1981	18
Streeter 模型	1984	49
Kalmanovitch-Frank 模型	1988	20

Kondratiev 等[126]对比了四种模型的预测偏差的百分比,采用下式评价预测模型:

$$\Delta = \frac{1}{N} \sum^{N} \left| \frac{(\eta)_{cacl} - (\eta)_{ex}}{(\eta)_{ex}} \right| \tag{3.119}$$

式中,N 为数量;$(\eta)_{cacl}$ 为预测值;$(\eta)_{ex}$ 为实验值。

如图 3.54 所示,Kalmanovich 的模型偏差最大。这是由于该模型构建过程所用的样品中均不含铁,这也体现了样品选择局限性对预测结果的影响;而 Jak 等的 Urbain 修正模型对不同组分体系的预测偏差最小,该模型是可以通用的预测方法。

通过上述比较可以看出,在半经验模型中,Urbain 模型和修正的 Urbain 模型具有较好的预测效果。

3.2.2.3　非牛顿流体

非牛顿流体覆盖的范围较广,具体分类和形成原因较为复杂。但作为硅酸盐熔体,非牛顿流体由以下两种途径形成:在熔体中形成晶体或在熔体中形成不互溶的液相。对于熔融灰渣,通常仅考虑降温过程出现的固相对熔渣黏度的影响,而不互溶液相的影响几乎可以忽略。

非牛顿流体包括了依时性流体和非依时性流体。其中依时性流体的数学描述

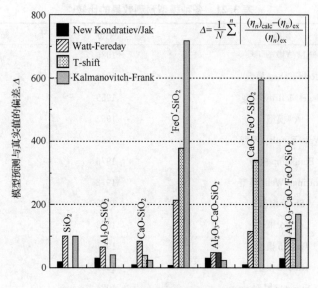

图 3.54　不同模型预测结果的比较[126]

非常复杂,且在熔渣黏度的预测模型中几乎没有用到,因此仅简单介绍非依时性流体的数学模型。

1. Power 定律

Power 定律[33,127]是广泛使用的非牛顿流体性质模型。适用于描述牛顿行为流体($d=1$)、剪切稀释($d<1$)和剪切致稠($d>1$)。但这个经验公式在剪切速率过大和过小的情况下都不适用。其数学形式可以表达为

$$\tau = c\gamma^d \tag{3.120}$$

式中,τ 为剪应力,N;γ 为剪切速率,s^{-1};d 为常数。

2. Herschel-Buckley 模型

该模型是对 Power 定律的扩展,在方程中添加了屈服应力项 τ_0[128]:

$$\tau - \tau_0 = c\gamma^n \tag{3.121}$$

式中,τ 为剪应力,N;τ_0 为屈服应力,N;γ 为剪切速率,s^{-1}。

3. Bingham 塑性模型

在 Bingham 塑性模型中强调了剪应力必须超过某个特定的屈服应力才能形成流体或流动,其表达式如下[36]:

$$\tau - \tau_0 = c\gamma^d \tag{3.122}$$

式中，τ 为剪应力，N；τ_0 为屈服应力，N；γ 为剪切速率，s^{-1}；d 为常数。

4. Casson 方程

Casson 方程适用于流体为悬浊体系的情况[129]：

$$\tau^{1/2} - \tau_0^{1/2} = \eta_\infty^{1/2}\,\gamma^{1/2} \tag{3.123}$$

式中，τ 为剪应力，N；τ_0 为屈服应力，N；γ 为剪切速率，s^{-1}。

5. Meter 模型

Meter 模型中有四个参数 $\eta_0 = \eta(r=0)$、$\eta_\infty = \eta(r=\infty)$、$\tau_{(1/2)} = \tau[(\eta_0 + \eta_\infty)/2]$、$\alpha = 1/d$。对于剪切致稠流体，$\eta_\infty$ 通常为零，其数学表达[36,130]

$$\eta - \eta_\infty = \frac{\eta - \eta_\infty}{1 + |\tau/\tau_{1/2}|\alpha^{-1}} \tag{3.124}$$

式中，τ 为剪应力，N；τ_0 为屈服应力，N。

6. Williamson 模型

Williamson 模型的数学表达式为[36,130-133]

$$\eta - \eta_\infty = \tau_0/(c+\gamma) \tag{3.125}$$

式中，c 为常数，表示剪切速率和应力曲线的曲率。

3.2.2.4　液固两相模型

理想的液固模型在预测黏度时仅需熔渣的组成、温度和气氛，而无需其他测定参数，但现实情况是，这几乎是无法实现的。所有的模型都需要通过测定或热力学计算确定晶体含量或形态，并应用于液固两相的预测模型。

根据模型所允许晶体含量和颗粒的形状，可以将其进行如下划分[36]：

（1）稀悬浮液。稀悬浮液包括凸球面颗粒、软球颗粒和刚球颗粒。其中软球颗粒模型对模拟颗粒相互碰撞较为便利，但基于理想状态的刚球颗粒模型可以更好地描述颗粒对流体性质的影响。

（2）浓悬浮液。对于两相模型，需要考虑剪切应力的影响，特别是对于晶体体积分数大于 20% 的悬浮硅酸盐熔体应考虑 Power 定律的作用。剪切力的来源主要有热力学、布朗运动、流体力学和惯性。

1. Einstein 模型

Einstein 是最早对此进行研究的学者。他认为,如果刚性球形粒子添加到一种均相溶液中,该溶液的黏度系数将增加为该流体中悬浮颗粒体积分数的 2.5 倍。其数学关系表示为[132-134]

$$\frac{\eta_e - \eta}{\eta} = 2.5\theta \tag{3.126}$$

式中,η_e 为溶液的实际黏度,Pa·s;η 为均相溶液的黏度,Pa·s;θ 为颗粒体积分数。该模型基于下述假设:颗粒比溶剂分子大得多,浓度很低,粒子间的相互作用不予考虑。对于非圆球颗粒,模型可以表述为

$$\frac{\eta_e - \eta}{\eta} = v_i \cdot \theta \tag{3.127}$$

式中,η_e 为本征黏度;对于刚性球,$v_i = 2.5$;对于瘦长球,$v_i > 2.5$;对于软球,$v_i < 2.5$。

2. Roscoe 模型

Roscoe 在 Einstein 模型的基础上,推导出适合各种颗粒尺寸的模型,可以表述为[135]

$$\eta_e = \eta(1 - \theta)^{-5/2} \tag{3.128}$$

该模型需要的假设为:悬浮液中球形颗粒根据直径大小可以分为不同的组。当新一组的颗粒加入悬浮液时,假设悬浮液原来的球形颗粒比新加入的颗粒小得多,则原悬浮液可以认为是均匀的液相溶液。该模型通过 Taylor 展开式可以推导出 Einstein 模型。

Roscoe[135] 随后又对模型进行了改进,指出悬浮液中粒子间碰撞及粒子间沉淀液对悬浮液黏度的影响。这促使他提出用于预测等径球的高浓度悬浮液的修正模型,如下式所示。

$$\eta_e = \eta(1 - c \cdot \theta)^{-5/2} \tag{3.129}$$

式中,c 为常数。对于均一的悬浮颗粒,$c=1.35$;当悬浮液中被填充为球形粒子且有序堆砌聚集时,分散相最大堆砌系数 $c \cdot \theta$ 为 0.7;η 为液相的黏度。

3. Vand 模型

Vand 模型同样基于 Einstein 模型。其假设为悬浮液黏度增大的主要原因是

悬浮粒子形状的影响,粒子间流体力学的相互干涉以及沉淀液的存在。该模型主要考虑了球形粒子间的流体力学,忽略造成应力的粒子间的布朗运动[136],其表达式如下:

$$\eta_e = \eta \cdot (1 + c \cdot \theta + d \cdot \theta^2) \tag{3.130}$$

式中,c 为 Einstein 常数,反映了稳定剪切速率下,单个粒子对悬浮液黏度的贡献值;对刚性球形粒子,c 为 2.5。d 为 Huggins 常数,主要用于解释粒子间的相互作用,对于分散系刚性球形粒子悬浮液,$d = 6.2$。Hough 等[33,137]指出对于刚性球形粒子,无相互作用与布朗运动时,$c = 2.5$,$d = 7.349$。当固体颗粒体积分数 $\theta <$ 15%时,Vand 模型被认为能有效地反映稀悬浮液的黏度[136]。

4. Sherman 模型

该模型的表达式为[134]

$$\ln \frac{\eta_e}{\eta} = \frac{a \cdot D_m}{\left(\frac{\theta_{max}}{\theta}\right)^{1/3} - 1} - k \tag{3.131}$$

式中,D_m 为平均粒径;α 和 k 为常数;θ 为固相体积分数;θ_{max} 为最大固相体积分数。模型最初建立时 $D_m = 5\mu m$,后来发现其也可用于 $D_m > 100\mu m$ 的低固体浓度的溶液。

5. Shaw 模型

Shaw 等在研究降温过程中熔体的黏度变化时发现,Einstein-Roscoe 预测模型偏差较大的主要原因为:①降温过程;②液相组成向高黏度组成变化;③晶体颗粒并不是刚性的。

为此,Shaw 等建立了形式更为简单的模型[134]:

$$\lg\left[\frac{\eta_e(T)}{\eta_0(T_0)}\right] \approx 0.1 \cdot (T - T_0) \tag{3.132}$$

式中,T_0 指初始熔融温度;η_0 为该温度下的黏度。

6. Mooney 模型

该模型的表达式为[138]

$$\eta_r = \frac{\eta_e}{\eta} = \exp\left(\frac{K_c \cdot \theta}{1 - \theta/\theta_{max}}\right) \tag{3.133}$$

式中,η_r 为溶液的相对黏度;θ_{max} 为最大固相体积分数。Mooney 认为悬浮液的相对黏度是固相体积分数的函数。当粒子的体积分数为最大堆砌系数时,黏度变为无穷大。

7. Krieger-Dougherty 模型

该模型的表达式为[139]

$$\eta_r = \frac{\eta_e}{\eta} = \left(1 - \frac{\theta}{\theta_{max}}\right)^{-K_E \cdot \theta_{max}} \tag{3.134}$$

式中,θ 为悬浮液中固体体积分数;θ_{max} 为固体体积分数的上限。

8. Quemada 模型

Quemada 模型的表达式为[140]

$$\eta_{e,0} = \eta\left(1 - \frac{\theta}{\theta_{max}}\right)^{-2} \tag{3.135}$$

式中,θ_{max} 为有效的最大固体体积分数。模型适用于 $\theta > 0.3$ 的碰撞颗粒悬浮液。

Liu 等发现 Quemada 模型对稀悬浮液黏度预测并不准确[139,141]。Liu 通过对 Vand 模型与 Quemada 模型不对称地进行组合,得到了一个适用整个悬浮液体系的黏度模型,其表达式为

$$\eta_r = \frac{\eta_e}{\eta} = \left(1 - \frac{\theta}{\theta_{max}}\right)^{-2} + \left(K_E - \frac{2}{\theta_{max}}\right) \cdot \theta + \left(K_H - \frac{6}{\theta_{max}^2}\right) \cdot \theta^2 \tag{3.136}$$

Quemada 认为有效的 $\theta_{max} = 0.62 \pm 0.02$,Ponton 等认为 $\theta_{max} = 0.64$,因此 Quemada 模型的有效应用范围为:$0.3 < \theta < 0.64$,该范围适用于修正的 Quemada 模型。Bai 等[113]利用 Quemada 模型对高固相含量的煤灰熔渣进行预测,拟合了固体体积分数范围 $0.35 < \theta < 0.60$ 的黏温数值,所得拟合相关性 $r = 0.88$,误差范围为 $\pm 15.8\%$。尽管 Quemada 模型所描述的过程与 Bai 等所使用连续测试法过程相似,但所得结果的偏差较大,Bai 等认为这主要由固体体积分数较高导致的。

3.2.2.5 黏度预测模型的组合利用

熔融灰渣的流体性质在降温过程中,必然经历由牛顿流体转向非牛顿流体较多的过程。因此,某一个经验模型的单独使用都无法很好地描述整个温度范围内的黏温特性。当然,利用神经网络等方法进行预测的模型仅将黏度和温度等参数进行了关联,对于流体的类型并不敏感。在煤灰熔渣黏度预测研究中,Jak 等、Song 等和 Bai 等都进行了相关的研究。

1. Jak 等的预测方法[81,118,141]

Jak 等分别采用了修正的 Urbain 模型和 Roscoe 模型对降温过程的熔渣黏温特性进行了描述。Urbain 模型用于预测完全液相温度以上的黏度,采用了分别计算 b 值的方法,并且通过拟合获得模型中的 n,采用固定 m。而 Roscoe 模型用于预测固相体积分数小于 30% 时的固液两相熔体的黏度,模型中使用的固体体积分数由 FactSage 计算获得。其中 Urbain 和 Roscoe 模型的边界条件为完全液相温度,通过 FactSage 计算获得。模型建立过程中仅考虑了 4 种主要组成(Ca-Si-Al-Fe),并将 Fe 全部看成 FeO。模型取得较好的预测效果,所有的预测值与测试值的对数偏差为 ±25%,如图 3.55 所示。

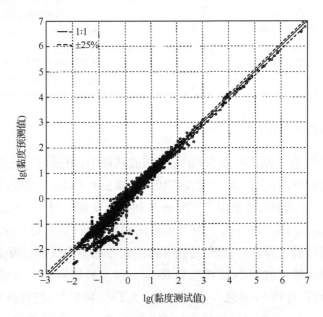

图 3.55　Jak 等对黏度的预测值和测试值的比较[81]

图中黏度的单位均为 Pa·s

2. Song 等的预测方法

Song 等[142]对于完全液相熔体黏度预测同样采用了修正的 Urbain 模型,但考虑了煤灰组成中的 8 种主要组成(Ca-Si-Al-Fe-K-Na-Mg-Ti),并分别计算了不同组分对 b 值的贡献。但由于涉及组分数较多,采用了固定的 m 和 n。对于固液两相熔体黏度的预测,采用了 Einstein 模型和修正的 Einstein 模型。当固相体积分数<10%时,利用 Einstein 模型,本征黏度值为 2.5 Pa·s;当固体体积分数超过>10%时,利用修正的 Einstein 模型进行预测,修正后的本征黏度值为 1.158 Pa·s。三个模型分别采用完全液相温度和固相体积分数 10%所对应的温度作为边界条件,以及最高固相体积分数 62%为模型的上限。模型预测结果非常好,所有预测值与测试值的偏差均小于±10%(表 3.22)。

表 3.22　Song 等采用的三个模型对黏度的预测效果[142]

体积分数	线性回归分析
$\theta=0\%$ 修正的 Urbain 模型	$r=0.931$ $\sigma=91.30\%$ 预测值:89%<±10%
$\theta<10\%$ Einstein 模型	$r=0.910$ $\sigma=89.30\%$ 预测值:88%<±10%
$\theta\leqslant10\%$ 修正的 Einstein 模型	$r=0.884$ $\sigma=84.30\%$ 预测值:83%<±10%

3. Bai 等的预测方法

Bai 等[113,143]在总结 Jak 和 Song 等工作的基础上,也采用了三段式模型进行全温度范围内的黏度预测。对于完全液相采用修正的 Urbain 模型,分别计算不同组分对参数 b 值的影响,并采用了固定 m 值和拟合 n 值。对于低浓度的液固两相熔渣,采用 Roscoe 模型;而对于高浓度的液固两相熔渣,采用 Quemada 模型。Bai 等认为边界条件的选择非常重要,是能否构型完整黏温曲线的重要条件。采用完全液相温度作为修正的 Urbain 模型和 Roscoe 模型的边界条件,对煤灰中 4 种主要组分进行计算,并将 Fe 按照一定比例划分为 Fe^{2+} 和 Fe^{3+},这充分考虑了不同价态铁的作用。同时,将煤灰熔融温度的 FT 作为 Roscoe 模型和 Quemada 模型的边界条件,将 HT 作为模型应用的温度下限。选择煤灰熔融温度的原因是其本质反映的是液固比例的变化,而利用 FactSage 获得的固相体积变化是平衡态下的结果。这与 Bai 等所采用的连续测试方法不相匹配,且采用煤灰熔融温度与真实的物理过程也更为接近。同时发现将铁按照不同价态分别考虑时可以提高拟合过程的相关性。Bai 等的结果(表 3.23)与 Jak 和 Song 等比较时发现,黏温数据的差异导致了预测模型的可比性较差。尽管 Jak 和 Song 采用了类似的方法,但在煤灰组分相近样品的预测值上也有一定的差异。

表 3.23　Bai 等采用三个模型的预测效果[143]

温度	线性分析
$T > T_{liq}$	$r=0.95, < \pm 10\%$
$FT < T < T_{liq}$	$r=0.90, < \pm 10\%$
$FT < T < HT$	$r=0.91, < \pm 15\%$

3.2.2.6　临界黏度温度的预测

临界黏度温度可以通过黏温曲线确定,但 Bai 等指出通过预测所得的黏温曲线确定的临界黏度温度偏差较大。但如果可以先确定临界黏度温度,也可提高黏度模型的预测效果。临界黏度的预测模型主要基于熔融性特征温度及灰的化学组成。此外还有不少研究指出临界黏度温度的其他影响因素,但未能建立定量关系。

1. Corey 模型

如图 3.56 所示,Corey[43]发现临界黏度温度(T_{cv})与煤灰熔融温度中的软化温度(ST)非常接近,其平均偏差可以忽略。

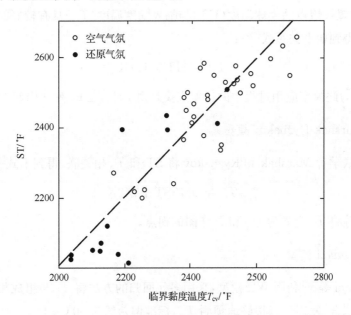

图 3.56　ST 和 T_{cv} 关系图[70]

Bryer 等也认为 $T_{cv} = ST$ 的关系式具有较好的相关性[70]。

T_{cv} 和 ST 在数值上的关系会受到测试气氛的影响。弱还原气氛下,在低温范

围内 T_{cv} 高于 ST,在高温范围时正相反;但未发现氧化气氛对两种数值关系的影响。Corey 推测这是由于氧化气氛对 T_{cv} 和 ST 的影响趋势相同。Vargas 等将 Corey 的数据进行了计算比较(表 3.24)。

表 3.24　气氛对 ST 和 T_{cv} 关系的影响[36]

	空气	还原气氛
T_{cv}>ST	18 个	10 个
T_{cv}>ST	1 个	1 个
T_{cv}>ST	16 个	3 个
最大温差	170 K	110 K
平均温差	6 K	17 K

2. Sage-McIlroy 模型

该模型建立的数据来自液态排渣炉炉渣的测试数据。反应器中通入 $10\% \sim 15\%$ 过量氧气,利用穆斯堡尔谱分析熔渣中铁价态的分布发现,$(Fe^{3+}/\sum Fe)_{mean} = 20\%$(摩尔分数),由此推断反应器中气氛为还原气氛。Sage 和 McIlroy 发现在还原气氛下,煤灰熔点的半球温度(HT)与临界黏度温度(T_{cv})具有较好的关联性,经过拟合后得到如下关系式[102]:

$$T_{cv} = HT + 111K \tag{3.137}$$

Sage 等认为此模型应用过程中的偏差主要是由 $Fe^{3+}/\sum Fe$ 变化引起的。

3. Marshak-Ryzhakov 模型

前苏联学者 Marshak 和 Ryzhakov 将 ST 和 T_{cv} 相关联,得到下式[36]:

$$T_{cv} = 0.75ST + 548K \tag{3.138}$$

Marshak 等将 T_{cv} 定义为 $lg\eta$ 和 T 作图的拐点。

4. Seggiani 模型

Seggiani 等[79]利用 WR 模型,采用多元回归的方法将 T_{cv} 与组成相关的 49 个参数进行拟合,发现可以很好地预测 T_{cv},标准偏差约为 $50℃$。

5. Song 模型

Song 等在上述工作的基础上,根据煤灰熔融性与完全液相温度的关系,利用数据进行拟合获得了如下关系[142]：

$$T_{cv} = 118 + 0.894 \cdot T_{liq} \tag{3.139}$$

式中，T_{liq} 由 FactSage 计算获得。Song 等在构建模型时，仅选择了 5 种组分(Ca-Si-Al-Fe-Mg)纯氧化物配置的人工煤灰的数据进行拟合，拟合时所用的 T_{liq} 也是根据上述 5 种组分计算而得的。此外，拟合所用的熔点数据在惰性气氛下测试获得。

Song 等将其结果与前人的模型进行了比较，结果如表 3.25 所示。可以看出，在使用惰性气氛的人工煤灰结果进行拟合时，Song 模型表现出极好的预测效果。

表 3.25 不同模型预测人工煤灰临界黏度温度的误差分析[142]

模型	Sage-McIlroy	Corey	Marshak-Ryzhakov	Seggiani	Song
系统误差/℃	15	140	167	−128	−0.65
标准误差/℃	6.37	6.29	6.48	6.51	4.54

此外，Song 等还利用其模型对我国 8 个煤样进行了预测。样品的组成、熔点和临界黏度温度结果如表 3.26 所示，拟合结果如图 3.57 所示。可以看出，Song 模型的预测结果明显优于其他 3 种模型，这也说明根据煤灰主要组成建立预测模型的方法是可行的。但从所选样品的灰成分来分析，5 种主要组成的总和超过 95%，其他组成的含量较少，对熔点和黏温特性的影响有限。

表 3.26 我国 8 种煤样的分析数据[142]

样品	组成（%，质量分数）					A/B	灰熔融性/℃				T_{cv} /℃	η /(Pa·s)
	SiO$_2$	Al$_2$O$_3$	CaO	Fe$_2$O$_3$	MgO		IDT	ST	HT	FT		
榆林	36.7	12.00	28.8	10.23	7.83	1.04	1130	1160	1185	1230	1290	38.23
华丰	37.1	19.92	26.6	5.75	6.04	1.48	1075	1150	1170	1170	1185	1298
十二矿	42.0	20.67	12.6	15.44	2.83	2.03	1185	1210	1255	1285	1323	24.89
乌兰	45.1	19.42	13.1	17.34	0.69	2.07	1205	1235	1250	1290	13331	19.58
淮南	44.3	24.82	24.6	3.15	0.91	2.41	1285	1310	1325	1340	1424	24.35
淮南	46.6	26.10	20.6	3.31	0.96	2.92	1320	1395	1410	1420	1471	33.14
大庄	49.3	24.93	12.21	9.13	1.51	3.25	1200	1210	1265	1300	1398	17.73
高阳	43.11	36.67	9.48	5.25	1.94	4.79	1395	1420	1455	1475	1550	32.38

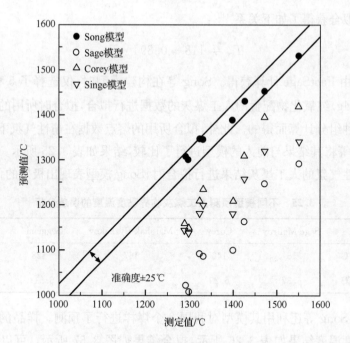

图 3.57　不同模型预测结果的比较[142]

6. Watt 模型

Watt 将 T_{cv} 定义为降温过程中晶体开始形成、黏度快速增加时的温度。基于 63 个灰渣的分析数据，Watt 建立了基于煤灰组成预测 T_{cv} 的模型[36]：

$$T_{cv} = 3263 - 1470 \cdot (SiO_2/Al_2O_3) + 360 \cdot (SiO_{2/}Al_2O_3)^2 - 14.7$$
$$\times (Fe_2O_3 + CaO + MgO) + 0.15 \cdot (Fe_2O_3 + CaO + MgO)^2 \quad (3.140)$$

式中，各氧化含量为质量分数，并将 5 种氧化物含量进行归一，该模型可以获得较好的预测效果。从 Watt 拟合的结果来看，偏差约为 33 K，但此模型仅考虑了 5 种主要组成，当应用于碱金属含量较高的样品时会有较大的误差。此外，Watt 并未考虑气氛对模型的影响。BCURA 的研究人员 Reid 等根据自有数据将其中的常数项进行了修正：

$$T_{cv} = 2990 - 1470 \cdot (SiO_2/Al_2O_3) + 360 \cdot (SiO_2/Al_2O_3)^2 - 14.7$$
$$\times (Fe_2O_3 + CaO + MgO) + 0.15 \cdot (Fe_2O_3 + CaO + MgO)^2 \quad (3.141)$$

在对参数进行修正后，拟合的相关性和预测的准确性均有所提高。

7. 图形法

Hurst 等[89]采用图形法将临界黏度温度与拟三元相图相结合,得到氧化铁含量分别为 5% 和 10% 时,临界黏度与 Ca-Si-Al 的关系图,如图 3.58 所示。图形法虽然可以直观地表示临界黏度温度的变化趋势,但是在使用该方法时人为判断的因素会造成较大误差。

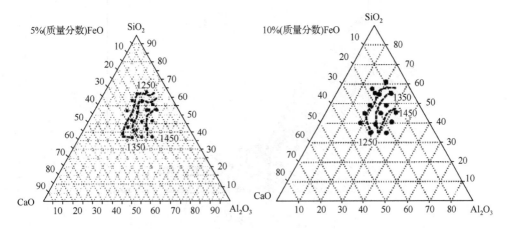

图 3.58 图形法表示临界黏度温度的变化趋势[89]

Hurst 等[45]还通过图形法将 T_{cv} 与 T_{liq} 进行了关联。图 3.59 为 5%FeO 时 T_{cv} 与 T_{liq} 的经验关系,其中 T_{liq} 利用 FactSage 计算获得,计算时仅考虑 CaO、SiO_2、Al_2O_3 和 FeO 四种组分。

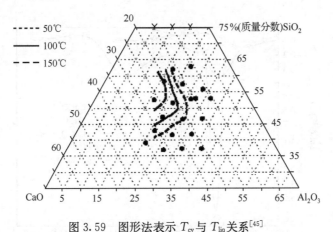

图 3.59 图形法表示 T_{cv} 与 T_{liq} 关系[45]

8. 固相含量法

如图 3.60 所示，Kong 等发现熔渣降温过程中的固相绝对含量与 T_{cv} 无必然关系，但其最大生成速率对 T_{cv} 的影响明显，最大生成速率的定义为 dm（固相）/ dT，固相含量与温度的关系由 FactSage 计算获得[60]。

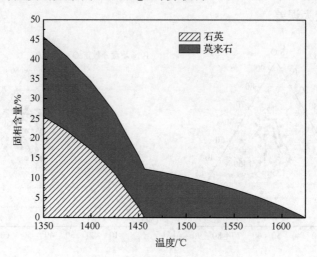

图 3.60　不同温度下固相含量曲线

经过比较发现，最大生成速率对应的温度（T_{max}）与 T_{cv} 存在线性关系（图 3.61）：

$$T_{cv} = 0.98 T_{max} + 17.33 \tag{3.142}$$

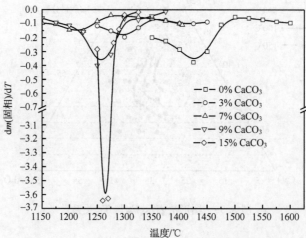

图 3.61　最大固相生成速率与临界黏度温度的关系

3.3　煤灰熔融性与黏度的关系

煤灰熔融性和黏度的本质均为液固比例升高引起的性质变化,但黏度数值与煤灰熔融性温度之间似乎很难建立直接的关系,这可能是由以下两个原因造成的。

第一,目前,广泛应用的煤灰熔融性温度均将灰锥变形程度定义为熔点的四个特征温度(表 3.27)[71]。该方法的缺点在于煤灰熔融温度通过程序升温测定,停留时间较短;另外,灰锥形态还会受到矿物质反应程度、颗粒密度等因素的影响。

表 3.27　不同标准煤灰熔融性测试方法[6,71]

	ISO	BS	ASTM	DIN	USSR	澳大利亚	中国	南非
样品形状	金字塔、长方体、圆柱	金字塔、长方体、圆柱	金字塔	长方体、圆柱	金字塔、圆柱	—	金字塔	金字塔
IDT/DT	尖端或棱开始变圆	尖端或棱开始变圆	顶点或尖端开始熔解	—	尖端或棱开始变圆	尖端或棱开始变圆	尖端或棱开始变圆	尖端或棱开始变圆
ST	—	—	弯曲成球形时,高度=底	顶点或尖端开始熔解	—	—	灰锥弯曲成球形或锥尖触底	—
HT	高度=1/2底	高度=1/2底	高度=1/2底	高度=1/2底	高度=1/2底或锥尖触底	高度=1/2底	高度=1/2底	高度=1/2底
FT	高度=1/3底	高度=1/3底	高度≤1.6mm	高度=1/3底	高度=1/3底	高度=1/3底	高度≤1.5mm	高度=1/3底

如图 3.62 所示,高硅铝比煤灰(S/A>2)熔融特性温度 DT、ST 和 HT 较为接近,但与 FT 的差值较大,其对应的液相含量分别约为 30% 和 80%。高硅铝煤灰(S+A>80%)在 DT 时的液相含量约为 40%,而 ST、HT 和 FT 所对应的液相含量约为 50%。高铁煤灰的四个特征温度对应的液态含量集中在 80% 左右,其中 ST 和 HT 非常接近。高钙煤灰的 DT 液相含量约为 90%,而 ST、HT 和 FT 的液相含量接近 100%。可以看出,熔点温度变化趋势与液相含量的关联性较差,不同类型煤灰的熔融温度对应的液相含量范围和区间均有较大差别。

虽然采用 TMA 或 ACIRL 法获得的熔融性数据与液相含量有较好的匹配关系,但上述两种方法需要较为复杂的设备和测试过程,因此尚未得到普及。

第二,黏度数值测定通常采用高温旋转黏度仪。根据流体性质的差异,完全液

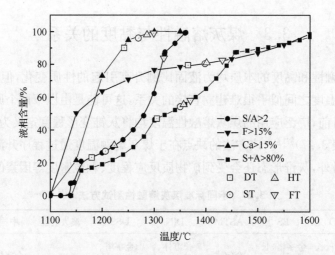

图 3.62　我国典型灰化学组成样品的熔点温度与液相含量分布

相温度以下的黏度数值会受到剪切速率和时间等因素的影响。例如,随着剪切速率增大,熔渣表现出剪切变稀的特性。即随着剪切速率的增加,黏度数值降低(图 3.63)。

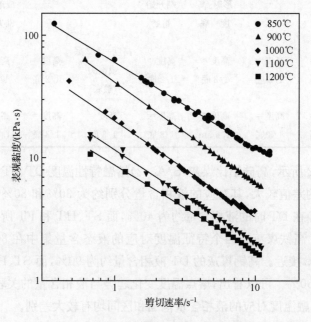

图 3.63　剪切速率对黏度的影响[144]

有的学者也试图将煤灰熔融温度与黏度进行关联得到了一些有用的结论。如表 3.28 所示，Corey[43] 的研究报告中指出，Fehling 等认为 FT 与黏度和液相温度间存在一定联系：①大多数情况下，流动温度下的黏度为 8 Pa·s；②流动温度通常高于完全液相温度；③如果煤灰中出现液相时的黏度为 50 Pa·s，则流动温度下的黏度约为 10 Pa·s。

表 3.28　煤灰流动温度(FT)与黏度的关系[43]

流动温度/℃	流动温度下的黏度/(Pa·s)
1399	0.9
1288	1.6
1416	2.0
1474	7.8
1499	8.0
1260	8.0
1410	8.5
1404	9.0
1371	12.0

将煤转化国家重点实验室测试得到的数据进行比较，发现以上结论具有明显的局限性：DT 温度低于可以进行黏度测试的温度；尽管 T_{cv} 与 ST 可能存在较好的相关性，但 ST 时的黏度范围为 12～3000 Pa·s；FT 温度与完全液相温度存在线性关系，但该温度下熔渣的黏度为 0.5～25 Pa·s，同时，也间接说明完全液相温度下的黏度没有固定的规律。因此，常规方法测试得到的煤灰熔融性温度与煤灰黏度数值间很难获得固定的关系，可以期待 TMA 和 ACIRL 获得数据与黏度具有较好的关联性。

此外，本书作者提出了将液相含量作为中间桥梁，建立煤灰熔融特性温度和黏度关系的途径：①首先，不同组成特点的煤灰与熔融性温度具有特定的规律，这种关系应该是可逆的，即可以从组成特点推出熔融性温度，也可以根据熔融性温度推出可能的组成范围。例如，对于高硅铝煤灰：

$$FT = -378 + 1.128\ 95 \times T_{liq} \tag{3.143}$$

$$HT = -668 + 1.291\ 57 \times T_{liq} \tag{3.144}$$

$$ST = -667.6 + 1.280\ 38 \times T_{liq} \tag{3.145}$$

$$DT = 183.53 + 0.737\ 12 \times T_{liq} \tag{3.146}$$

根据上式可以推出 FT、HT、ST 和 DT 的相互关系：

$$FT = 210.8 + 0.8820 \times HT \tag{3.147}$$

...

对于不同类型煤灰组成的样品，可以获得 6 个不同的关系式，作为典型煤灰熔融特性温度间的定量关系。反之，根据现有熔点温度的相互数学关系，可判断煤灰的大致分类和组成。②根据此组成分类和范围，利用准化学经验模型预测黏度(3.2.2 节)。

3.4　煤灰熔渣流体性质的调控

熔渣式反应器通常采用较高的反应温度，此时煤中矿物质转化为灰渣，以飞灰或熔渣的形式排出反应器。为了保证液态熔渣连续稳定排出，需将煤灰组成以及灰分控制在一定范围内，来调控煤灰熔融性和熔渣的黏温特性。燃煤锅炉、Texaco 气化炉和多喷嘴气化炉等熔渣式反应器采用耐火材料作为反应器内壁，对熔渣流动性的要求较为简单。通常仅需将煤灰的 FT 控制在 1350℃ 左右，保证熔渣处于流动状态即可。对于内壁采用膜式壁技术的反应器，如 Shell 气化炉，对熔渣的流动性要求较高。需要将操作温度范围内的熔渣黏度控制在一定范围内，同时保证液态排渣和炉内壁挂渣。此外，临界黏度温度是个很重要的参数，是气化炉操作温度的下限，当温度低于该值时，熔渣会很快凝固。

排渣的黏度范围因气流和熔渣的相对流动方向不同而有一定差异。例如，以 Shell 为代表的气渣逆流反应器，熔渣黏度控制为 2.5～25 Pa·s 时才能满足正常排渣和炉壁挂渣的要求。

然而，我国煤种的灰平均含量较高，一般为 27%～28%，且灰熔点普遍偏高。FT>1400℃ 的煤分别占我国煤炭年产量、储量的 55% 和 75% 左右[22]，因此从我国煤种的煤灰流动性分析，大部分煤无法直接用于液态排渣技术的反应器。煤转化国家重点实验室考察了我国 9 大煤炭基地及新疆地区的 80 个典型煤样的灰化学性质，其中仅 16 个可以直接用于液态排渣反应器。其余样品中 51 个的熔点和黏度偏高或临界黏度温度偏高，而 12 个样品的熔点和黏度偏低，另有 1 个样品灰分过低。这就造成了我国大部分煤用于液态排渣反应器时，需通过改变煤灰组成的方法来调控熔渣流体性质。美国 DOE 气化工业回顾中指出[145]，气流床气化目前急需解决的问题主要包括三个方面：①开发降低煤灰熔融温度的新型助熔剂；②探索助熔剂的助熔机理；③建立各种原料煤、配煤和固体燃料的基础气化性质数据库。由此也可以看出,煤灰熔渣流体性质调控研究的重要性。

煤灰成分调控的目标可以分为:①降低或提高煤灰熔点温度;②扩大形变温度与流动温度的温差;③降低或提高煤灰熔渣的黏度;④降低临界黏度温度;⑤将黏温曲线类型由结晶型转为玻璃型或塑性。其中实现①和③较为容易,而对于②、④和⑤的调控则较为复杂。

常用的改变煤灰组成的方法有以下四种。

(1) 添加助剂。根据效果将助剂分为助熔剂和阻熔剂两种,常见的添加剂包括石灰石、白云石、铁矿石、高岭石、硅钙石、铝土矿以及复合助剂。

(2) 配煤。根据煤灰组成,选择具有互补性的煤样进行混配。

(3) 洗选。主要作用是去除煤中密度较大的颗粒,这些颗粒的主要组成为 SiO_2 和 Al_2O_3,据此也能改变煤灰组成。

(4) 以上两种或三种方法结合使用。

从能耗角度考虑,配煤是最为低碳和合理的方式,但在实际生产过程中常受到企业自有煤炭资源和煤源地距离等因素的限制,而使用添加助剂或洗选的方法更为普遍和有实用价值。本节重点讨论第一种方法的作用和效果。

3.4.1　调控可选的助剂及对流动性的影响

3.4.1.1　石灰石和方解石

石灰石和方解石等是钢铁、玻璃和化工行业最常用的助熔剂。其主要组成为碳酸钙($CaCO_3$),平均烧失量约为 40.79%,有效化学组成为 CaO,含量范围为 48%~55.2%(质量分数)。其他组分还包括 SiO_2(0.07%~1%)、Al_2O_3(0.02%~1%)、Fe_2O_3(0.03%~1%)和 MgO(0.08%~1%),因此石灰石主要作为助熔剂。除了石灰石可以直接作为助熔剂以外,实际生产中还使用烧石灰。

我国石灰石资源储量大、分布广,除上海、香港和澳门外,在各省、直辖市和自治区均有分布。据原国家建材局地质中心统计,全国石灰岩分布面积达 43.8 万 km^2(西藏和台湾数据未统计),约占国土面积的 1/20,大型煤炭基地均有丰富的石灰石资源。通常,煤燃烧和气化所需的石灰石添加量为 1%~8%。按照我国煤炭资源 1/3 以上采用燃烧和气化方式转化,其中 55% 为高灰熔点煤,所消耗石灰石的数量为 0.3 亿~1.6 亿 t。石灰石也是不可再生的资源,2020 年以后我国已探明可利用优质石灰石资源消耗量累计至少在 235 亿 t 以上,接近国内可供选择利用的优质石灰石 268 亿 t 的保有储量。预计 15~20 年后我国将出现优质石灰石资源紧张的局面。因此,添加氧化钙时需根据实际操作温度和煤灰组成,适当选择添加量。过多的添加不仅无法达到降低熔点和黏度的作用,还会造成资源浪费。

石灰石作为煤灰助熔剂的研究较多,其助熔行为与纯 CaO 几乎无差异[146],参与的主要反应如下:

$$3Al_2O_3 \cdot 2SiO_2 + CaO \longrightarrow CaO \cdot Al_2O_3 \cdot 2SiO_2 \tag{3.148}$$

$$CaO \cdot Al_2O_3 \cdot 2SiO_2 + CaO \longrightarrow 2CaO \cdot Al_2O_3 \cdot 2SiO_2 \tag{3.149}$$

$$CaO \cdot SiO_2 + CaO \longrightarrow 3CaO \cdot 2SiO_2 \tag{3.150}$$

$$SiO_2 + CaO \longrightarrow CaO \cdot SiO_2 \tag{3.151}$$

实际使用过程中,可以根据煤灰组成采用各种预测模型(3.2 节)确定 CaO 的添加量。不仅要考虑熔融温度和黏度数值,确定添加量时还应考虑石灰石或氧化钙扩散速率的影响。自由扩散条件下,氧化钙颗粒和灰渣接触反应的程度如图 3.64 所示,可以看出氧化钙和矿物质的反应程度受扩散的影响明显。通过氧化钙和灰渣颗粒接触面时,氧化钙的含量明显下降,最终可能以 $3CaO \cdot Al_2O_3$ 或 $2CaO \cdot SiO_2$ 的形式扩散进入熔渣[147]。Wang 等证实 $50 \sim 200~\mu m$ 范围内的氧化钙颗粒进入熔渣过程的速控步骤均为扩散过程[148]。根据扩散理论可知,可以通过减小粒径和适当提高添加量,来实现平衡状态下通过计算所设计的助熔效果。

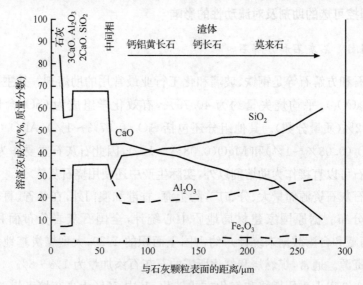

图 3.64　氧化钙在熔渣表面扩散的浓度变化[147]

热机械分析法 TMA 测试的煤灰熔融性曲线可以明确指示 CaO 参与反应的温度和程度,如图 3.65 所示。图中的拐点 R 表示添加的 CaO 开始参与反应的温度。TMA 可测定含 CaO 助熔剂的煤灰在加热过程中的收缩情况,并用于和黏度数值相关联。通过比较同一样品的黏度和热分析结果推导出：①满足液态排渣范围 15～25 Pa·s，收缩范围为 95%～10%；②满足液态排渣范围 15～50 Pa·s，收缩范围为 83%～18%[149,150]。采用 TMA 测试煤灰熔融性时，煤灰在一定压力下进行反应，可以消除颗粒间距和扩散等因素的影响。因此，利用 TMA 界定 CaO 的添加量可以消除自由扩散引起的偏差。

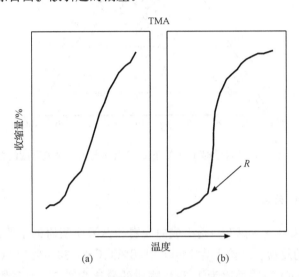

图 3.65　原煤灰和添加 CaO 煤灰的热机械分析对比[149]

(a) 原煤灰；(b) 添加 CaO 煤灰

Patterson 等[151]还利用图形法建立了不同 FeO 含量情况下，达到液态排渣要求的黏度范围与 CaO 含量之间的关系，如图 3.66 所示，并根据图形结果提出石灰石作为助熔剂的使用范围：①硅铝比为 1.6～2.0，达到液态排渣所需的助熔剂添加量最小；②1400℃下满足液态排渣黏度范围的 CaO 添加量与 FeO 含量有关，当 FeO<2.5% 时，CaO 为 25%～35%；2.5%<FeO<5% 时，CaO 为 15%～30%；5%<FeO<7.5% 时，CaO 含量为 15%～25%；7.5%<FeO<10% 时，CaO 为 10%～25%。

当添加过量的 $CaCO_3$ 或 CaO 时，熔融特性温度和黏度均会出现增加的趋势。但将 CaO 作为阻熔剂提高熔点和黏度的研究较少，这是由于过量的 CaO 不仅会导致熔渣在降温过程中快速结晶而析出固体，也会导致飞灰沉积和气化炉效率下降等问题。

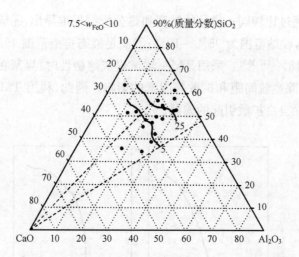

图 3.66　不同 FeO 含量时 1400℃下 CaO 含量与液态排渣黏度的关系[151]

3.4.1.2　白云石

白云石($CaCO_3 \cdot MgCO_3$)是组成白云岩和白云质灰岩的主要矿物成分,是碳酸镁与碳酸钙的复盐。理论上含 MgO(21.8%)、CaO(30.4%)和 CO_2(47.68%)。其中 CaO 与 MgO 的质量比为 1.394,物质的量比为 1.0。大多数天然白云石中 CaO 与 MgO 的质量比为 1.4～1.7,但也常有铁、锰等替代白云石中的镁,且原子数超过镁时被称为铁白云石或锰白云石。白云石可用于建材、陶瓷、玻璃、耐火材料、化工以及农业、环保、节能等领域。主要用作碱性耐火材料和高炉炼铁的熔剂、生产钙镁磷肥和制取硫酸镁,以及生产玻璃和陶瓷的配料。白云石矿在我国分布广泛,蕴藏丰富,常为裸露的高地,有利于大规模开采。我国白云石资源丰富,其分布遍及全国各省区。含镁白云石资源储量达 40 亿 t 以上,约占全球的 50% 以上。

由于白云石中含有部分 MgO,因此可以获得较石灰石更好的助熔效果,其作用机理与 CaO 相似:

$$MgO + SiO_2 \longrightarrow Mg_2SiO_4 \tag{3.152}$$

$$MgO + 3Al_2O_3 \cdot 2SiO_2 \longrightarrow MgO \cdot Al_2O_3 \cdot 2SiO_2 \tag{3.153}$$

$$MgO \cdot Al_2O_3 \cdot 2SiO_2 + MgO \longrightarrow Mg_3Al_2(SiO_4)_3 + Mg_2Al_4Si_5O_{18} \tag{3.154}$$

$$MgO + Ca_2SiO_4 \longrightarrow CaMgSiO_4 \tag{3.155}$$

考虑到减少助剂添加量可降低额外的灰分和热损失,考察 MgO 作为助剂的研究较多。对于高灰熔点的淮南煤,达到相同熔融温度时,MgO 添加量仅为 CaO

的 30%。完全液相温度以上，达到相同黏度，MgO 添加量仅为 CaO 的 42%。完全液相温度以下，添加 MgO 的量为 CaO 的 60% 时，即可达到相同的黏度值。但从储量和价格来看，与石灰石相比，在我国大规模使用白云石作为助剂的可能性较小。

3.4.1.3　铁矿石

凡是含有可经济利用的铁元素的矿石均称为铁矿石，主要有磁铁矿（Fe_3O_4）、赤铁矿（Fe_2O_3）和菱铁矿（$FeCO_3$）等。磁铁矿主要成分为 Fe_3O_4，是 Fe_2O_3 和 FeO 的复合物，呈黑灰色，相对密度 5.15 左右，含 Fe 72.4%，O 27.6%。赤铁矿主要成分为 Fe_2O_3，呈暗红色，相对密度大约为 5.26，含 Fe 70%，O 30%，是最主要的铁矿石。菱铁矿是含有碳酸亚铁的矿石，主要成分为 $FeCO_3$，呈现青灰色，相对密度为 3.8 左右，这种矿石多半含有相当多的钙盐和镁盐。我国铁矿资源有两个特点：一是贫矿多（铁含量为 20%～40%），储量占总量的 80%；二是多元素共生的复合矿石较多。贫矿铁粉的用途非常有限，难以用于钢铁冶炼，是潜在的可用助熔剂。澳大利亚的铁矿资源丰富、当地价格低廉，用作燃烧和气化助熔剂的研究较多，其助熔剂机理可以描述为：

$$FeO + SiO_2 \longrightarrow Fe_2SiO_4 \tag{3.156}$$

$$FeO + Al_2O_3 \longrightarrow Fe_2Al_2O_4 \tag{3.157}$$

通常，FeO 的助熔效果与 CaO 接近，含量在 3% 左右的 FeO 和 CaO 对熔点和黏度的影响相当。但当 FeO 含量超过 10% 时，其助熔效果优于 CaO。煤灰中添加 5% FeO 与添加 7% CaO 后的熔点和黏度接近。硅铝比小于 2.26 时，如果添加 FeO 的含量超过 15%，熔渣类型转化为结晶渣。图 3.67 为 1400℃ 时不同硅铝比（S/A）下 FeO 含量与黏度值 15 Pa·s 的关系。Patterson 等[151]认为利用该图形可以指导澳大利亚煤用于液态排渣时铁助熔剂的添加量。

3.4.1.4　铝土矿

铝土矿又称为矾土矿、铝矾土，其组成异常复杂，是多种地质来源极不相同的含水氧化铝矿石的总称。铝土矿一般是化学风化或外生作用形成的，很少有纯矿物，总是含有一些杂质矿物。其主要成分为 $Al(OH)_3$、γ-$AlO(OH)$ 和 α-$AlO(OH)$，以及针铁矿、赤铁矿、高岭石和少量的锐钛矿 TiO_2。铝土矿的有效化学组成为 Al_2O_3 和 SiO_2，矿石品位有较大差异。一级矿石（Al_2O_3 60%～70%，Al/Si≥12）只占 1.5%，二级矿石（Al_2O_3 51%～71%，Al/Si≥9）占 17%，三级矿石（Al_2O_3

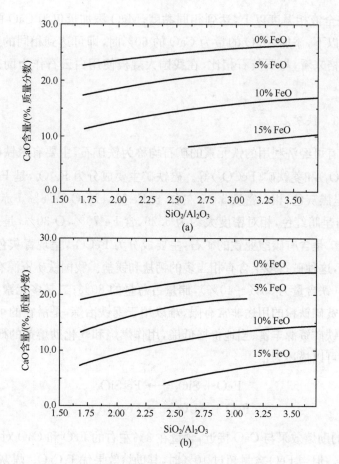

图 3.67　1400℃时 FeO 含量、硅铝比和黏度值 15 Pa·s 和 25 Pa·s 的关系[151]

(a) 15 Pa·s；(b) 25 Pa·s

62%～69%，Al/Si≥7)占 11.3%，四级矿石(Al$_2$O$_3$≥ 62%，Al/Si≥5)占 27.9%，五级矿石(Al$_2$O$_3$＞58%，Al/Si≥4)占 18%，六级矿石(Al$_2$O$_3$≥54%，Al/Si ≥3)占 8.3%，七级矿石(Al$_2$O$_3$≥48%，Al/Si≥6)占 1.5%。我国铝土矿资源比较丰富，在全国 18 个省、自治区和直辖市已查明铝土矿产地 205 处，其中大型产地 72 处(不包括台湾)。主要分布在山西、山东、河北、河南、贵州、四川、广西、辽宁和湖南等地。

以 Al$_2$O$_3$ 为主要成分的助剂用于中和煤灰中过多的碱性组分，可以改变熔点和黏度范围。我国大部分煤的灰分中碱性组分偏低，熔点较高，不需添加 Al$_2$O$_3$。但新疆和内蒙古地区的部分低阶煤中 CaO 或 Fe$_2$O$_3$ 含量较高，导致熔点偏低和临界黏度温度较高，造成气化温度偏低和气化操作的稳定性较差。通过添加 Al$_2$O$_3$

可以起到中和的作用,如图 3.68 所示。原煤灰中 CaO 含量达到 40%,干基灰分 15%,熔渣类型为结晶型。添加 1% Al_2O_3 时,明显改善了熔渣类型,黏度数值小幅降低;添加 2%Al_2O_3时,黏度数值进一步降低。

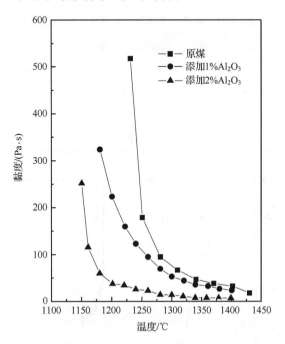

图 3.68　添加 1%和 2% Al_2O_3 对煤灰黏温曲线的影响

3.4.1.5　高岭石

高岭石属于黏土矿物,是煤中主要的矿物质,主要伴生于煤层中,在成煤或开采过程中混入煤中。高岭石是长石和其他硅酸盐矿物天然蚀变的产物,是一种含水的铝硅酸盐。它还包括地开石、珍珠石和埃洛石及成分类似但非晶质的水铝英石。高岭石经风化或沉积等作用变成高岭土,其中高岭石的含量通常在 90%以上。高岭石的化学式为 $Al_4(Si_4O_{10})(OH)_8$,理论上的 $(Si/Al)_{mol}=1$, $(Si/Al)_w=1.04$。因此,煤中通过添加高岭石不改变煤灰的 Si/Al,仅是增加硅铝总质量分数;通常用于碱性组分 Ca 和 Fe 较高的样品中改变熔点,具体作用与碱性组分含量有关。碱性组分含量较低时,提高熔点;而当碱性组分较高时,则降低熔点。在高碱性含量煤灰中添加高岭石对熔点的影响较小,而对临界黏度温度和黏温曲线类型的影响较为明显。对于钙和铁含量均较高的样品,可以考虑采用高岭石作为助剂。例如,我国新疆伊北地区某样品的灰化学组成如表 3.29 所示。添加 5%高岭石后流动温度提高到 1255℃,与原煤灰差距不大。但黏温曲线由结晶型转化为塑性渣,临界黏度温度降低了近 200℃(图 3.69),显著改善了伊北煤的黏温特性和对液态排渣反应器的适应性。

表 3.29　新疆伊北煤灰化学组成和熔融温度

煤灰	组成/(%,质量分数)	煤灰熔融性温度/℃	原煤	添加 5%高岭石
CaO	23.92	DT	1190	1196
Fe$_2$O$_3$	24.78	ST	1196	1215
SiO$_2$	25.97	HT	1200	1231
Al$_2$O$_3$	15.32	FT	1210	1255

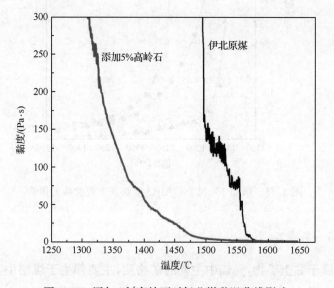

图 3.69　添加 5%高岭石对伊北煤黏温曲线影响

3.4.1.6　硅钙石/硅灰石

硅钙石的化学式为 CaSiO$_3$,理论上含 SiO$_2$ 51.75%、CaO 48.25%,(Ca/Si)$_{mol}$=1.5,(Ca/Si)$_w$=2.14。硅灰石属于一种链状偏硅酸盐,又是一种呈纤维状和针状的硅酸盐。特殊的晶体形态结晶结构,决定了其具有良好的绝缘性,同时具有很高的白度、良好的介电性能和较高的耐热、耐火性能。硅灰石广泛应用于陶瓷、化工、冶金、造纸、塑料、涂料等领域。

中国是世界上硅灰石资源最丰富的国家,估计资源量近 2 亿 t。截至 1996 年年底,在 14 个省、自治区中已有探明储量的矿产地 31 处,保有矿石储量 13 265 万 t,

位居世界前列。保有储量最多的是吉林省，占全国的 40％。其余依次为云南、江西、青海和辽宁 4 省，共占 49％。浙江、湖南、安徽、内蒙古和广东 5 省区共占 10％。其余 1％分布在江苏、广西、湖北和黑龙江 4 省区。

　　煤灰中添加硅钙石可以在增加 CaO 含量的同时提高硅铝比，适用于硅铝比和碱性组分较低的煤灰。以我国山西地区某无烟煤为例，其煤灰化学组成和煤灰熔融性温度如表 3.30 所示。由于硅钙石中氧化钙含量略少于石灰石，添加硅钙石后的煤灰熔点高于添加相同量石灰石。但从黏温特性的调控效果来看（图 3.70），添加 5％石灰石后熔渣的黏温类型属于结晶渣，如果继续添加石灰石会造成临界黏度温度升高。而添加硅钙石后，由于硅铝比（S/A）增加，熔渣的黏温类型为玻璃渣，且可以考虑继续添加硅钙石来进一步降低熔点和黏度。

表 3.30　山西无烟煤灰化学组成和熔融温度

煤灰组成 /（%，质量分数）		煤灰熔融性 温度/℃	原煤	添加 5％ 石灰石	添加 5％ 硅钙石
CaO	2.67	DT	1518	1353	1356
Fe$_2$O$_3$	4.29	ST	1586	1363	1377
SiO$_2$	51.06	HT	>1600	1389	1385
Al$_2$O$_3$	41.97	FT	>1600	1405	1439

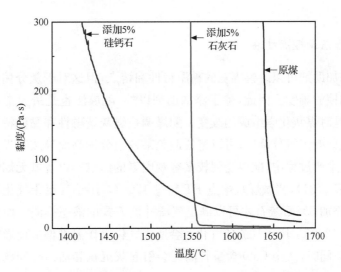

图 3.70　添加 5％石灰石和硅钙石对山西无烟煤黏温曲线影响

3.4.1.7　石英砂

石英砂属非金属矿物,是一种坚硬、耐磨、化学性能稳定的硅酸盐矿物,其主要矿物成分是 SiO_2。石英砂的颜色为乳白色或无色半透明状,硬度为7,是重要的工业矿物原料,广泛用于玻璃、铸造、陶瓷及耐火材料、冶炼硅铁、冶金熔剂、冶金、建筑、化工、塑料、橡胶、磨料等行业。普通石英砂的化学组成为 $SiO_2 \geqslant 90\%$,Fe_2O_3 $\leqslant 0.06\%$,其熔点在 1750℃ 以上。

添加 SiO_2 的主要目的是通过调节硅铝比(S/A)实现对临界黏度温度的调控。通常认为:在 S/A<2.5 的情况下,临界黏度温度随着硅铝比的增加而降低,并且黏温曲线类型由结晶型转为玻璃型(3.1.2.3 节)。

3.4.1.8　其他助剂

其他助剂研究较多的主要包括碱金属和硼酸盐等。碱金属具有较好的助熔效果,但很少在实际的高温燃烧或气化过程中使用,这是由于:①碱金属盐或矿物价格较高;②高温下碱金属易挥发,并造成耐火材料的腐蚀和灰渣的沉积;③高温下含钾矿物质易析出,特别是当氯含量较高时,以 KCl 的形式在熔渣中析出,造成钾含量波动。某些生物质灰中也富含钾和钠,可以尝试作为高灰熔点煤的助熔剂。此外,碱金属的硼酸盐助熔效果也非常好,但多用于玻璃行业,在燃烧或气化过程中使用较少。

3.4.2　配煤法调控流动性

虽然添加助剂可以改善煤灰的黏温特性和熔点,但这对于灰分偏高或偏低的煤均存在调控的难度。因此,除了添加助剂以外,配煤法也是最为常用的调控方法,其本质是对煤灰化学组成的改变。配煤调控煤灰熔融性和黏温特性的优点在于其灰成分的多组分调控,可以有效避免某种组分偏高而导致临界黏度温度升高。但实际生产过程中,配煤受到较多客观因素的影响。以晋城无烟煤和神木煤混配为例(表 3.31),晋城煤灰熔点 FT 超过 1500℃,用于气流床气化无法进行液态排渣,需添加 5% 石灰石才可以满足气渣并流方式的液态排渣。而神木煤灰熔点 FT 低于 1200℃,用于气流床气化时会造成气化操作温度偏低而影响运行负荷和碳转化率;同时,灰中 CaO 含量较高还会引起灰沉积和沾污等问题。经过配煤可以充分利用各自灰分中偏高的组分,有效解决两种煤单独利用的弊端。如图 3.71所示,当无烟煤中添加 15% 神木煤时,流动温度和黏度均满足气渣并流反应器的排渣需求。当添加量达到 30% 时,流动温度和黏度可以满足气渣逆流反应器的排渣要求。从灰分角度考虑,添加石灰石会造成灰分升高,而配煤的方式则可同时对灰含量和灰成分进行灵活调控。

表 3.31　山西晋城无烟煤熔融性的调控　　　（单位：%）

	无烟煤	神木煤	无烟煤+5%石灰石	无烟煤+15%神木煤	无烟煤+30%神木煤
SiO_2	54.17	41.08	52.69	53.16	52.38
Al_2O_3	35.95	17.15	34.97	33.79	32.12
Fe_2O_3	3.98	5.93	3.87	4.33	4.61
CaO	5.91	24.33	8.47	8.72	10.89
A/ad*	19.03	8.4	21.41	17.44	13.44
FT	1520℃	1173℃	1420℃	1415℃	1345℃

* A 代表灰分,ad 为空干基。

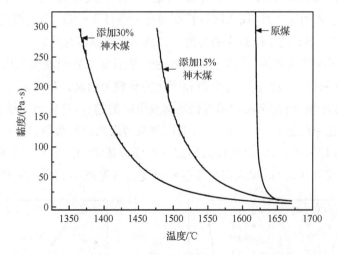

图 3.71　添加 15% 和 30% 神木煤后晋城无烟煤的黏温曲线

3.4.3　典型组成煤灰熔渣流体性质的调控

根据我国典型煤种的灰化学组成特点将典型灰化学组成的煤分为四类,分别为:①高硅铝煤(S+A>80%);②高硅铝比煤(S/A>2);③高钙煤(C>15%);④高铁煤(F>15%),其中 S 代表 SiO_2、C 代表 CaO、F 代表 Fe_2O_3、A 代表 Al_2O_3。从煤种和灰化学分类的关系来看,高硅铝煤多是无烟煤和烟煤;大多数高硅铝比煤属于次烟煤和褐煤;高钙煤和高铁煤多是褐煤,但也有少量属于其他煤种。可以看出,我国目前储量最大的低阶煤(褐煤和次烟煤)灰成分的波动范围最大。掌握典型组成煤灰熔渣流动性规律和调控方法,对于气流床气化和燃烧技术在我国的应用具有重要的指导作用,为煤种选择和工艺条件确定等提供基础。

3.4.3.1　不同助剂对典型组成煤灰熔融性的影响(参见 3.1.1.3 节——煤灰化学组成与熔融性的关系)

1. 氧化钙(CaO)

如图 3.72 所示,氧化钙对四种典型组成煤灰熔融温度的影响如下:

(1) 高硅铝煤灰熔融温度随着 CaO 含量增加先减小后升高;高硅铝比煤灰熔融温度随着 CaO 的加入先减小后增加;但与高硅铝煤灰不同的是熔融温度最小值出现在 CaO 含量较低处;随着 CaO 的加入,高铁煤灰熔融温度先减小后增加,熔融温度最小值出现在更低的 CaO 含量范围。

(2) 高钙煤灰随着 CaO 含量增加,熔融温度呈直线增加。

(3) 除了高钙煤灰外,煤灰熔融特征温度温差(FT−ST)均呈现先减小而后增大的趋势,FT−ST 最小值对应的温度与最低的熔点温度相近。

(4) 除了高钙煤灰外,其他三种煤灰的熔融温度与完全液相温度变化趋势相似,而高钙煤灰的熔融温度与完全液相变化差异较为明显。当 CaO 含量超过 25% 时,熔点温度增加,而完全液相温度仍然呈现下降的趋势,这应该是受到 CaO 在液固界面扩散速率的影响[150]。从 CaO 对四种典型组成煤灰熔融温度的影响可以看出,对高钙含量的煤灰,CaO 的加入使熔融温度持续增加。而对于高硅铝、高硅铝比和高铁的煤灰,CaO 的加入都会使熔融温度出现先减小后增加的趋势。高硅铝

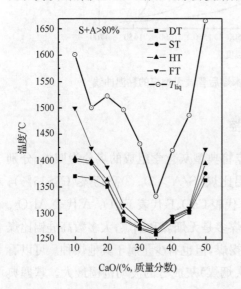

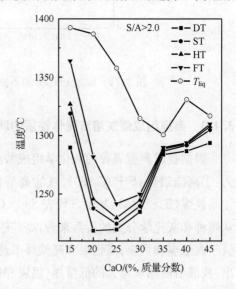

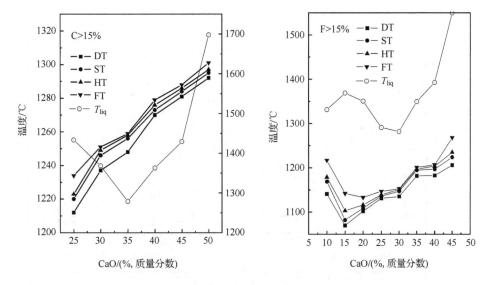

图 3.72　氧化钙对四种典型煤灰熔融性的影响

S：SiO_2；A：Al_2O_3；C：CaO；F：Fe_2O_3

和高硅铝比煤灰的可调节范围更宽，而高铁煤灰和高钙煤灰范围非常窄。

2. 氧化铁（Fe_2O_3）

如图 3.73 所示，氧化铁对四种典型组成煤灰熔融温度的影响如下：

（1）高硅铝煤灰与高硅铝比煤灰相似，随着 Fe_2O_3 的加入，煤灰熔融性温度逐渐减小，而且降幅明显。从完全液相变化来看，当 Fe_2O_3 含量达到 30％时，已经达到理论的最低值，Fe_2O_3 含量继续增加会导致熔点升高。实际测试结果与理论计算的差异可能是由测试方法引起的。

（2）随着 Fe_2O_3 的加入，高钙煤灰的灰熔融温度先减小后增加，且最小值出现在 Fe_2O_3 含量较低处。

（3）对于高硅铝煤灰，随着 Fe_2O_3 含量增加，煤灰熔融特征温度之差（$\Delta T=$ FT$-$ST）减小，但小于 CaO 增加的影响；其他三个类型的煤灰，在 35％以下时，ΔT 变化不大。因此添加 Fe_2O_3 更适合 ΔT 较小的煤灰。

综上所述，对于高钙含量的煤灰，Fe_2O_3 的加入会使灰熔点（AFT）先减小后增加，而且最小的 AFT 出现在 Fe_2O_3 含量较小处。高硅铝比、高硅铝和高铁的煤灰，Fe_2O_3 的加入都会使 AFT 不断减小；且在高 Fe_2O_3 含量范围，煤灰流动温度随着 Fe_2O_3 添加量的增大，降低幅度很小。

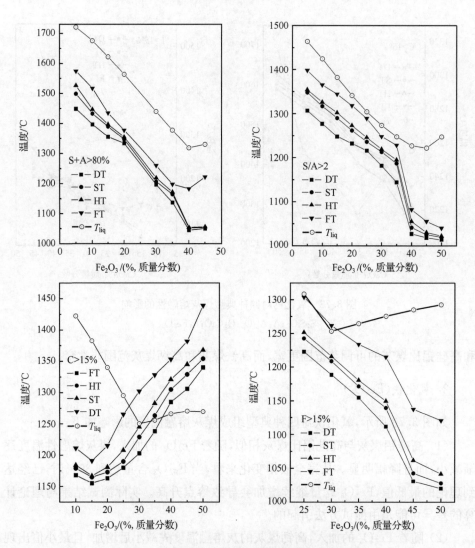

图 3.73　氧化铁对四种典型煤灰熔融性的影响

S:SiO₂;A:Al₂O₃;C:CaO;F:Fe₂O₃

3. 氧化镁(MgO)

图 3.74 显示了氧化镁对熔融温度的影响:

(1) 高硅铝比的煤灰与高硅铝煤灰相似,随着 MgO 的加入使煤灰熔点逐渐减小,但前者熔点降低的幅度没有后者明显。

(2) 对于高钙的煤灰,随着 MgO 的加入煤灰熔点先减小后增加。

（3）随着 MgO 加入高铁煤灰中，其煤灰熔点逐渐减小，而且降低的幅度明显。

综上所述，MgO 对高硅铝、高硅铝比和高铁含量的煤灰熔点的影响是相似的；随着 MgO 含量的增加，三种煤灰的熔点都降低。但对于高钙的煤灰，煤灰熔点出现先减小后增加的趋势。

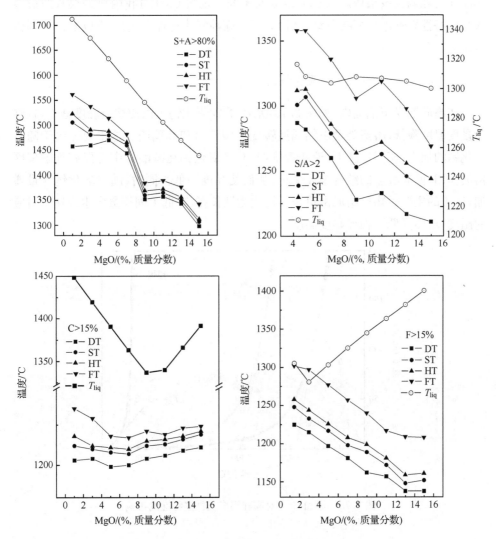

图 3.74　氧化镁对四种典型煤灰熔融性的影响

S：SiO$_2$；A：Al$_2$O$_3$；C：CaO；F：Fe$_2$O$_3$

3.4.3.2 CaO 对典型组成熔渣黏温特性的影响(参见 3.1.2.3 节——煤灰化学组成与黏温特性的关系)

石灰石等含 CaO 的添加剂是目前液态排渣反应器中最常用的助熔剂,其所需的添加量和调控效果依煤灰成分改变而不同。现将 CaO 对我国典型煤灰组成煤灰黏温特性影响进行简要总结,从而为不同煤种气化过程中选择 CaO 添加量提供借鉴。

1. CaO 对高硅铝煤灰黏温曲线的影响

在高硅铝煤灰范围内,如图 3.75 所示,添加氧化钙可以使熔渣黏度减小,且临界黏度温度降低,熔渣类型由结晶型转变为塑性渣和玻璃渣。这主要是由于随着氧化钙的加入,相同温度下,液相含量增加,且氧化钙在硅酸盐中可以起到解聚网格的作用,使硅酸盐的结构单元变小,从而使黏度降低。同时,随着氧化钙含量增加,熔渣的主要矿物质组成由莫来石转化为钙长石,降低了固相最大生成速率对应的温度,从而降低了临界黏度温度。

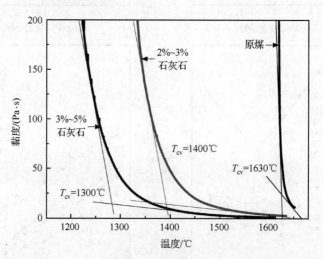

图 3.75　添加 CaO 对高硅铝煤灰黏温特性的影响

2. CaO 对高硅铝比煤灰黏温曲线的影响

如图 3.76 所示,对于高硅铝比煤灰,随添加氧化钙量的增加,熔渣黏度减小,熔渣类型由结晶型转变为塑性渣和玻璃渣,最终转变为结晶渣。这主要是由于随着氧化钙的加入,对液相含量和硅酸盐结构单元的影响与上相同。另外,高硅铝比体系中游离着高熔点的二氧化硅也是造成黏度偏高的原因。加入氧化钙可以中和过多的二氧化硅,降低熔渣的黏度。随着氧化钙含量的增加,熔渣矿物质组成由钙长石转化为熔点更高的钙铝黄长石是黏度和临界黏度温度升高的主要原因。此外,熔渣中存在外加的氧化钙有利于矿物质晶体形成。

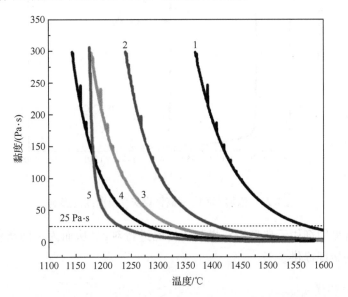

图 3.76　添加 CaO 对高硅铝比煤灰黏温曲线的影响

1. 原煤;2. 6% CaCO₃;3.10% CaCO₃;4.14% CaCO₃;5.18% CaCO₃

3. CaO 对高钙煤灰黏温曲线的影响

高钙煤灰的熔渣类型通常为结晶型,加入更多的氧化钙无法改变熔渣类型,但可以降低 T_{cv} 温度以上范围熔渣的黏度。同时,随着氧化钙含量的增加,高温下生成的钙铝黄长石含量增加,且增加的 CaO 促进了晶体的形成和在降温过程中的快速析出,从而导致 T_{cv} 温度升高。由图 3.77 可知,在高钙煤灰中添加 CaO 无法起到改善熔渣类型的作用。对于这种类型的煤种,若要适用于液态排渣的反应器,需要进行配煤或添加阻熔剂对灰成分进行调控。

目前,关于助熔剂对高铁煤灰黏温特性影响的研究较少,原因有以下两点:①高铁含量煤较少应用于熔渣式反应器;②高铁煤灰的黏度较低,无需助熔剂,用于液态排渣反应器时通常需用阻熔剂。

3.4.3.3　典型组成煤灰助熔剂的选择

由 3.4.3.2 节的讨论看出,不同助熔剂对典型组成煤灰的助熔效果有较大差

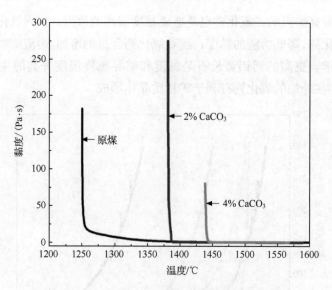

图 3.77 添加 $CaCO_3$ 对高钙煤灰黏温曲线的影响

异。现将常见助剂用于典型组成煤灰的情况进行对比,从而为不同灰化学组成的煤种选择助熔剂提供参考。

1. 高硅铝煤灰

如图 3.78 所示,对于高硅铝煤灰,助熔效果大小顺序为：$MgO > CaO > Fe_2O_3$,这是由于加入氧化镁的主要产物为低熔点的堇青石;而加入氧化铁后产物主要是莫来石,助熔效果不明显。虽然 MgO 的助熔效果非常好,目前也有专利显示了基于 MgO 的复合助熔剂,但由于部分煤灰添加 MgO 以后的组成与炉内壁耐火材料极为接近,可能增加内壁材料的脱落速率,因此还需进一步考察添加 MgO 对耐火材料的影响。而对于采用以渣抗渣方式的水冷壁则不存在此问题,但需考虑对炉内飞灰沉积的影响。此外,高硅铝煤灰的灰分较高,应先采用洗选等方法降低灰分,从而减少助剂的使用量。

2. 高硅铝比煤灰

对于高硅铝比煤灰,氧化镁的助熔效果最佳(图 3.79)。流动温度在 1350℃ 以上时,选择氧化铁优于氧化钙;流动温度为 1350~1250℃ 时,氧化钙的添加效果优于氧化铁;流动温度低于 1250℃ 时,添加氧化铁可以使熔点继续降低,而添加氧化钙反而使熔点升高。

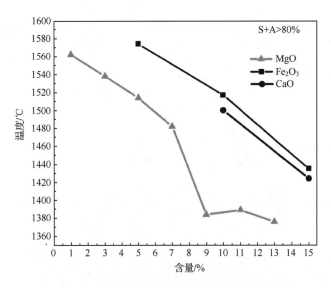

图 3.78　助熔剂对高硅铝煤灰流动温度(FT)的影响

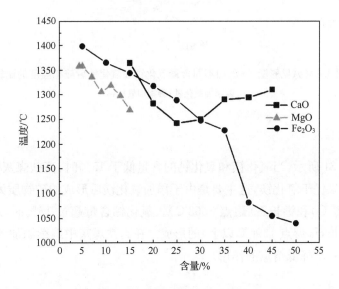

图 3.79　助熔剂对高硅铝比煤灰流动温度(FT)的影响

通过相图(图 3.80)中液相线位置比较可以看出,添加量较少时,氧化钙助熔效果明显;添加量较高时,则氧化铁的效果明显。

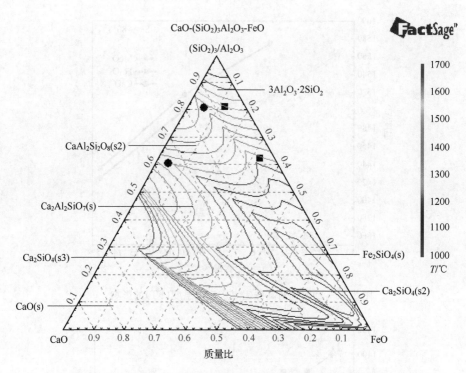

图 3.80(另见彩图)　添加不同含量氧化钙和氧化铁后液相温度的比较
■添加氧化铁；●添加氧化钙

3. 高铁煤灰

如图 3.81 所示,当氧化镁和氧化钙的含量低于 15％时,高铁煤灰中添加氧化钙的助熔效果优于氧化镁,这主要是由于添加氧化镁后形成的矿物质为斜辉石(熔点 930～1428℃)和钙长石(熔点 1553℃)。氧化钙含量超过 15％时,熔点升高是由于钙铝黄长石(熔点 1590℃以上)的形成。在高铁煤灰中继续添加氧化铁,仍然可以达到进一步降低熔点的作用。

4. 高钙煤灰

在高钙煤灰中添加氧化钙无法起到助熔效果。如图 3.82 所示,氧化镁和铁含量小于 10％时,可以起到一定的助熔作用,但可调节的温度范围非常窄。对于高铁和高钙煤灰,常用助剂已经无法起到降低熔点的作用,需从化学组成或酸碱平衡角度考虑添加碱性组分,如氧化铝和氧化硅等。

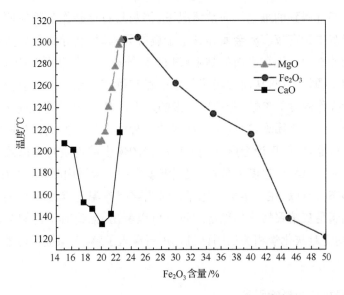

图 3.81 助熔剂对高铁灰流动温度(FT)的影响

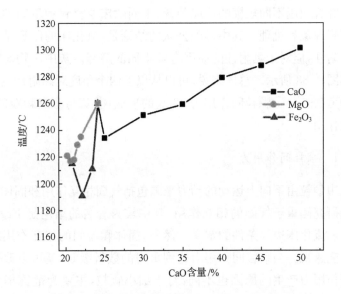

图 3.82 助熔剂对高钙煤灰流动温度(FT)的影响

3.5 流化床团聚机理和影响因素

流化床在固体含碳原料转化利用领域有广泛的应用,但床层的团聚现象是流化床操作中经常遇到的难题。通常情况下,将灰与石英砂作为固体原料转化时的床料。但当灰中含有较多碱金属和碱土金属等元素时,会导致低熔点矿物覆盖在石英砂颗粒的表面。颗粒表面的黏附层相互碰撞或与石英砂颗粒相互碰撞均会导致更大的团聚颗粒形成,从而影响流化床的稳定操作。在操作时应根据固体原料灰成分设置操作温度等参数,避免灰团聚的发生。然而,灰熔聚流化床技术恰恰要求灰在反应内部发生团聚,这是较为特殊的一种固态排渣方式。灰渣虽然以固态形式排出反应器,但是理论上所有进入反应器的煤中矿物质均需以团聚的形式排出。而从煤灰熔融特性温度来分析,仅当温度在一定范围内时,熔融态煤灰才能保持团聚的形态。所以,在灰熔聚气化操作时需将操作温度等因素与煤灰化学组成相匹配才能满足灰熔聚气化的稳定运行。可以看出,无论对于常规流化床还是灰熔聚技术,均需对灰化学相关的团聚机理进行深入了解,以保证反应器的稳定操作和运行。

3.5.1　团聚机理和影响因素

众多研究者利用不同规模的反应装置、不同的床层材料和不同类型的数学模型研究了团聚现象和机理。其中得到公认的结论是,流化床的团聚是由于床层材料具有了黏附性,但对于黏附性的原因有着不同的解释。灰中矿物对团聚产生影响的过程如图 3.83 所示。总体来说,可以从以下四个角度对黏附性以及团聚机理进行研究和考察[152]:①颗粒间作用力;②灰的形成;③灰与床层颗粒的相互作用;④分子聚集作用。

3.5.1.1　颗粒间作用力

流化床中颗粒由下向上运动的动力来源包括气固相互作用和固体颗粒相互作用。早期的研究侧重于气固的相互作用,其中较为著名的结论是 Ergun 方程,也是对固定床和流化床边界条件的定义。然而,固体颗粒间的相互作用对气固流体的影响也不能忽视。当颗粒间作用力达到重力的数量级时,就可以改变流化的状态。颗粒间作用力产生的原因也不同:对于细小颗粒,主要为范德华力和静电作用;或者由于液相出现,颗粒间形成液桥或者烧结而产生的作用力。当液相含量不断增加时,颗粒间因液相而产生的作用力也会明显增大,导致颗粒的流化能力相应下降,这种作用力的影响比流体的作用要大得多。同时,当颗粒间相互作用较强时,颗粒发生碰撞时倾向于相互黏附。由于烧结产生的颗粒间作用力可以描述为结构或晶体空位的转移,或者原子向低密度区域的迁移。Ennis 等[153]从微观角度考虑颗粒的动能和黏滞损耗,较好地描述了颗粒间作用对流化程度的影响,但该方

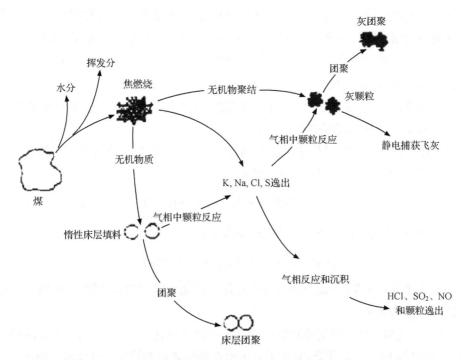

图 3.83 灰中矿物质的转化和迁移对团聚的影响[152]

法无法考虑温度对流体的影响。高温下颗粒间作用力增强,会引起流体的表观黏度增加,导致流化程度不佳和温度不均匀;进一步引起表观黏度的波动,造成流化床层的断裂。

3.5.1.2 灰的形成

高温下的化学反应导致具有强结合力的颗粒(灰)产生,这也是引起团聚的主要原因。目前,普遍的认识是流化床燃烧和气化中的团聚是由灰的形成导致的,灰中较低熔点的矿物质与床层材料相互作用产生团聚。可见,煤灰矿物质和化学组成对团聚具有重要影响。

当灰中含有较高含量的碱金属、碱土金属或者铁氧化物时,高温下容易产生富含钙、钾、钠或者铁的低熔点颗粒。部分煤或生物质灰中钾含量也受到挥发和其他组分含量等因素的影响。当氯含量较低时,大部分钾和有机物相结合在升温过程中挥发;当氯含量较高时,钾易和氯结合形成稳定的氯化钾留存在煤或生物质中,并最后留存在灰中。除氯以外,碱金属和碱土金属还易生成硫酸盐。在表征团聚颗粒相连部分时发现,K_2O 易与 SiO_2 或 CaO 形成 $K_2O\text{-}SiO_2$ 或 $K_2O\text{-}SiO_2\text{-}CaO$ 低共熔体,前者的熔点为 770℃,后者的熔点更低。这样的温度已经远低于流化床的

操作温度 $800 \sim 950^{\circ}\mathrm{C}$，这时由于低共熔体的形成造成颗粒具有黏附性。当 K_2O 与硅铝酸盐反应时形成 $K_2O\text{-}SiO_2\text{-}Al_2O_3$，由于该体系的熔点较高，也就不易形成黏附性颗粒。因此对于 Al_2O_3 含量较低、碱金属和碱土金属含量较高的低阶煤或生物质，采用流化床气化时容易发生团聚现象。Anthony 等[154]考察了煤和石油焦在循环流化床气化过程中引发的团聚现象，认为石油焦中的钒在灰中的作用与碱土金属相似，同样导致颗粒间发生团聚。

上述反应为固相接触反应，气固两相反应也可以改变灰的组成。例如，$800^{\circ}\mathrm{C}$ 左右气相中 SO_2 含量较低时，可能发生如下反应：

$$K^+ + SO_2 \longrightarrow K_2SO_3 \longrightarrow K_2SO_4 \tag{3.158}$$

当 SO_2 含量较高时，还可能发生如下反应：

$$Ca^{2+} + SO_2 \longrightarrow CaSO_3 \longrightarrow CaSO_4 \tag{3.159}$$

当上述反应发生时，碱金属和碱土金属形成较为稳定的化合物，从而减少了形成低共熔体的概率。

此外，气相之间的反应也可以改变气相中碱金属含量。例如，当以下反应进行时，气相中的 KCl 含量降低，减小了其沉积在颗粒表面并形成黏性颗粒的概率。

$$KCl\,(g) + SO_2\,(g) + H_2O\,(g) \longrightarrow K_2SO_4\,(s) + HCl\,(g) \tag{3.160}$$

3.5.1.3　灰和床层颗粒的相互作用

煤中矿物质形成灰以后充当团聚的黏结剂，煤灰与床层材料的相互作用较为复杂。Ohman 等[155]通过实验室规模装置运行的结果，提出了团聚的三个步骤：①灰与床层颗粒的结合。灰分以小颗粒通过静电和范德华作用力与床层颗粒结合；气相中的碱金属通过沉积附着在床层颗粒表面；灰中碱金属和碱土金属通过化学反应转移到颗粒的表面。②当第一步持续进行时，灰中矿物质不断与床层颗粒结合，附着在内层的矿物质变为均相，并通过烧结达到较高强度。③被覆盖或包裹的颗粒受黏附颗粒间作用力控制，并最终形成团聚。Lin 等[156]在实验室内利用间歇式流化床反应器考察了煤焦颗粒的团聚现象。在燃烧过程中，煤焦颗粒的表面温度远高于床层温度，导致焦中部分矿物质和无机物熔融并渗出到煤焦颗粒的表面。这使得煤焦颗粒表面具有黏附性，可以在碰撞时捕获发生碰撞的床层颗粒并形成团聚，最终黏滞的熔体包裹了床层材料的表面。当煤焦颗粒燃烧完全时，团聚颗粒的温度开始接近床层温度，在此过程中部分团聚颗粒形成非晶体。Visser 等[157]根据不同规模流化床运行结果，提出了两种可能引起团聚的机理：①熔体引起团聚。熔体在碰撞的床层颗粒间充当了黏结剂的作用。②包裹引起团聚。无机物和矿物质沉积在床层颗粒的表面,颗粒外层缓慢地被均匀的熔体包裹。当被包裹的颗粒发生碰撞时,团聚现象开始出现。

团聚过程与流化床内温度分布密切相关,后者受到氧气分布的影响。温度最高与最低区域的最大差距可达 600℃。粒径较小的颗粒可以到达高氧气含量区域,且温度随着粒径的减小而升高。Manzoori 等[158]考察了 0.3~3 mm 范围内颗粒温度的差异对团聚现象的影响,指出温度对团聚速率具有促进作用。他们认为,灰在床层颗粒表面的沉积和附着由物理过程控制,燃料颗粒温度越高,其产生的灰在颗粒表面沉积的速率越大。He 等也证实了在平均床层温度低于 K_2O-SiO_2-Al_2O_3 的共熔温度时,床层颗粒表面已经形成了均匀的灰黏附层[159],并基于此现象提出了灰在床层表面沉积的机理:不规则煤焦颗粒产生的细小颗粒在反应过程中温度迅速升高,可以远超过富含碱金属和碱土金属组分硅酸盐的熔点。在颗粒碰撞过程中附着在床层颗粒的表面形成液相,沉积厚度随着细小颗粒的分离和反应不断增加;局部颗粒温度较高并超过熔点温度时,即会发生这种状况。因此,流化床内局部出现的超温现象会促进灰在颗粒表面的沉积和团聚。研究温度对团聚影响时,不仅需要考虑平均床层温度,还应考虑煤焦颗粒温度。燃料颗粒的温度由颗粒性质、燃烧速率、辐射性质和热传递等因素决定。

3.5.1.4　分子聚集作用

在石油焦的循环流化床燃烧过程中发现:当碱金属和钒的含量很低时,也会发生团聚现象。分子聚集作用(molecular cramming)通常发生在 CO_2 和 SO_2 气氛条件下,这种现象与灰熔点甚至灰没有任何关系。在高硫煤燃烧过程中需要添加石灰石起固硫作用,但通常仅能观察到硫酸钙的存在而几乎没有氧化钙;硫酸钙颗粒的团聚就是由分子聚集作用引起的。在 CO_2 气氛下添加石灰石会导致床层在700℃左右出现团聚的倾向,当煤焦灰化学组成中含有较高的 CaO 和 SO_3 时也会导致分子聚集作用的发生。当 CaO 与气氛中的 SO_2 发生反应时,由于摩尔体积增加,会产生 0~40% 的体积空位,当其他颗粒进入时会造成团聚现象。同时,体积空位也会造成颗粒的破碎,这时可以减弱分子聚集作用。

3.5.2　团聚的预测方法

3.5.2.1　煤灰电阻

图 3.84 为煤灰电阻和温度倒数的关系图。电阻率随液相离子含量而变化,随

着温度升高电阻率的增加存在拐点。这个点是灰中开始出现液相的温度，可以将其看成煤灰引发团聚的最低温度。但这种方法对于不同煤的灵敏程度不同。有的曲线拐点并不明显，这可能与煤灰组成类型有关，但其中的关联性还有待进一步探索。

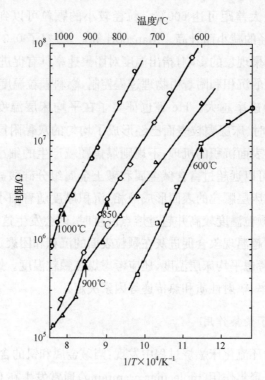

图 3.84　煤灰电阻随温度的变化趋势[152]

3.5.2.2　煤灰熔融性

通常认为，团聚可以从低于变形温度 200～400℃时形成。大量的实验事实证明，团聚温度与变形温度间很难建立确定的关系，这种局限性是由煤灰熔融性温度测试方法所决定的。

TMA 法可以用于测试煤灰熔融性，其测试原理基于高温下液相含量变化而引起的体积变化。TMA 测试煤灰和石英砂混合物的体积变化，如图 3.85 所示，随着温度升高，煤灰的体积变化可以分为三个阶段：①随温度升高而体积膨胀；②温度升高，但体积没有明显的变化；③温度升高，体积收缩。其中第二阶段的温度点是初始烧结温度，也可认为是引发团聚的最低温度。该方法存在的缺点是作为床层材料的石英砂在 573℃时会发生 α-SiO$_2$ 向 β-SiO$_2$ 的转化，如果初始烧结温度与该温度接近会造成干扰。

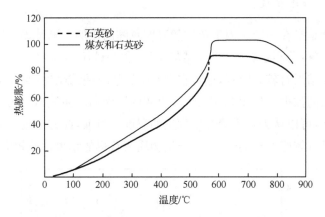

图 3.85　石英砂、煤灰＋石英砂的 TMA 曲线[159]

3.5.2.3　热力学理论计算

利用热力学软件 FactSage 计算可获得液相含量随温度的变化趋势,如图 3.86所示。其中液相含量达到 15% 时的温度被认为是烧结温度(T_{15}),但其缺点是该液相含量是在平衡态下计算获得的,与流化床中的停留时间难以匹配。

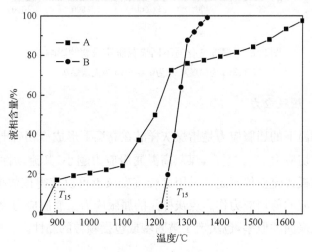

图 3.86　煤灰的液相含量变化趋势

A. SiO_2:59.37,Al_2O_3:21.05,Fe_2O_3:9.07,CaO:10.51;

B. SiO_2:60.37,Al_2O_3:30.92,Fe_2O_3:4.72,CaO:3.99

3.5.2.4 压缩强度

压缩强度是指在一定压力下灰柱随温度收缩的比例。测试煤灰压缩强度的方法包括以下步骤:①制备煤灰;②将煤灰压片;③测试压缩强度。其中制备煤灰的温度对于测试结果有较大影响,通常在 800℃以上,如果烧结温度低于此温度就无法获得有意义的数据。如图 3.87 所示,煤灰的压缩强度曲线出现明显拐点时的温度为烧结温度,可以认为是团聚开始发生的温度。目前,此方法被认为对流化床床层烧结温度具有较好的预测性,但对于生物质灰获得的结果偏差较大。

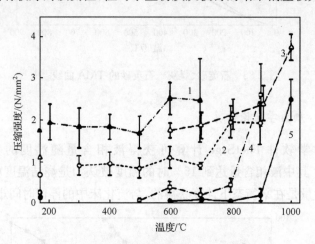

图 3.87　温度变化对不同煤灰压缩强度的影响[152]

1、2、3 为褐煤灰;4 为烟煤灰;5 为无烟煤灰

3.5.2.5 屈服应力

煤灰在高温下的屈服应力是指煤灰样品在高温下形成液相后出现流动迹象时所需的最小剪切应力[160]。通常,煤灰高温屈服应力越小,其流动性越好。屈服应力一般采用锥板式流变仪测定。采用旋转流变仪也可以获得该数据,将剪切速率趋近于零时对应的剪切应力作为煤灰样品的屈服应力。屈服应力决定了熔融灰黏附在床层颗粒表面的概率,也决定了被附着或包括颗粒的黏性。

3.6　煤灰沉积的影响因素和预测方法

3.6.1　煤灰沉积的类型

煤中矿物质在燃烧和气化过程中沉积于反应器的不同部位,会造成结渣和沾污,二者既有一定联系,又存在较大差异。结渣是指气体挟带熔融或部分熔融的颗粒,凝结在水冷壁或管道上;灰在结渣前的状态为黏稠或熔融态,结渣主要出现在辐射受热面上。沾污是指温度低于灰熔点的灰颗粒在受热面上的沉积。结渣和沾污可以看成沉积的两个不同类型。

3.6.1.1　煤灰的结渣

结渣是由熔融或半熔融颗粒撞击受热面引起的。通常,结渣的形成包括以下三个过程。

(1) 初始沉积层的形成。炉管上灰沉积物迅速聚结的基本条件是存在一个黏性表面,一般由硫酸钠、硫酸钙或钠、钙与硫酸盐的共晶体等基本物质组成。黏性沉积物处于熔融或半熔融态对金属或耐火材料具有润湿作用,并且灰中成分一般也能相互润湿,这样由于黏附作用而形成初始沉积层。

(2) 一次沉积层的形成。随着初始沉积层的加厚,气相温度升高,沉积速率加大;沉积物相互之间以及沉积物与受热面之间黏结强度增加,沉积层表面温度升高,直至沉积到沉积层的熔融或半熔融颗粒基本不再发生凝固而形成黏性流体层,即捕捉表面。

(3) 二次沉积层的形成。捕捉表面形成后,无论灰粒的黏度、速度及碰撞角度如何,只要接触到沉积层的颗粒一般均会被捕捉,使沉积层快速增加。被捕捉的固体颗粒溶解在沉积面上,使熔点或黏度升高,从而发生凝固又形成新的捕捉表面。直到沉积表面温度达到重力作用下的极限黏度值时的温度,沉积层的形成不再加厚而使撞击上的灰粒沿管壁表面向下流动。

反应器内煤灰的结渣可以分为以下几种状态:①流动性很好的液渣;②在重力作用下缓慢向下流动的熔渣;③发生熔融、表面光滑或在重力作用下不会向下流动的熔渣;④颗粒棱角分明的固态沉积;⑤其他。

灰渣沉积的烧结固化阶段受黏性流动烧结机理控制,取决于沉积所处的温度水平和单独颗粒的组成。灰渣沉积主要由硅铝酸盐熔体构成,其化学组分决定灰渣颗粒的黏度,从而决定烧结固化阶段的发展。助熔剂氧化物颗粒(如铁、钙氧化物)的同化度(熔解到硅铝酸盐体系的过程和最终溶解的程度)最终决定了熔体的黏度,从而影响到灰渣沉积的行为。烧结固化阶段表现为不同矿物质颗粒的团聚,团聚受矿物质是内部矿物质还是外部矿物质这一存在形态的影响。内部矿物质颗粒之间更易发生相互团聚。

3.6.1.2　煤灰的沾污

沾污又可以分为高温沾污和低温沾污。前者指灰颗粒的温度高于煤灰的变形温度,而后者与水蒸气和酸的凝结有关。沾污发生在炉内较低温度的对流受热面,是烟气冷却过程中所含多种组分灰颗粒相互作用的沉积结果。

高温沾污发生在过热器和再热器区域,沉积灰渣颗粒之间的加固黏结通常是由于硅酸盐液相的作用。而对低温沾污,常表现为烟气中硫的氧化物和碱金属氧化物反应而产生的硫酸盐型沉积;这类硫酸盐颗粒表面具有黏滞性,很容易黏结在一起。和辐射受热面结渣一样,对流受热面沾污通常也从形成最初的含有气相凝结颗粒的组分构成的薄层开始。这一层组成常表现为碱金属和碱土金属含量较高,且多为这类金属离子的硫酸盐型化合物、碱金属氧化物或氢氧化物。这些产物和烟气中 SO_3 反应而产生硫酸盐型沾污,也可相互形成低熔点共熔体,从而在换热面上形成沾污。一般情况下,钠、钙和钾的化合物在沾污初始沉积层占主要地位;随着沉积层的生长,初始沉积层烧结变均匀且强度增加。由于沉积层的隔热作用,沉积层外表面温度升高,并可产生处于液相或低黏度的外表面,从而捕集撞击颗粒的能力增大,使管道迎风面沾污层生长加快。对流受热面各阶段沾污表现为非一致性,由颗粒尺寸和组分不同的连续层累积而成[160-167]。

3.6.2　煤灰沉积的影响因素

灰沉积受反应器设计参数(燃烧器的分布、设计负荷、出口温度、流速、管壁温度、受热面的分布和角度等)、实际运行情况(运行负荷及煤种的变化频率、空气动力学结构、炉内流场分布、飞灰流动特性和炉内传热等)和煤灰化学性质的影响。可见,灰沉积是个非常复杂的问题,本节重点讨论灰化学对灰沉积的影响。

3.6.2.1　钙的影响

煤中赋存的钙可分为矿物质和非矿物质两种。方解石、石灰石等以矿物存在的钙在炉内一般经历分解破碎过程,或与燃烧产生的硫氧化物发生固硫反应生成新的化合物 $CaSO_4$,或以分解产物 CaO 的形式沉积在受热面,并与其他沉积矿物质发生固相反应;对于氯含量较高的煤,可能以 $CaCl_2$ 形式发生沉积。而与有机质结合的非矿物质钙或钙矿物质以内部矿物质存在于煤颗粒内部时,易生成较多富钙硅铝酸盐灰颗粒;其具有黏性表面,在惯性撞击作用下易沉积于换热面上。

Fermandez 等[160]针对燃用高钙褐煤的电站煤粉锅炉灰沉积进行了详细研究。考察的煤中矿物质组分占 35%,而方解石只有 31.6%,其余为黏土矿物 2.6%(伊利石和高岭石)、长石类 0.4% 和石英 0.4%。分别从灰渣沉积的组织结构、矿物学和化学组分方面考察了高钙煤灰渣沉积的特性。研究发现,锅炉换热面沉积中所有的内表面都被一层小颗粒覆盖。这一层小颗粒表现出不同程度的聚集烧结特性:团聚型组织结构出现在炉膛的下部和上部,而烧结型组织结构出现在空气预热器部位换热面。飞灰颗粒尺寸分布在 $10\sim50~\mu m$,均是离散的单独颗粒,没有表现出聚结特征。沉积层中主要是钙的矿物质相,有无水石膏($CaSO_4$)、方解石($CaCO_3$)、氢氧化钙[$Ca(OH)_2$]和氧化钙(CaO)。而底灰和飞灰中出现较多的是硅酸盐型矿物,如石英(SiO_2)、钙铝黄长石($Ca_2Al_2SiO_7$)和钙长石($CaAl_2Si_2O_8$)。气固反应控制高钙灰的沉积,其中并没有碱金属元素。

3.6.2.2　铁的影响

一般来讲,黄铁矿是煤中铁的主要赋存形态。高铁煤结渣问题主要是由于煤粉中黄铁矿(FeS_2)在炉内的转变。黄铁矿型高铁煤在炉内灰渣沉积的一个显著特点是铁元素的富集,其作用机理有两种。

(1)取决于铁矿物质和其他矿物质或碳的空间分布关系。较大离散的黄铁矿颗粒不和其他矿物质接触,易产生铁含量(以 Fe_2O_3 表示)大于 85% 的灰渣沉积,这主要是由于黄铁矿的不完全燃烧。煤粉燃烧过程中,黄铁矿破碎生成亚微米级或微米级尺寸的铁氧化物颗粒。

$$FeS_2(c) \longrightarrow FeS(l) + SO_2(g) \tag{3.161}$$

$$FeS(l) + Fe_2O_3(c,l) \longrightarrow FeO(c,l) + O_2(g)(FeO 的熔化温度 1377℃) \tag{3.162}$$

(2)产生含铁的硅酸盐沉积颗粒,即 Fe_2O_3 或 FeO 和硅酸盐的混合组分颗粒。对于水煤浆,铁作为助熔剂进入硅酸盐颗粒生成大颗粒的这一矿物质聚合、反应过程是沉积灰颗粒形成的主要机理过程。

$$FeS(l) + SiO_2(c,l) \longrightarrow FeO(c,l) + SO_2(g) \tag{3.163}$$

$$FeO(l) + SiO_2(c,l) \longrightarrow FeSiO_3(c,l)(FeSiO_3 熔化温度 1147℃) \tag{3.164}$$

对比煤中氧化铁和黄铁矿对沉积的影响,发现还原性气氛下,黄铁矿和铁的氧化物都可产生黏附灰渣的颗粒,铁的氧化物并没有被还原成单质铁。而对于分级燃烧条件,在初始还原性气氛阶段,富黄铁矿煤并没有产生灰渣沉积。因为未燃尽的煤粉颗粒覆盖在沉积表面,生成疏松的沉积层。在氧化性气氛阶段,富黄铁矿煤产生了黏附型灰渣沉积,而富氧化铁煤在两个阶段都没有发生黏附沉积。

Pohl 等[168]考察铁含量对结渣影响时发现,部分高铁煤(铁含量 $16.5\%\sim17\%$)发生较严重的结渣,而铁含量为 $15.8\%\sim17.3\%$ 时结渣较弱,并认为灰渣沉积的非均相化学特性和所处的温度对结渣影响较大。对于引起结渣的煤种,在换热壁面上形成高铁含量的低黏度组分,在表面温度下处于熔融态。这类低黏度组成之一是铁堇青石,熔点为 1200℃。初始阶段,停留在壁面上的低黏度组分捕集撞击来的灰颗粒,恶化结渣过程;这一层很难用吹灰器清除,表现出强烈的不均匀性,且非层状结构。

3.6.2.3　碱金属的影响

碱金属对结渣和沾污均有影响,但对后者的影响更明显。研究表明,沾污与燃烧或快速升温过程中碱金属的挥发有关。离子交换态的碱金属比矿物质形态的更易挥发,前者在反应温度超过 1316℃时就会大量逸出。以钠为例,在火焰高温区短时间内就会以原子 Na 或 Na$_2$O 的形式存在,当遇水蒸气时即形成 NaOH;而当温度较低时,Na 与 CO$_2$ 和 SO$_2$ 等反应生成 Na$_2$SO$_4$ 和 Na$_2$CO$_3$。高温燃烧时,在火焰中没有挥发出来的钠残留在由不挥发的灰分构成的灰粒内。当温度低于 982℃时,挥发的钠凝聚在带出的飞灰上,使较细的飞灰含钠量大大提高。虽然经历高温而生成的沉积物不易出现钠的富集,但两者对沾污影响的差别不大。

3.6.2.4　二氧化硅的影响

富含硅酸盐化合物的积灰中,初始层的形成并不是由于碱金属化合物的气化和凝结,而是微小的雾状氧化硅沉积于管壁的结果。二氧化硅在高温燃烧过程中可以转化为气态,并形成 0.2 μm 左右的微细颗粒,其反应历程可以描述为

$$SiO_2(s) + Char(s) \longrightarrow SiO(g) \tag{3.165}$$

$$SiO(g) + 1/2O_2 \longrightarrow SiO_2(g) \tag{3.166}$$

$$SiO_2(g) \longrightarrow SiO_2(l) \longrightarrow SiO_2(s) \tag{3.167}$$

在固态 SiO$_2$ 颗粒形成过程中金属氧化物落入其中,同时,碱金属覆盖在这些微粒的外层,使其具有黏滞性。

3.6.2.5　硫和氯的影响

SO$_3$ 对结渣过程的影响是通过其与碱金属或碱土金属相互作用实现的。黄铁矿硫或有机硫在燃烧的火焰区生成 SO$_2$,然后与碱阳离子相结合固定于灰粒中或沉积在灰粒表面。部分挥发的硫在低温时又与飞灰中的碱性成分结合。低硫煤中析出的碱金属趋向于在飞灰粒子的外表面凝结,而高硫煤中的碱金属却倾向于形成复杂的铝或铁的碱金属类硫酸盐。这些盐类的熔点都非常低,均为 550～700℃,为颗粒沉积提供了条件。氯对结渣性的影响与硫的作用方式相似,但水蒸气存在时会削弱氯的作用。可以认为水蒸气促进了氯以单质形态逸出:

$$Al_2O_3 \cdot 2SiO_2 + 2MeCl + H_2O \longrightarrow Me_2O \cdot Al_2O_3 \cdot 2SiO_2 + 2HCl$$

$$(3.168)$$

$$Cl_2 + SO_2 + H_2O \Longleftrightarrow 2HCl + SO_3 \qquad (3.169)$$

$$2HCl + 1/2O_2 \Longleftrightarrow H_2O + Cl_2 \qquad (3.170)$$

3.6.3　煤灰沉积的预测方法

3.6.3.1　煤灰熔点类型结渣指数

灰熔点在一定程度上决定飞灰颗粒的熔化状态,而这与其是否能够沉积结渣直接相关。理论上,灰熔点类型的结渣指数具有较高的预测准确率,但是其可靠性还依赖于灰熔点测试准确性。

(1) DT 指数:煤灰熔融性温度 DT 可以用于辨别结渣倾向,DT>1289℃为轻微;DT 在 1108~1288℃为中等;DT<1107℃为严重。

(2) ST 指数:煤灰熔融性温度 ST 也可区分结渣倾向,ST>1390℃为轻微;ST 在 1390~1260℃为中等;ST<1260℃为严重。

(3) FT−DT:美国 ASME 标准采用 FT−DT 的方法来衡量灰渣在水冷壁上的附着力。当 FT−DT<149℃时,煤灰的附着力强,易结渣;当 FT−DT>149℃时,煤灰结渣性较差。

(4) R_T 指数:$R_T = (4DT + HT)/5$。$R_T > 1343℃$ 为轻微;$1232℃ < R_T < 1343℃$ 为中等;$1149℃ < R_T < 1232℃$ 为严重。R_T 由美国西部地区褐煤数据总结而来,因此在用于煤灰组成接近的褐煤结渣性预测时,会取得较好的结果。

(5) ST-Q 指数:ST>1350℃且 8.5 MJ/kg<Q_{net}<27 MJ/kg 时,不易结渣;ST<1350℃且 Q_{net}>12.26 MJ/kg 时,为易结渣。随着煤的 Q 值(发热量)增加,形成结渣的界限也相应扩大;相反,如果 Q 值较低,则炉内温度较低也不易引起结渣。ST-Q 指数的图形关系如图 3.88 所示。

(6) 国标 GB/T 1572—2001 中规定了结渣性测定方法。将 3~6 mm 粒度的试样装入特制的气化装置中,用木炭引燃,在规定鼓风强度下使其气化(燃烧)。待试样燃尽后停止鼓风,冷却,将残渣称量和筛分,以大于 6 mm 的渣块质量分数表示煤的结渣性[162]。将平均结渣率与鼓风强度关联作图可描述煤的结渣性,并根据两者对应关系划分了强结渣区、中等结渣区和弱结渣区(图 3.89)。

3.6.3.2　煤灰组成类型结渣指数

该指数建立在煤灰的化学组成基础上,通过将煤灰组成或由组成计算得到的

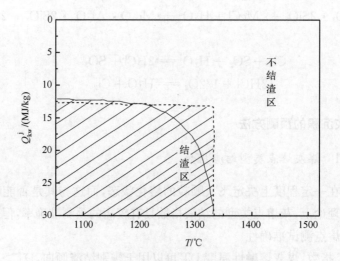

图 3.88　ST-Q 指数的燃煤结渣范围[161]

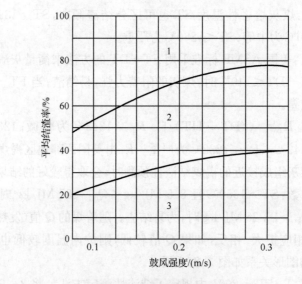

图 3.89　结渣强度区域图[162]

1. 强结渣区；2. 中等结渣区；3. 弱结渣区

各种比值与结渣性进行关联得到经验公式。

(1) 碱酸比值（B/A）：B/A＝(CaO＋MgO＋Fe$_2$O$_3$＋Na$_2$O＋K$_2$O)/(SiO$_2$＋Al$_2$O$_3$＋TiO$_3$)。当 B/A＜0.206 时不易结渣；当 0.206＜B/A＜0.4 时为中等；当 B/A＞0.4 时为严重。

(2) SiO$_2$ 比值（S）：S＝(SiO$_2$ · 100)/(SiO$_2$＋CaO＋MgO＋Fe$_2$O$_3$)，其中

Fe_2O_3 代表煤灰中所有价态铁的含量。当 $S>78.8$ 时为轻微结渣；当 $66.1<S<78.8$ 时为中等结渣；当 $S<66.1$ 时为严重结渣。

（3）硅铝比（S/A）：$S/A = SiO_2/Al_2O_3$。当 $S/A<1.87$ 时为轻微结渣；当 $1.87<S/A<2.65$ 时为中等结渣；当 $S/A>2.65$ 时为严重结渣。

（4）碱酸比-全硫（R_S）：$R_S=(B/A) \cdot S_{t,d}$。$R_S<0.6$ 为轻微结渣；$0.6<R_S<2.0$ 为中等结渣；$2.0<R_S<2.6$ 为中等偏重；$R_S>2.6$ 时结渣严重。

（5）综合指数（R）：$R=1.237(B/A)+0.282(S/A)-0.0023 \cdot ST-0.0189 \cdot S+5.415$。当 $R<1.5$ 时不易结渣；当 $1.5<R<1.75$ 时轻微结渣；当 $1.75<R<2.25$ 时中等结渣；当 $2.25<R<2.5$ 时较易结渣；当 $R>2.5$ 时，结渣严重。该指数综合了多个影响因素，具有较好的预测准确性。

（6）综合指数（R_{mol}）：该指数的表达式对以上的 R 进行了修正。将 R 采用物质的量比，参数判断范围不变，但是可以获得更高的预测准确性。

3.6.3.3　煤灰黏度结渣指数

结渣性的本质是液固比例和组成的关系。煤灰黏温特性可描述不同温度下煤灰流动的难易程度，体现了液固比例和组成的关系，因此与结渣性有密切联系。黏度特性指数在我国结渣性预测方面的应用较少，主要是受限于熔渣高温下黏度的测试手段。但国内西安热工院、山西煤炭化学研究所和华东理工大学等单位开展的黏温特性预测模型的研究，针对我国典型煤种建立了可靠性较高的预测模型，使得黏度结渣指数修正和应用的可行性大大提高[23,64]。

（1）T_{25}：一般来说，对于液态排渣反应器，当灰渣的黏度小于 25 Pa·s 时，其流动性较好，不易结渣。由此提出了一个针对液态排渣反应器的灰黏度类型结渣指数 T_{25}。T_{25} 为灰渣达到 25 Pa·s 黏度时所需要的温度，该指数对煤种的适用范围不够广泛。煤灰的黏度指数在一定程度上直接与飞灰颗粒的沉积结渣相关，因此具有较高的准确率，一般可达 90% 以上。

（2）R_v：

$$R_v = \frac{T_{25}（氧化）- T_{100}（还原）}{97.5F_S} \tag{3.171}$$

式中，T_{25}（氧化）和 T_{100}（还原）分别为灰渣在相应气氛下达到黏度 25 Pa·s 和 100 Pa·s 时所需要的温度；F_S 为温度修正系数（表 3.32）。R_v 数值越大，表示结渣可能性越大。

表 3.32　不同温度下的修正系数[161]

T_{F_S}/℃	1038	1093	1149	1205	1260	1316	1371	1427	1482	1538
F_S	1.0	1.3	1.6	2.0	2.6	3.8	4.1	5.2	6.6	8.3

（3）黏温曲线图形法：根据煤灰结渣机理，当灰渣熔体的黏结性强，流动性差时，则形成严重结渣的可能性较大。如图 3.90 所示，将半对数坐标图上黏度范围为 50～2000 Pa·s 和 1000～1500℃ 的区域划分为结渣区，并进行如下定义：①黏温曲线进入结渣区的温度为 T_1，穿出该区域的温度为 T_2，T_1 和 T_2 为可结渣温度；②$\Delta T = T_1 - T_2$；③在结渣区域内，黏温特性曲线与 $T = T_1$，$T = T_2$ 和 $\eta = 50$ Pa·s 三条直线围成的面积 p 代表结渣指数。液相区和塑性区的面积可以分别表示为 p_l 和 p_p。

$$p_l = B\ln\frac{T_1 - T_N}{T_2 - T_N} - 8.517\Delta T \tag{3.172}$$

$$p_p = 10B^{1.11}\left[(T_2 - T_N)^{-0.11} - (T_1 - T_N)^{-3.11}\right] - 8.517\Delta T \tag{3.173}$$

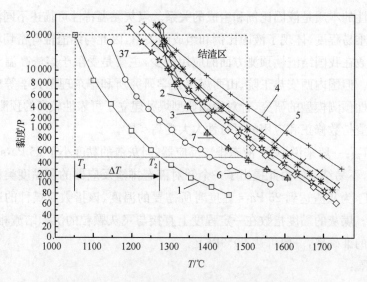

图 3.90　利用黏温特性曲线划分的结渣性[161]

根据 p 值范围可以判断结渣性，当 $p < 200$ 时，不结渣或轻微结渣；当 $p = 200～350$ 时，中等结渣；当 $p > 350$ 时，严重结渣。

3.6.3.4　煤灰烧结性

煤灰的烧结是指相邻的粉状颗粒在过量表面自由能的作用下黏结，烧结是一个自发且不可逆的过程,系统表面能降低是推动烧结进行的基本动力。粉体颗粒比表面积越大,具有的表面能也就越高。根据最小能量原理,它将自发地向最低能量状态变化,并伴随着系统表面能的减少。烧结时,封闭孔减小,开放孔变大,逐渐形成新的气体通道,如图 3.91 所示。

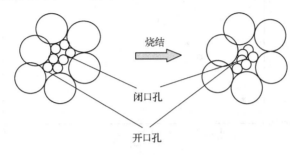

图 3.91　烧结过程示意图[163]

烧结温度和烧结强度均可指示结渣发生的温度范围和可能性。烧结温度可以通过压差法测定,其原理为通过测量灰柱两端的压差变化进而得到煤灰的烧结温度。压差法是一种比较敏感的测量方法,灰柱内发生任何变化,都可以很快地以压差变化的形式体现出来,而且可以模拟任何浓度的气体对流化床运行的影响。该方法的理论基础是达西定律,即

$$\frac{\Delta p}{L} = \frac{\mu\eta}{B} \tag{3.174}$$

式中,Δp 为实验灰柱两端的压差;B 为可渗透系数;η 是气体黏度;μ 为气体流量;L 代表灰柱的长度。从式(3.174)得到,在气体流量、可渗透系数、灰柱长度保持不变的情况下,压差随气体黏度增大而增大。而气体黏度随温度升高而增大,所以压差随温度升高而升高。当煤灰烧结发生时,灰柱会收缩,在灰柱和管道之间以及灰柱内部会形成新的气体通道,从而导致压差减小。所以烧结发生时,压差随温度的变化曲线上有个转折点,此点所对应的温度即为煤灰烧结温度,如图 3.92 所示。

Jing 等[164]通过如图 3.93 所示的加压压降测试装置测定了晋城煤的烧结温度,发现随着环境压力增加,低熔点矿物质的熔融过程加速。这可能是由于压力条件下,颗粒之间的接触程度受到影响,这与灰柱的压实程度对烧结温度的影响相似。同时,他们还考察了气氛对烧结温度的影响(图 3.94),环境压力为 0.1~0.5 MPa时,还原气氛可以降低烧结温度。模拟燃烧气氛(2.1% O_2,49.7% CO_2,48.2% N_2)下的烧结温度在 O_2 和 CO_2 气氛下测得的数值之间。模拟气化气氛(40.8% H_2,36.5% CO,1.92% CH_4,20.8 % CO_2)下的烧结温度与 H_2 和 CO 气

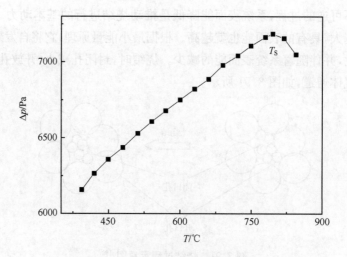

图 3.92 利用压差法烧结温度的确定[163]

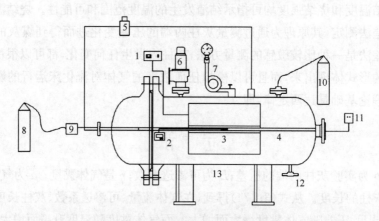

图 3.93 煤灰烧结温度测定装置[164]
1. 温控仪；2. 测温热电偶；3. 管式炉；4. 石英管；5. 压力传感器；6. 安全阀；7. 压力表；8. 反应气；
9. 流量计；10. 加压气；11. 热敏电阻；12. 泄压阀；13. 压力外壳

氛下的测定值接近，其顺序为 T_S（气化）$>T_S$（CO）$>T_S$（H$_2$）。CO 和 H$_2$ 下测定结果非常接近，这可能与所选实验样品中铁含量较低有关（Fe$_2$O$_3$，5.9%）。

但 Jing 等未对结果进行定量分析。从测定结果来看，压力（0.1～0.5MPa）对烧结温度的影响程度大于气氛的影响（图 3.94）。气氛导致的最大差距为 30℃ 左右，压力导致的差距更为明显，且随着压力的增大，不同气氛的影响也发生变化。如果将氮气气氛下的结果认为是压力的影响，得到 $\Delta T(N_2)\approx-55℃$，而其他气氛随压力变化的最大温差为 $\Delta T(O_2)\approx\Delta T(CO_2)\approx\Delta T$（燃烧）$\approx-50℃$、$\Delta T$（气化）$\approx-40℃$、$\Delta T(H_2)\approx-65℃$ 和 $\Delta T(CO)\approx-55℃$。可以看出，随着压力升高 CO

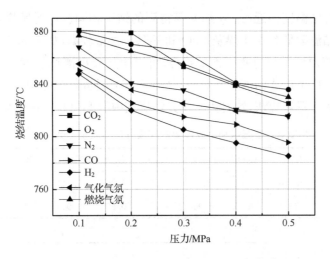

图 3.94　压力和气氛对烧结温度的影响[164]

与煤灰反应程度没有变化,而氧化性气氛和气化气氛随着压力升高起到了抑制烧结的作用,而 H_2 气氛则促进了烧结。这可能与气氛和矿物质反应的难易程度有关。

房倚天等[165]也设计了压差法测定煤灰在压力下烧结温度的设备,测试炉体、传感器和样品均竖直放置,测试环境压力为 0.15~3.0MPa。李风海等[166]利用该设备测定了不同气氛下小龙潭煤灰的烧结特性(图 3.95),发现小龙潭煤灰在 CO_2 气氛下烧结温度最高,在 H_2 气氛下的最低,温差约为 80℃。同时,N_2、CO_2 和 O_2 气

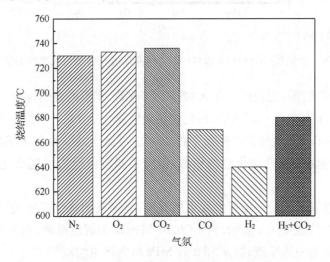

图 3.95　不同气氛下小龙潭煤的烧结温度[166]

氛下测得的烧结温度接近,这与 Jing 等得到的结论相同。与晋城煤灰比较,小龙潭煤灰的烧结温度低是由于煤灰 CaO 和 Fe_2O_3 含量较高,如表 3.33 所示。利用 FactSage 计算两种煤灰的液相含量趋势,可以明显看出测试温度范围内,小龙潭煤灰在相同温度下形成的液相含量较高(图 3.96)。同时,气氛对小龙潭煤灰烧结温度的影响大于晋城煤灰,这是由于小龙潭煤灰中的 Fe_2O_3 含量较高。

表 3.33　晋城煤和小龙潭煤的灰成分(%,质量分数)[164,166]

样品	CaO	SiO$_2$	Al$_2$O$_3$	Fe$_2$O$_3$	MgO	K$_2$O	Na$_2$O	TiO$_2$	SO$_3$	P$_2$O$_5$
晋城煤	4.96	48.10	31.84	5.9	0.89	1.09	1.14	—	3.07	—
小龙潭煤	21.64	33.41	17.56	8.95	1.79	0.99	0.94	1.14	13.16	0.28

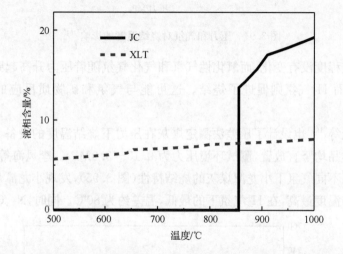

图 3.96　晋城煤(JC)和小龙潭煤(XLT)煤灰中液相含量与温度的关系[164,166]

　　如图 3.97 所示,比较压力在 $0.02 \sim 1.50$ MPa 范围内烧结温度在 CO_2 气氛下的变化发现,压力在 $0 \sim 0.7$ MPa 时的烧结温度变化小于 10℃,但压力从 0.7 MPa 升高到 1.5 MPa 时,烧结温度降低了约 25℃。对比李风海和 Jing 等的结果发现,不同设备测得烧结温度变化趋势相似,但烧结温度由压力引起变化的幅度存在偏差。

　　烧结温度表示的是烧结可能发生的温度,而煤灰的烧结强度表示的是烧结作用的大小。烧结强度用 σ 表示,当 $\sigma < 6.89$ MPa 时为轻度结渣;当 6.89 MPa$< \sigma < 34.47$ MPa 时为中等结渣;当 $\sigma > 34.47$ MPa 时为严重结渣[167,168]。

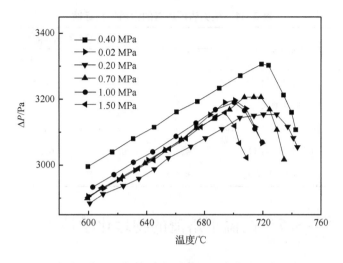

图 3.97 压力对烧结温度的影响[166]

3.6.3.5 熔渣沉积预测模型

随着流体力学计算软件和方法的普及,利用流体力学模型预测结渣性的研究取得了显著进展。该模型中包含了燃烧模型、颗粒轨迹模型、沉积模型和颗粒黏度模型等子模型,涵盖了煤灰形成熔渣的历程以及性质:①煤灰的形成;②灰颗粒在流场中的运动;③颗粒与壁面的碰撞;④颗粒在壁面的黏附;⑤熔渣层在不同部位的沉积厚度;⑥渣层特性以及黏附强度的发展;⑦渣层的传热。因此,该模型在预测结果上具有很高的准确性。

3.6.3.6 煤灰的沾污指数

煤灰的沾污特性与灰的类型有很大关系。通常根据灰成分数据把煤灰分成烟煤型灰和褐煤型灰:①烟煤灰,$SiO_2 > (Fe_2O_3 + CaO + Na_2O)$;②褐煤灰,$SiO_2 < (Fe_2O_3 + CaO + Na_2O)$。由此分类可以看出,烟煤型灰通常是酸性的,而褐煤型灰是高度碱性的。碱性灰(褐煤灰)比酸性灰需要更高的钠含量,才会产生相同程度的锅炉沾污。研究表明,无论哪种形式的积灰,碱金属化合物在其形成过程中均有不同程度的作用。因此,钠和钾一般被视为锅炉受热面沾污的最主要的原因。目前,常用来评价煤灰沾污特性的指标主要有灰中 Na_2O 含量、灰中当量 Na_2O 含量、沾污指数 R_f 和 R_f',具体辨别标准如表 3.34 所示。

表 3.34　预测沾污趋势的常用评判标准

评判指标	定义式	沾污倾向判别界限			
		轻微	中等	高度	严重
Na_2O	烟煤型灰	<0.5	0.5~1.0	1.0~2.5	>2.5
	褐煤型灰	<2.0	2~6	6~8	>8
当量 Na_2O	$(Na_2O+0.659K_2O)A_d/100$	<0.3	0.3~0.45	0.45~0.6	>0.6
R_f	$(A/B) \cdot Na_2O$	<0.2	0.2~0.5	0.5~1	>1
R_f'	$(A/B) \cdot (Na_2O)_{kf}$	<0.1	0.1~0.25	0.25~0.7	>0.7

3.7　高温下熔渣的物理化学性质

煤热转化过程中灰渣对反应、传质和传热的影响不仅依赖于灰化学组成,还和熔渣在高温下的其他物理化学性质密切相关,包括熔渣密度、表面张力、导热性、吸收系数、辐射系数、热力学性质以及起泡性能等。

3.7.1　熔渣密度

高温下熔渣密度的测定较为困难,通常采用灰化学组成计算获得,但针对煤灰熔渣的研究较少。已有的研究方法多以钢铁和玻璃熔渣的化学组成为基础,但从化学组成上来看,三者之间具有一定的相似性。熔渣密度的计算方法:①仅与含量相关;②与偏摩尔体积相关。

1. 与含量相关

高温 1400℃下冶金熔渣的密度可以通过其化学组成计算获得,Keene 等[169]发现此方法的误差范围为±5%。

$$\rho = 2.49 + 0.012(FeO\% + Fe_2O_3\% + MnO\% + NiO\%) \tag{3.175}$$

式中,ρ 的单位为 g/cm^3。

此外,在计算熔渣密度时还可以认为固态渣密度与熔渣密度近似相等。

$$\rho_{liquid} \cong \rho_{solid} \tag{3.176}$$

固态渣的密度可以近似地将各氧化物密度加和。因此,灰渣中 Fe_2O_3 等密度较大氧化物含量较高时,密度增加;而 SiO_2 含量较高时会降低密度。

$$\rho_{渣} = \frac{1}{100}[(MeO\%) \cdot \rho_{MeO} + (Me'O\%) \cdot \rho_{Me'O} + \cdots] = \frac{1}{100}[\sum (MeO\%) \cdot \rho_{MeO}]$$

$$\tag{3.177}$$

式中，ρ_{MeO} 为氧化物密度；MeO% 为氧化物含量。熔渣中常见氧化物的密度如表 3.35 所示。

表 3.35　熔渣中常见氧化物的密度^[170]　　　　（单位：g/cm³）

氧化物	SiO₂	CaO	FeO	Fe₃O₄	PbO	ZnO	Cu₂O	NaO	MgO	CaF₂	Al₂O₃	MnO
密度	2.20~2.55	3.4	5	5~5.4	9.21	5.6	6	2.27	3.65	2.8	3.97	5.4

2. 与摩尔体积相关

利用偏摩尔体积计算熔渣体积在钢铁和玻璃行业也得到了较为广泛的应用。在该方法中摩尔体积可以通过下式计算得到：

$$V = (M_1 x_1 + M_2 x_2 + \cdots + M_n x_n)/\rho \tag{3.178}$$

$$V = x_1 \bar{V}_1 + x_2 \bar{V}_2 + \cdots + x_n \bar{V}_n \tag{3.179}$$

式中，M 为相对分子质量；x 为摩尔分数；$\bar{V}$ 为偏摩尔体积。计算时可以假设偏摩尔体积与纯氧化物的摩尔体积相等，即可转化为与含量相关的计算方法。为了提高计算准确性，可以采用不同氧化物的偏摩尔体积进行计算。氧化物的偏摩尔体积与其在体系中的含量有关。以 SiO₂ 为例，在熔渣中以链状、环状或硅酸盐形态存在，不同形态对应的体积也不同。氧化物的偏摩尔体积可以通过二元或三元体系进行测定。仍以 SiO₂ 为例，可以选择不同含量范围的 SiO₂ 在 SiO₂-FeO、SiO₂-CaO、SiO₂-Al₂O₃、CaO-SiO₂-Al₂O₃ 等体系中的体积计算获得。SiO₂ 和 Al₂O₃ 的偏摩尔体积随其含量的变化如图 3.98 所示。

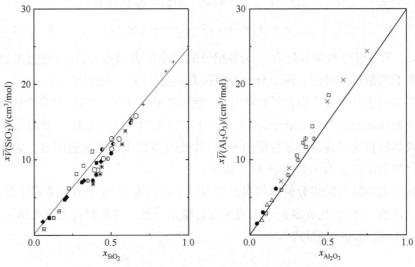

图 3.98　不同 SiO₂ 和 Al₂O₃ 含量的偏摩尔体积^[165]
图中不同符号代表不同体系中获得的数据

$$xV(\text{SiO}_2) = \bar{V} - x_1\bar{V}_1 - x_2\bar{V}_2 - x_3\bar{V}_3 \tag{3.180}$$

1500℃时计算熔渣密度时常用的氧化物偏摩尔体积如表 3.36 所示。

表 3.36　不同氧化物的偏摩尔体积

氧化物组分	$\bar{V}/(\text{cm}^3/\text{mol})$
SiO_2	$19.55 + 7.966 \cdot (\text{SiO}_2)$
Al_2O_3	$28.31 + 32 \cdot (\text{Al}_2\text{O}_3) - 31.45 \cdot 2(\text{Al}_2\text{O}_3)^2$
CaO	20.7
MgO	16.1
CaF_2	31.3
P_2O_5	65.7
TiO_2	24
FeO	15.8
Fe_2O_3	38.4
MnO	15.6
Na_2O	33

3.7.2　熔渣表面张力

熔渣表面张力可以通过各组分的偏摩尔加权计算获得：

$$\gamma = x_1\bar{\gamma}_1 + x_2\bar{\gamma}_2 + \cdots + x_n\bar{\gamma}_n \tag{3.181}$$

式中，x_1 为各组分的摩尔分数；$\bar{\gamma}$ 为各组分的偏摩尔表面张力，可以通过类似偏摩尔体积的求解过程确定。两组分的表面张力变化如图 3.99(a)所示。

当熔渣组分中含有表面活性组分时，会倾向于向表面迁移，在含量变化很小的情况下造成表面张力的显著下降，如图 3.99(b)所示。这也造成了表面张力与其他反映体积特性的物理化学性质的不同，其受表面组成的影响更明显。熔渣中常见组分的偏摩尔表面张力如表 3.37 所示。

具有表面活性的组分偏摩尔表面张力可以通过表 3.38 中的关系式计算获得，式中的参数 N 代表造成表面张力突变点的摩尔分数。计算时首先需要确定 N 与 x 的关系，然后选择关系式。

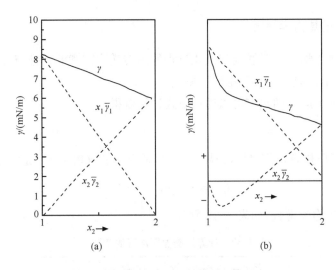

图 3.99　表面张力受组分的影响规律[166]

(a) 非表面活性组分；(b) 表面活性组分

表 3.37　1500℃时熔渣中常见非活性组分的偏摩尔表面张力

氧化物组分	SiO_2	CaO	Al_2O_3	MgO	FeO	MnO	TiO_2
$\bar{\gamma}/(mN/m)$	260	625	655	635	645	645	360

表 3.38　1500℃时熔渣中常见活性组分的偏摩尔表面张力计算方法

氧化物组分	$x_i\bar{\gamma}_i,\ x<N$	N	$x_i\bar{\gamma}_i,\ x>N$
Fe_2O_3	$-3.7-2972x+14\,312x^2$	0.125	$-216.2+516.2x$
Na_2O	$0.8-1388x-6723x^2$	0.115	$-115.9+412.9x$
K_2O	$0.8-1388x-6723x^2$	0.115	$-94.5+254.5x$
P_2O_5	$-5.2-3454x+22\,178x^2$	0.12	$-142.5+167.5x$
B_2O_3	$-5.2-3454x+22\,178x^2$	0.10	$-155.3+265.3x$
Cr_2O_3	$-1248x+8735x^2$	0.05	$-84.2+884.2x$
CaF_2	$-2-934x+4769x^2$	0.13	$-92.5+382.5x$
S	$-0.8-3540x+55\,520x^2$	0.04	$-70.8+420.8x$

组分对熔渣的表面张力与黏度的影响存在以下关系[171,172]：

(1) 还原气氛下表面张力增加，黏度数值降低；

(2) SiO_2含量对黏度的影响远大于对表面张力的影响；

(3) 碱金属含量使黏度降低的速率远大于使表面张力降低的速率。

3.7.3　熔渣的热力学性质

熔渣的热力学性质对燃烧和气化过程的热传递研究和液态排渣过程具有重要意义,主要包括组成对热容和焓值的影响。

某个温度下熔渣的热容可以通过下式计算获得

$$C_p = x_1 \bar{C}_{p_1} + x_2 \bar{C}_{p_2} + x_3 \bar{C}_{p_3} + x_4 \bar{C}_{p_4} + \cdots \tag{3.182}$$

式中,C_p 为恒压热容;x 为摩尔分数。同时,对于大多数物质,C_p 是温度的函数:

$$C_p = a + bT + cT^{-2} \tag{3.183}$$

式中,a、b 和 c 均为常数,如表 3.39 所示。

表 3.39　计算熔渣恒压热容的常数[166]

氧化物组分	M	$\bar{C}_p$(cryst)/[cal①/(K·mol)]=$a+b-c/T^2$			$\bar{C}_p$(liq) /[cal①/(K·mol)]
		a	$b \cdot 10^3$	$c \cdot 10^5$	
SiO_2	60.09	13.38	3.68	3.45	20.79
CaO	56.08	11.67	1.08	1.56	19.3
Al_2O_3	101.96	27.49	2.82	8.4	35
MgO	40.31	10.18	1.78	1.48	21.6
K_2O	94.2	15.7	5.4	0	17.7
Na_2O	61.98	15.7	5.4	0	22
TiO_2	79.9	17.97	0.28	4.35	26.7
MnO	70.94	11.11	1.94	0.88	19.1
FeO	71.85	11.66	2.0	0.67	18.3
Fe_2O_3	159.7	23.49	18.6	3.55	45.7
Fe	55.85	3.04	7.58	−0.6	10.5
P_2O_5	141.91	43.63	11.1	10.86	58
CaF_2	78.08	14.3	7.28	−0.47	23
SO_3	80.06	16.78	23.6	0	42

① cal 为非法定单位,1cal=4.184J。

在确定熔渣的热容后,可以计算任意温度 T 到 298K 时的焓值:

$$H_T - H_{298} = \int_{298}^{T} C_p dT = a(T - 298) + \frac{b}{2}(T^2 - 298^2) + \frac{c}{T} - \frac{c}{298}$$

$$(3.184)$$

3.7.4　热导率和热扩散率

热量通过振动量子进行传递,不同物质中振动量子的振动模式不同。同时,振动量子的分散可以引起热导率(k_i)和热扩散率(a)的降低。因此,热导率和热扩散率应与熔渣的结构有关,且通常被认为具有可加和性。

$$k = (\%i)k_i + (\%j)k_j \tag{3.185}$$
$$a = k/C_p \cdot \rho \tag{3.186}$$

在 $227 \sim 1073℃$ 范围内可以认为 a 与熔渣的组成无关。对于硅酸盐玻璃体, $a = 4.5(\mp 0.5) \times 10^{-7} \, m^2/s$;对于硅酸盐晶体, $a = 6 \times 10^{-7} \, m^2/s$;对于液态熔体可以做如下近似: $a(liq) = a(glass)$。然而,对于铁含量较高的情况可能不同,Nauman 等[173]在研究钢铁熔渣的热传导时发现,在 FeO 含量高于 20% 时, k 和 a 随着 FeO 含量增加而增大:

$$k = 0.8 + 1.7 \times 10^{-2} \cdot (FeO\%) \, W/(m \cdot K) \tag{3.187}$$

3.7.5　熔渣的流变性

流变性是指流体在外力作用下发生的应变与其应力之间的定量关系。通过 Herschel-Bulkley 模型(屈服-幂律模型)来确定流型:

$$\tau = \tau_y + K\gamma^n \tag{3.188}$$

式中, τ 为剪切应力,Pa; τ_y 为屈服应力,Pa; γ 为剪切速率,s^{-1}; K 为稠度指数,Pa·s; n 为流变指数。 $\tau_y = 0$, $n = 1$,为牛顿流体; $\tau_y = 0$, $n > 1$,为涨塑性流体; $\tau_y = 0$, $n < 1$,为假塑性流体; $\tau_y \neq 0$, $n = 1$,为宾汉塑性流体; $\tau_y \neq 0$, $n < 1$,为屈服假塑性流体; $\tau_y \neq 0$, $n > 1$,为屈服涨塑性流体。

涨塑性流体的黏度会随剪切速率增大而变大,即剪切增稠,且在很小的剪切应力下就可能流动。但在非常高的剪切应力(或剪切速率)作用下,黏度可能无限增大。这主要因为当剪切应力较低时,粒子是完全分开的;当其应力增大时,许多颗粒黏在一起,虽然这种结合并不稳定,但却大大增加了流动的阻力。大部分非牛顿型流体均为假塑性流体,如聚合物溶液和悬浮液等,该种流体呈现出的剪切稀化现象主要是由于流体中的结构被破坏。宾汉流体是指当所受的剪切应力超过临界剪切应力后，才能变形的流体，也称为塑性流体，一旦发生流动其黏度保持不变，呈现牛顿行为。

高温下煤灰熔渣的流体行为随温度发生变化，如图 3.100、表 3.40 和表 3.41 所示。在高温下煤灰熔渣流型均为牛顿流体，当温度降低出现固相时，熔渣流型可以转化为涨塑性流体或假塑性流体。

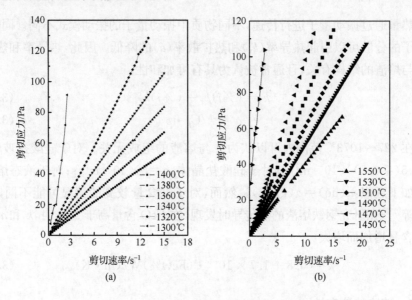

(a) (b)

图 3.100 神府煤(a)和大同煤(b)的流动曲线

表 3.40 神府煤灰熔渣流型参数

温度/℃	流型	τ_y	K	n	r^2
1400	牛顿流体	0.134	3.765	0.979	0.9999
1380	牛顿流体	0.209	4.585	0.988	0.9999
1360	牛顿流体	0.361	5.672	0.991	0.9999
1340	牛顿流体	0.433	7.053	0.997	0.9999
1320	屈服涨塑性	1.443	8.460	1.056	0.999
1300	屈服涨塑性	9.12	13.61	1.93	0.9923

表 3.41　大同煤灰熔渣流型参数

温度/℃	流型	τ_y	K	n	r^2
1540	牛顿流体	0.1030	4.034	0.998	0.9999
1520	牛顿流体	0.0200	4.997	1.012	0.9999
1500	牛顿流体	−0.156	6.235	0.992	0.9999
1480	牛顿流体	0.1279	7.577	1.003	0.9999
1460	牛顿流体	0.2883	9.578	1.009	0.9999
1450	屈服涨塑性	18.183	37.420	0.811	0.994

参 考 文 献

[1] Williams A, Pourkashanian M, Jones J M. Combustion and Gasification of Coal. New York: Taylor & Francis, 2000.

[2] 许世森, 张东亮, 任永强. 大规模煤气化技术. 北京: 化学工业出版社, 2006.

[3] 龙永华, 张德祥, 高晋生, 等. 提高煤灰熔融温度及其机理的研究. 工业锅炉, 2004, 86(4): 12-16.

[4] Song W J, Tang L H, Zhu X D, et al. Prediction of Chinese coal ash fusion temperatures in Ar and H_2 atmospheres. Energy Fuels, 2009, 23(4): 1990-1997.

[5] Kong L X, Bai J, Li W, et al. Effect of lime addition on slag fluidity of coal ash. J Fuel Chem Technol, 2011, 39(6): 407-412.

[6] 中华人民共和国国家质量监督检验检疫总局, 中国国家标准化管理委员会. GB/T 219—2008. 煤灰熔融性的测定方法. 北京: 中国标准出版社, 2008.

[7] Gupta S K, Gupta R P, Bryant G W, et al. The effect of potassium on the fusibility of coal ashes with high silica and alumina levels. Fuel, 1998, 77(11): 1195-1201.

[8] Rushdi A, Gupta R. Investigation of coals and blends deposit structure: measuring the deposit bulk porosity using thermomechanical analysis technique. Fuel, 2005, 84(5): 595-610.

[9] Kahraman H, Bos F, Reifenstein A, Coin C D A. Application of a new ash fusion test to theodore coals. Fuel, 1998, 77 (9-10): 1005-1011.

[10] Vassilev S V, Kitano K, Takeda S, et al. Influence of mineral and chemical composition of coal ashes on their fusibility. Fuel Process Technol, 1995, 45(1): 27-51.

[11] Bai J, Li W, Li B Q. Characterization of low-temperature coal ash behaviors at high temperatures under reducing atmosphere. Fuel, 2008, 87(4-5): 583-591.

[12] Vassilev S V, Yossifova M G, Vassileva C G. Mineralogy and geochemistry of Bobov Dol coals, Bulgaria. Int J Coal Geology, 1994, 26 (3-4): 185-213.

[13] 川井隆夫,柴田进次,今西信之. 石炭灰软化溶融性状下黏土矿物影响. 水耀会志. 1985, 20(5):323-333.

[14] 刘志. 配煤煤灰内矿物质转变过程与熔融特性规律研究. 杭州:浙江大学,2006.

[15] 王泉清,曾蒲君. 高岭石对神木煤灰熔融特性的影响. 煤化工,1997(3):40-45.

[16] 李慧,焦发存,李寒旭. 助熔剂对煤灰熔融性影响的研究. 煤炭科学技术,2007,35(1):81-84.

[17] 刘新兵,陈茺. 煤灰熔融性的研究. 煤化工,1995,(2):48-52.

[18] Vorres K S. Melting behavior of coal ash materials from coal ash composition. J Eng Power Trans, ASME, 1977, 101:118-142.

[19] Küçükbayrak A, Ersoy-Herigboyu A, Haykin-Açma H, et al. Investigation of the relation between chemical composition and ash fusion temperatures for some Turkish lignites. Fuel Science and Technology International, 1993, 11 (9): 1231-1249.

[20] 马艳芳. 提高神华煤灰熔融温度和熔融性的研究. 西安:西安科技大学,2008.

[21] van Dyk J C. Understanding the influence of acidic components (Si, Al, and Ti) on ash flow temperature of South African coal sources. Miner Eng, 2006, 19(3):280-286.

[22] 陈鹏. 中国煤炭性质、分类和利用. 北京:化学工业出版社,2010.

[23] Bai J. Kong L X. Li W. The role of Fe in high temperature slag on slag fluidity under different atmospheres. Submitted to Energy Fuel.

[24] 姚润生,李小红,左永飞,等. 钠基助熔剂对灵石煤灰熔融特性温度的影响. 煤炭学报, 2011, 36(6): 1027-1031.

[25] Lolja S A, Haxhi H, Dhimitri R, et al. Correlation between ash fusion temperatures and chemical composition in Albanian coal ashes. Fuel, 2002, 81(17): 2257-2261.

[26] van Dyk J C, Baxter L L, van Heerden J, et al. Chemical fractionation tests on South African coal sources to obtain species-specific information on ash fusion temperatures (AFT). Fuel, 2005, 84(14-15):1768-1777.

[27] 刘桂建,杨萍玥,彭子成. 煤灰基本特征及其微量元素的分布规律. 煤炭转化,2003,26(2):81-86.

[28] 吕俊复,张守玉,刘青,等. 循环硫化床锅炉的飞灰含碳量问题. 动力工程,2004,24(2):170-174.

[29] Chen D X, Tang L H, Zhou Y M, et al. Effect of char on the melting characteristics of coal ash. J Fuel Chem Technol, 2007, 35(2): 136-140.

[30] Huggins F E, Kosmack D A, Huffman G P. Correlation between ash-fusion temperatures and ternary equilibrium phase diagrams. Fuel, 1981, 60(7): 577-584.

[31] 李洁,杜梅芳,闫博,等. 添加硼砂助熔剂煤灰熔融性的量子化学与实验研究. 燃料化学学报,2008,36(5):35-39.

[32] Takayuki B, Kiyoshi O. Structure refinement of mullite by the rietveld method and a new

method for estimation of chemical composition. J Am Ceram Soc,1992,75 (1)：227-230.

［33］陈玉爽,张忠孝,乌晓江,等. 配煤对煤灰熔融特性影响的实验与量化研究. 燃料化学学报,2009,37(5)：521-526.

［34］中华人民共和国国家发展和改革委员会 . DL/T 660—2007. 煤灰高温黏度特性试验方法. 北京：中国电力出版社,2007.

［35］于遵宏,王辅臣. 煤炭气化技术. 北京：化学工业出版社,2011.

［36］Vargas S,Frandsen F J,Dam-Johansen K. Rheological properties of high-temperature melts of coal ashes and other silicates. Prog Energy Combust Sci,2001,27(3)：237-429.

［37］Mills K C,Broadbent C P. Evaluation of slags program for the prediction of physical properties of coal gasification slags//Williamson J,Wigly F. The Impact of Ash Deposition on Coal Fired Plants. Washington D C：Taylor & Francis,1993：513-525.

［38］Hochella Jr M F,Brown Jr G E. Structure and viscosity of rhyolitic composition melts. Geochim Cosmochim Acta,1984,48(12)：2631-2640.

［39］Singer J G. Combustion Fossil Power. 4th ed. USA：Rand McNally,1991：B-1-B-18. Appendix B：Determination of coal-ash properties.

［40］Benson S A. Inorganic Transformations and Ash Deposition During Combustion. New York：The American Society of Mechanical Engineers,1992.

［41］Vorres K S,Greenberg S,Poeppel R. Mineral Matter and Ash in Coal. Washington：American Chemical Society,1986：157-159.

［42］Watt J D,Fereday F. Flow properties of slags formed from ashes of British coals-1. J Inst Fuel,1969,42(338)：99-103.

［43］Corey R C. Measurement and significance of the flow properties of coal-ash slag. Washington US Department of the Interior,Bureau of Mines,Report No. 618,1964.

［44］Reid W T,Cohen P. The flow characteristics of coal-ash slags in the solidification range. Trans ASME,1944,66：83-97.

［45］Hurst H J,Novak F,Patterson J H. Viscosity measurements and empirical predictions for some model gasifier slags. Fuel,1999,78(4)：439-444.

［46］Mills K C. Estimation of physicochemical properties of coal slags and ashes. Mineral Matter and Ash in Coal. Washington：ACS Symposium Series,1986：159-214.

［47］Nowok J W. Viscosity and structural state of iron in coal ash slags under gasification conditions. Energy Fuels,1995,9(3)：534-539.

［48］Kong L X,Bai J,Li W,et al. Influence of atmosphere on slag viscosity with different iron content. Submitted to Journal of Fuel Chemistry and Technology.

［49］Folkedahl B C,Schobert H H. Effects of atmosphere on viscosity of selected bituminous and low-rank coal ash slags. Energy Fuels,2005,19(1)：208-215.

［50］Vogel,W. Chemistry of Glass. Columbus. Ohio：American Ceramic Society,1985,Chapter 3.

[51] Bryant G W, Browning G J, Gupta S K, et al. Thermomechanical analysis of coal ash: The influence of the material for the sample assembly. Energy Fuels, 2000, 14: 226-335.

[52] Kong L, Bai J, Li W, et al. Effects of operation parameters on slag viscosity in continous viscosity test. Submited to Energy & Fuels.

[53] Urbain G. Viscosity estimation of slags. Steel Res, 1987, 58(3): 111-116.

[54] Kalmanovitch D P, Frank M. //Engineering Foundation Conference on Mineral Matter and Ash Deposition from Coal, Santa Barbara, 1988: 89-101.

[55] Mysen B O. Structure and Properties of Silicate Melts. Amsterdam: Elsevier, 1988.

[56] Reid W T. External Corrosion and Deposits Boilers and Gas Turbines. New York: American Elsevier Publishing Co, 1971.

[57] Liska M, Klyuev V P, Antalik J, et al. Viscosity of $Na_2O \cdot 2 (TiO_2, SiO_2)$ glasses. Phys Chem Glasses-B, 1997, 38(1): 6-10.

[58] Tang X, Zhang Z, Guo M, et al. Viscosities behavior of $CaO-SiO_2-MgO-Al_2O_3$ slag with low mass ratio of CaO to SiO_2, and wide range of Al_2O_3 content. J Iron Steel Res Int, 2011, 18(2): 1-6.

[59] Machin J S, Yee T B, Hanna D L. Viscosity Studies of System $CaO-MgO-Al_2O_3-SiO_2$: Ⅲ, 35, 45, and 50% SiO_2. J Am Ceram Soc, 1952, 35(12): 322-325.

[60] Kong L, Bai J, Li W, et al. Effects of $CaCO_3$ on slag flow properties at high temperatures. Fuel. 2013, 109: 76-85.

[61] Klein L C, Fasano B V, Wu J M. Viscous flow behavior of four iron-containing silicates with alumina, effects of composition and oxidation condition. J Geophys Res, 1983, 88: 880-886.

[62] Seki K, Oeter F. Viscosity of $CaO-Cu_xO-MgO-SiO_2$ Slags. ISIJ Int, 1984, 24(1-6): 445-454.

[63] Turkdogan E T, Bills PM. A critical review of viscosity of $CaO-MgO-Al_2O_3-SiO_2$ melts. Ceram Bull, 1960, 39(11): 682-687.

[64] Song W, Sun Y, Wu Y, et al. Measurement and simulation of flow properties of coal ash slag in coal gasification. AIChE J, 2011. 57(3): 801-818.

[65] Unpublished work.

[66] Ilyushechkin A Y, Hla S S, Roberts D G, et al. The effect of solids and phase compositions on viscosity behaviour and T_{CV} of slags from Australian bituminous coals. J Non-Cryst Solids, 2011, 357(3): 893-902.

[67] Oh M S, Brookerb D D, Pazb E F, et al. Effect of crystalline phase formation on coal slag viscosity. Fuel Process Technol, 1995, 44(1-3): 191-199.

[68] Fieldner, A C, Wall A E, Field A L. The fusibility of coal ash and the determination of the softening temperature. Department of the Interior, Bureau of Mines, Bulletin 129, 1918// Thompson D, Argent B B. Coal ash composition as a function of feedstock composition. Fuel, 1999, 78(5): 539-548.

[69] 崔秀玉. 神木煤的气化与应用. 煤化工,1993,63(2):7-14.

[70] Bryer R W. Fireside slagging, fouling and high temperature corrosion of heat transfer surface due to impurities in steam-raising fuels. Prog Energy Combust Sci, 1996, 22(1): 29-120.

[71] Lolja S A, Haxhi H, Martin D J, et al. Correlations in the properties of Albanian coals. Fuel, 2002, 81(9): 1095-1100.

[72] Gray V R. Prediction of ash fusion temperature from ash composition for some New Zealand coals. Fuel, 1987, 66(9): 1230-1239.

[73] 刘新兵. 煤灰熔融性的研究. 煤化工,1995,71:48-53.

[74] 龙永华. 煤中矿物质组成与煤灰熔融性的关系及调节煤灰熔融性的研究. 上海:华东理工大学,1999.

[75] Kahraman H, Reifenstein A, Coin CDA. Correlation of ash behaviour in power stations using the improved ash fusion test. Fuel, 1999, 78(12): 1463-1471.

[76] 李平. 常用预测煤灰熔融性温度经验公式的适应性研究. 煤化工,2010,146(1): 17-23.

[77] 姚星一,王文森. 灰熔点计算公式的研究,燃料学报,1959,4: 216-223.

[78] Winegartner E C, Rhodes B T. An empirical study of the relation of chemical properties to ash fusion temperatures. J Eng Turb Power, 1975, 97(3): 395-404.

[79] Seggiani M. Empirical relations of the ash fusion temperatures and temperature of critical viscosity for coal and biomass ashes. Fuel, 1999, 78(9): 1121-1125.

[80] Seggiani M. Prediction of coal ash thermal properties using partial Least-Squares Regression. Ind Eng Chem Res, 2003, 42(20): 4919-4926.

[81] Jak E. Prediction of coal ash fusion temperatures with the FACT thermodynamic computer package. Fuel, 2002, 81(13): 1655-1668.

[82] 韩怀强,蒋挺大. 粉煤灰利用技术. 北京:化学工业出版社,2001.

[83] 陈文敏,姜宁. 煤灰成分与灰熔融性的关系. 洁净煤技术,1996,2(2):34-37.

[84] Özbayoğlu G, Özbayoğlu M E. A new approach for the prediction of ash fusion temperatures: A case study using Turkish lignites. Fuel, 2006, 85(4): 545-552.

[85] 平户瑞穗,二宫善彦. 高温下煤焦气化反应特性(I)——灰分熔融对煤焦气化反应的影响. 燃料协会志,1986,65(5): 393-399.

[86] Yin C, Luo Z, Ni M, et al. Predicting coal ash fusion temperature with a back-propagation neural network model. Fuel, 1998, 77(15): 1777-1782.

[87] 李建中,周昊,王春林,等. 支持向量机技术在动力配煤中灰熔点预测的应用. 煤炭学报,2007,32(1):81-84.

[88] 刘彦鹏,仲玉芳,钱积新,等. 蚁群前馈神经网络在煤灰熔点预测中的应用. 热力发电,2007,36(8):23-26.

[89] Hurst H J, Novak F, Patterson J H. Phase diagram approach to the fluxing effect of addi-

tions of $CaCO_3$ on australian coal ashes. Energy Fuels,1996,10(6): 1215-1219.

[90] Li H,Yoshihiko N,Dong Z,et al. Application of the FactSage to predict the ash melting behavior in reducing Conditions. Chinese J Chem Eng,2006,14(6): 784-789.

[91] Arrhenius S. Z. The Viscosity of aqueous mixture. Phys Chem,1887,1: 285-298.

[92] Richet P,Robie R A,Hemingway B S. Low-temperature heat capacity of diopside glass ($CaMgSi_2O_6$): A calorimetric test of the configurational entropy theory applied to the viscosity of liquid silicates. Geochim Cosmochim Acta,1986,50(7): 1521-1533.

[93] Wang J,Porter R S. On the viscosity-temperature behavior of polymer melts. Rheol Acta,1995,34(5): 496-503.

[94] Lakatos T,Johansson L,SimmingskoÈld B. Viscosity temperature relations in the glass system SiO_2-Al_2O_3-Na_2O-K_2O-CaO-MgO in the composition range of technical glasses. Glass Tech,1972,13(3): 88-95.

[95] Doolittle A K,Doolittle D B. Further verification of the free space-viscosity equation. J Appl Phys,1957,28(8): 901-905.

[96] Doolittle A K. The dependence of the viscosity of liquids on free space. J Appl Phys,1951,22(12): 1471-1475.

[97] Bottinga Y,Richet P,Sipp A. Viscosity regimes of homogeneous silicate melts. Am Mineral,1995,80(3-4): 305-318.

[98] Rosen S L. Fundamental Principles of Polymeric Materials. 2nd ed. New York: Wiley,1993.

[99] Taniguchi H. Entropy dependence of viscosity and the glass-transition temperature of melts in the system diopside-anorthite. Contrib Mineral Petrol,1992,109(3): 295-303.

[100] Seetharaman S,Sichen D U. Viscosities of high temperature systems-a modelling approach. ISIJ Int,1997,37(2): 109-118.

[101] Reid W T,Cohen P. The flow characteristics of coal-ash slags in the solidification range. Jour Eng Power Trans ASME Series A,1944,66: 83-97.

[102] Sage L,McIlroy J B. Relationship of coal ash viscosity to chemical composition. Combust,1959,31(5): 41-48.

[103] Hoy H R,Roberts A G,Wilkins D M. Behavior of mineral matter in slagging gasification processes. IGE J,1965,5: 444-469.

[104] Greenberg S. Viscosity of synthetic and natural coal slags. Chicago: University of Chicago,1984.

[105] Quon D H H,Wang S S B,Chen T T. Viscosity measurements of slags from pulverized western Canadian coals in a pilot-scale research boiler. Fuel,1984,63(7): 939-942.

[106] Shawn H R. Viscosities of magmatic silicate liquids: an empirical method of prediction. Am J Sci,1972,272(9): 870-893.

[107] Cukierman M,Uhlmann D R. Viscosity of liquid anorthite. J Geophys Res,1973,78(23):

4920-4923.

[108] Urbain G, Cambier F, Deletter M, et al. Viscosity of silicate melts. Trans J Br Ceram Soc, 1981,80: 139-141.

[109] Urbain G. Viscosity of silicate melt: measure and estimation. J Mater Educ, 1985,7(6): 1007-1078.

[110] Senior C L, Srinivasachar S. Viscosity of ash particles in combustion systems for prediction of particle sticking. Energy Fuels, 1995,9(2): 277-283.

[111] Vargas S, Frandsen F, Dam-Johansen K. //Elsam-Idemitsu Kosan cooperative research project: performance of viscosity models for high-temperature coal ashes. CHEC Report 9719. Kongens Lyngby, Denmark, 1997.

[112] Kondratiev A, Jak E. Predicting coal ash slag flow characteristics (viscosity model for the Al_2O_3-CaO-FeO-SiO_2 system). Fuel, 2001,80(14): 1989-2000.

[113] Bai J, Kong L, Li W, et al. Prediction of slag viscosity under gasification condition//The 2nd International Symposium on Gasification and its application, Fukuoka, 2010.

[114] Urbain G, Boiret M. Viscosities of liquid silicates. Ironmak Steelmak, 1990,17(4): 255-260.

[115] French D, Hurst H J, Marvig P. Comments on the use of molybdenum components for slag viscosity measurements. Fuel Process Technol, 2001,72(3): 215-225.

[116] Riboud P V, Roux Y, Lucas L D, et al. Improvement of continuous casting powders. Fachber HuÈttenprax, Metalweit, 1981,19(10): 859-869.

[117] Streeter R C, Diehl E K, Schobert H H. Measurement and prediction of low-rank coal slag viscosity. The Chemistry of Low-Rank Coal Slag Viscosity. Washington D C: ACS Symposium Series, 1984,264: 195.

[118] Kalmanovitch D P, Frank M. An effective model of viscosity for ash deposition phenomenon//Bryers R W, Vorres K S. Mineral Matter and Ash Deposition from Coal. New York: United Engineering Trustees, 1990: 89-101.

[119] Zhang L, Jahanshahi S. Review and modeling of viscosity of silicate melts: Part II. viscosity of melts containing iron oxide in the CaO-MgO-MnO-FeO-Fe_2O_3-SiO_2 System. Metall Mater Trans B, 1998,29(1): 187-195.

[120] Iida T, Sakai H, Kita Y, et al. An equation for accurate prediction of the viscosity of blast furnace type slags from chemical composition. ISIJ Int, 2000,40(Supplement): 110-114.

[121] Browning G J, Bryant G W, Hurst H J, et al. An empirical method for the prediction of coal ash slag viscosity. Energy Fuels, 2003,17(3): 731-737.

[122] 许世森,王宝民,李广宇,等. 一种预测煤灰黏温特性的数学模型. 热力发电,2007,36(7): 5-7.

[123] Saxén H, Zhang X. Neural-network based model of blast furnace slag viscosity//Proceedings of the International Conference on Engineering Application of Neural Networks, 2,

Stockholm,1997, 167-170.

[124] Duchesne M A,Macchi A,Lu D Y,et al. Artificial neural network model to predict slag viscosity over a broad range of temperatures and slag compositions. Fuel Process Technol, 2010,91(8): 831-836.

[125] Duchesne M A,Bronsch A M,Hughes R W,et al. Slag viscosity modeling toolbox. Fuel, 2012,http://dx. doi. org/10. 1016/j. fuel. 2012. 03. 010.

[126] Kondratiev A,Jak E,Hayes P C. Slag viscosity prediction and characterisation Al_2O_3-CaO-'FeO'-SiO_2 and Al_2O_3-CaO-'FeO'-MgO-SiO_2 systems//Cooperative Research Centre for Coal in Sustainable Development,2006.

[127] Arpe H J,Biekert E,Davis H T,et al. Ullmann's Encyclopedia of Industrial Chemistry. WuÈrzburg,Germany:VCH Verlagsgesellschaft Mbh,1990: 365-432.

[128] Kroschwitz J I,Howe-Grant M. Encyclopedia of Chemical Technology: Recycling,Oil to Silicon. 4th ed. New York: Wiley,1997: 347-404.

[129] Casson N. A flow equation for pigment-oil suspensions of the printing ink type//Mill C C. Rheology of Disperse Systems. Bath: Pergamon Press,1959: 84-104.

[130] Williamson R V,Patterson G D,Hunt J K. Estimation of brushing and flowing properties of paints from plasticity data. Ind Eng Chem,1929,21(11): 1111-1115.

[131] Biddle D,Walldal C,Wall S. Characterisation of colloidal silica particles with respect to size and shape by means of viscosity and dynamic light scattering measurements. Colloid Surface A,1996,118(1-2): 89-95.

[132] Einstein A. Eine neue Bestimmung der Moleküldimensionen. Ann Phys,1906,324(2): 289-306.

[133] Einstein A. Berichtigung zu meiner Arbeit: "Eine neue Bestimmung der Moleküldimensionen". Ann Phys,1911,339(3): 591-592.

[134] Shaw H R. Comments on viscosity crystal settling and convection in granitic magmas. Am J Sci,1965,263(2): 120-152.

[135] Roscoe R. The viscosity of suspensions of rigid spheres. Br J Appl Phys, 1952,3(8): 267-269.

[136] Vand V. Viscosity of solutions and suspensions. 1. Theory. J Phys Coll Chem,1948,52(2): 277-299.

[137] Woutersen A T J M,de Kruif C G. The viscosity of semidilute,bidiperse suspensions of hard spheres. J Rheol,1993,37(4): 681-693.

[138] Mooney M. The viscosity of a concentrated suspension of spherical particles. J Colloid Sci, 1951,6(2): 162-170.

[139] 宋文佳. 高温煤气化炉中煤灰熔融、流动和流变行为特性研究. 上海:华东理工大学,2011.

[140] Quemada D. Unstable flows of concentrated suspensions//Casas-Vázquez J,Lebon G. Lecture Notes in Physics. Berlin: Springer,1982,164: 210-247.

[141] Kondratiev A,Jak E. Review of experimental data and modeling of the viscosities of fully liquid slags in the Al_2O_3-CaO-'FeO'-SiO_2 system. Metall Mater Trans B Process Metall Mater Process Sci,2001,32(6): 1015-1025.

[142] Song W J,Dong Y H,Wu Y Q,et al. Prediction of temperature of critical viscosity for coal ash slag. AIChE J,2011,57(10): 2921-2925.

[143] Bai J,Kong L X,Li W,et al. Prediction of slag viscosity under gasification condition. Prep Pap Am Chem Soc Div Fuel Chem,2010,55 (1): 1345-1348.

[144] Quemada D. Concentrated colloidal suspensions at low ionic strength: A hard-sphere model of zero shear viscosity, involving the hard-sphere phase Transitions. Europhys Lett, 1994,25(2):149-155.

[145] Stiegel G J,Clayton S J,Wimer J G. DOE's Gasification Industry Interviews: Survey of Market Trends. Issues and R&D Needs,2001.

[146] Patterson J H,Hurst H J. Ash and slag qualities of Australian bituminous coals for use in slagging gasifiers. Fuel,2000,79:1671-1679.

[147] Elliott L,Wang S M,Wall T,et al. Dissolution of lime into synthetic coal ash slags. Fuel Processing Technology,1998,56(1-2):45-53.

[148] Wang S M,Wall T F,Lucas J A,et al. Experimental studies and computer simulation of dissolution of lime particles into coal ash slags//Australian Symposium on Combustion and the Fourth Flame Days,Univ of Adelaide,South Australia, 1995,November 9-10.

[149] Bryant G W. Use of thermomechanical analysis to quantify the flux additions necessary for slag flow in slagging gasifiers fired with coal. Energy&Fuels,1998,1 2(2):257-261.

[150] Elliott L K,Lucas J A,Happ J,et al. Rate limitations of lime dissolution into coal ash slag. Energy Fuels,2008,22:3626-3630.

[151] Patterson J H,Hurst H J,Quintanar A. Slag composition limits for coal use in slagging gasifier. Final Report,ACARP Project C10062,April 2002.

[152] Bartels M, Lin W, Nijenhuisa J, et al. Agglomeration in fluidized beds at high temperatures: Mechanisms, detection and prevention//Progress in Energy and Combustion Science,2008,34:633-666.

[153] Ennis B J,Tardos G,Pfeffer R. A micro level-based characterization of granulation phenomena. Powder Technol, 1991,65(1-3):257-272.

[154] Anthony E J,Jia L. Agglomeration and strength development of deposits in CFBC boilers firing high-sulfur fuels. Fuel, 2000,79(15):1933-1942.

[155] Ohman M,Nordin A,Skrifvars B-J,et al. Bed agglomeration characteristics during fluidized bed combustion of biomass fuels. Energy Fuels, 2000,14(1):169-78.

[156] Lin W, Dam-Johansen K, Frandsen F. Agglomeration in bio-fuel fired fluidized bed combustors. Chem Eng J, 2003, 96(1-3):171-185.

[157] Visser J. Van der Waals and other cohesive forces affecting powder fluidization. Powder Technol, 1989, 58(1):1-10.

[158] Manzoori A R, Agarwal P K. The fate of organically bound inorganic elements and sodium chloride during fluidized bed combustion of high sodium, high sulphur low rank coals. Fuel, 1992, 71:513-522.

[159] He Y. Characterisation of spouting behaviour of coal ash with thermomechanical analysis. Fuel Process Technol, 1999, 60(1):69-79.

[160] Fernández Llorente M J, Carrasco García J E. Comparing methods for predicting the sintering of biomass ash in combustion. Fuel, 2005, 84(14-15):1893-900.

[161] 岑可法. 锅炉和热交换器的积灰、结渣、磨损. 北京:科学出版社,1994.

[162] 中华人民共和国国家质量监督检验检疫总局. 中华人民共和国国家标准,煤的结渣性测定方法. GB/T 1572—2001. 北京:中国标准出版社,2002.

[163] Al-Otoom A Y, Elliott L K, Wall T F, et al. Measurem ent of the sintering kinetics of coal ash. Energy Fuel, 2000, 14 (5):994-996.

[164] Jing N J, Wang Q H, Luo Z Y, et al. Effect of different reaction atmospheres on the sintering temperature of Jincheng coal ash under pressurized conditions. Fuel, 2011, 90:2645-2651.

[165] 房倚天,李风海,黄戒介,等. 加压固体粉末烧结温度的测试装置及应用:中国, CN201010082291. 2, 2010.

[166] 李风海,房倚天,黄戒介,等. 小龙潭褐煤灰烧结温度影响因素的研究. 洁净煤技术,2011, 17(3):57-61.

[167] Fernandez-Turiel J L, Georgakopoulos A, Gimeno D, et al. Ash deposition in a pulverized coal-fired power plant after high-calcium lignitecombustion. Energ Fuel, 2004, 18, 1512-1518.

[168] Su S, Pohl J H, Holcombe D. Slagging propensities of blended coals. Fuel, 2001, 80:1351-1360.

[169] Keene B J. National Physical Laboratory Report. 1984, DMA (D)75.

[170] Blander M, Pelton A. Analyses of thermodynamic properties of Molten slags. ACS Symposium Series 301. Washington:ACS, 1986:186-194.

[171] Mills K C. The measurement and estimation of the physical properties of slag formed during coal gasification. Fuel, 1989, 68:904-910.

[172] Holappa L, Forsbacka L, Han Z. Measuring and modeling of viscosity and surface properties in high temperature systems. ISIJ International, 2006, 46:394-399.

[173] Nauman J, Foo G, Elliott J. Extractive Metallurgy of Copper. London:Elsevier, 2002.

| 第 4 章 |

矿物质和有机质的相互作用

煤中矿物质与有机质的相互关系如矿物质与有机质的伴生状态一样是非常紧密和重要的。矿物质不仅会影响有机质的转化,同时,矿物质的转化还受到有机质的影响。这种影响在不同温度和压力下体现出不同的效果。因此,全面了解和掌握矿物质和有机质的相互作用机理和规律,是提高效率和优化煤转化过程的重要基础。

4.1 矿物质对煤热转化过程的影响

煤的热转化主要包括热解、燃烧、气化和液化四类过程。19 世纪 20 年代以来,许多学者对煤热转化过程中矿物质的作用和角色进行了研究,包括煤中内在矿物质和外加矿物质的作用。矿物质对煤转化过程的影响可以分为如下几类:①对转化过程中化学反应的影响;②对扩散过程的影响,包括反应物或产物;③对煤样物理性质的影响,包括粒度、比表面和孔径等;④对工艺和操作条件的影响。从煤转化程度来比较,矿物质可能有促进和阻碍两种作用之分;然而即便矿物质的促进作用明显,其在煤中的含量也应在工业应用之前控制在合理的范围内,否则会造成转化过程中额外的能量消耗。本节将从煤热转化过程的四个类型出发,讨论矿物质在其中的影响和作用。

4.1.1 矿物质对热解反应性的影响

矿物质对热解既有促进作用,又有抑制作用,这与矿物质成分有关,但总体上矿物质的作用可以归结为以下四种[1, 2-10]:①催化热解中期的热缩聚、热聚合反应,导致热解固体产物的比表面积降低;②催化热解后期的脱烷基和脱氧反应,使半焦或焦炭的比表面积增大;③作为分散剂以物理作用形式阻止熔融态胶质体的接触并形成气泡中心,使半焦孔结构增多,比表面积增大;④矿物质在非熔融或熔融性较差的煤料热解过程中不具有分散作用,而是起着"堵孔"作用。

黏土矿物质中高岭石在热解过程中的影响最为明显,显著抑制挥发分的逸出。黏土矿物质晶体中的—OH 与氧原子排列成带电荷的层间域,并与有机层中大量存在的各种极性官能团通过氢键和偶极矩等作用相结合,构成矿物质-有机质复合体,从而使得煤中极性官能团的热稳定性增加。同时,高岭石还影响烃类产物分布,在惰性气氛下,减少产物中 $C_4 \sim C_8$ 的组分;富氢气氛下,增加 $C_3 \sim C_6$ 的产物[7]。

热解过程中 CaO 对热解反应有促进作用。谢克昌等[1,11,12]通过热重实验表明,在 440~600℃时,CaO 对热解产物有较强的吸附作用,随后在较高的温度下部分催化裂解,使产物释放出现"滞后"。热解前期 CaO 对热解产物吸附使其减少,而后期由于脱附及 CaO 对脱氧、脱烷基反应有催化作用又使其失重增加。外加 CaO 的实验证明[13],CaO 可以改变煤中氧变迁的机理,并通过催化酮醇异构化反应影响热解产物的分布,通常可将 20%~30% 的焦油和烃类转化为 CO 和 H_2O。Mg 在热解过程中的作用与 Ca 相似,同样可以促进热解反应,但其作用较小[14]。

从挥发分析出量分析,Na 盐可以使挥发分最终产率增加。这是由于 Na 对挥发分前驱体的催化裂解作用会产生大量的氢根,并成为焦油前驱体的稳定剂。当煤样中含有相同含量的 Na 盐时,未洗煤样挥发分的增加幅度要比酸洗煤样小很多,说明原有矿物质成分对 NaCl 的催化起抑制作用,较高温度下 Na 容易和硅酸盐结合从而失去催化活性[10]。在相同含量时,Na 对 CO 和 CO_2 生成的影响大于 Ca,说明 Na 比 Ca 具有更明显的催化作用[10,12]。

K 盐在丝质组和镜质组的热解过程中起催化作用;而对稳定组的热解,前期起抑制作用,后期则明显起催化作用。热解过程中,与 Na 一样,K 离子主要对含氧官能团,如酚类、醚和碳酸根的分解产生催化作用;但随着反应温度的升高,K 离子和硅酸盐结合而失去催化作用[10]。

黄铁矿对不同煤岩组分热解性质的影响有一定差异,这可能是由 FeS_2 和煤的有机结构之间的反应程度不同造成的。FeS_2 在丝质组的热解前期具有抑制作用,后期则为催化作用,其转折温度随着 FeS_2 含量的增加而降低。FeS_2 对镜质组热解过程表现出不同的作用,这种作用随着其含量变化而异;当 FeS_2 为 5% 时,其在热解过程中始终起抑制作用,而含量超过 10% 时,热解前期为抑制,后期为催化作用,转折温度也因加入量的不同而不同。FeS_2 在稳定组的热解过程中始终起抑制作用。黄铁矿还会导致热解产物减少,特别是其中 $C_6 \sim C_8$ 的含量[11,15]。

Al_2O_3 对各显微组分的热解具有催化和抑制两种作用。它使稳定组热解失重量减少,在镜质组热解初期(200~350℃)表现为抑制作用,温度升高至 700℃后又表现为催化作用。前期的抑制作用与氧化铝对脱水缩合反应的催化作用有关，700℃后的催化作用则是由于 Al_2O_3 在较高的温度下对烷基裂解和脱氢反应有催化作用。Al_2O_3 在稳定组热解时可能有两种作用：①使缩聚和聚合反应加剧，导致固体产物的比表面积减小；②Al_2O_3 强烈熔融态高度分散，使微孔增大，比表面增加。第二种作用占主导地位，因此反应过程中镜质组半焦的比表面积增加。丝质组热解产物比表面积的降低则可能是由 Al_2O_3 堵孔引起的[12,16,17]。

焦化是煤热解最为重要的利用途径，其反应终温通常控制在1000℃左右。矿物质发生的分解和相互反应不仅影响焦化过程，更重要的是对焦炭质量有明显影响。矿物质分解和晶形转变过程中发生密度的变化，当密度降低体积膨胀时也会造成焦炭强度下降[17]。Gornostaye 等[18]发现碱性矿物质含量较高时会影响煤焦中胶质层的形成，降低煤焦的强度。同时，这些矿物质可以增强煤焦的反应性。富含钾、钠等元素的煤灰发生团聚或形成不规则的熔渣，这些熔渣对于焦炭强度没有明显的影响；熔渣在焦炭内部的流动会造成焦炭表面形成矿物质覆盖层，降低焦炭的反应能力，熔融体向表面运动的能力取决于熔融体的黏度。如果以配煤中某碱金属化合物含量增加1％计算，焦炭反应性增加值从8％到2％递减。

陈鹏[2]根据宝钢集团有限公司（以下简称宝钢）19个炼焦煤的实验结果，总结了矿物催化指数 MCI 对单煤炼制出来的焦炭热性质的影响，如图4.1所示。矿物催化指数增加，焦炭的反应性提高而稳定性降低，且呈线性变化。矿物催化指数的定义为：

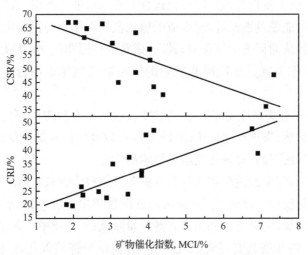

图4.1　矿物质催化指数与焦炭热性质关系[2]

CSR：焦炭反应后强度；CRI：焦炭反应性

$$MCI = A_d \times (Fe_2O_3 + 1.9K_2O + 2.2Na_2O + 1.6CaO + 0.93MgO)/$$
$$(100 - V_d)(SiO_2 + 0.41 Al_2O_3 + 2.5TiO_2) \tag{4.1}$$

式中,A_d 为干基灰分,V_d 为干基挥发分。

4.1.2 矿物质对直接液化反应性的影响

煤的直接液化反应通常在 500℃ 以下进行,矿物质自身以及矿物质之间的反应程度有限,主要为脱水、羟基、硫化物的分解及部分氧化、不稳定碳酸盐分解以及部分元素的挥发。矿物质对液化过程的影响可以从物理影响和化学影响两个角度来考虑[18-27]。矿物质颗粒有可能占据了煤颗粒的孔道或者发生加氢反应的活性位,从而对液化反应产生阻碍作用。矿物质的化学作用又可分为促进和阻碍两种。煤中的黏土类矿物质在液化过程的作用存在争议。Ross 等认为黏土类矿物通过催化焦的形成阻碍了煤的直接液化反应[18-20]。Gözmen 等[21] 通过比较 HCl 与 HCl/HF 脱灰煤样的液化收率和产物,同样发现黏土类矿物质促进了产物的凝结以及含氧自由基与煤结构之间的交联反应,从而降低了液化油的收率。然而,Martin 等[22] 认为黏土类矿物质可以催化裂解和加氢反应,对液化反应具有促进作用。

氧化铁是煤直接液化过程中最早使用的催化剂。Thomas 等[23] 发现煤中的黄铁矿也具有催化作用。如图 4.2 所示,随着黄铁矿含量的增加,液化反应的转化率与铁元素含量几乎呈线性增加。随后的研究发现,这种催化作用是由黄铁矿的分解产物引起的,这也使得黄铁矿对液化过程具有双重催化作用。首先,随着温度升高黄铁矿分解生成磁黄铁矿,同时生成的硫化氢可以作为均相催化剂,通过与活性位发生质子交换从而促进加氢反应;其次,磁黄铁矿因非化学计量数的结构而具有较高活性,可以作为氢分子吸附和脱附的中心以及氢原子在芳香结构中迁移的桥梁。

黄慕杰等[24] 利用高压釜考察了包括铁、钛、钒等多种煤中可能存在的矿物质对液化反应的影响,发现矿物质中的 TiO_2 具有较高的催化加氢活性,有催化作用的矿物质分散程度越高,对液化反应的影响越明显。

有观点认为,煤中酸性矿物质具有促进芳香结构中含氧官能团分解的作用,即可以促进煤液化反应。Oner 等[26] 证实随着矿物质中铝含量的增加,煤液化的转化率和油收率增加,而沥青烯和前沥青烯含量降低;矿物质中硅含量和液化转化率没有明显联系,钙和镁具有促进液化的作用,而钠和钾的催化作用很弱。Joseph 等[27] 按照矿物质对液化反应催化作用的大小,给出了如下的排序:$Ca^{2+} \gg K^+ > Na^+$。

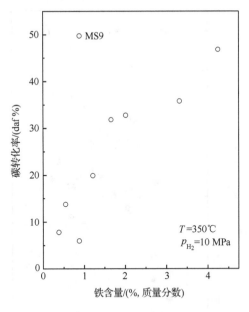

图 4.2　煤中铁含量和液化转化率的关系[23]

尽管矿物质具有阻碍反应的可能性,但是已有研究结果表明,煤的灰分与煤和溶剂的转化率、油收率密切相关。如图 4.3 所示,Oner 等[26]考察了 16 种褐煤和两种供氢溶剂的液化过程,当灰分在 8%～60%范围内变化时,油收率、甲苯可溶物、四氢呋喃可溶物和碳转化率均随灰分的增加而提高,这可能是由于褐煤中具有催化活性的矿物质含量较高,对液化反应的催化作用起了主导作用,但无论如何,煤中矿物质含量偏高对于液化系统都会造成额外的负担。

此外,在催化加氢液化过程中,煤中矿物质有可能与催化剂发生反应,促进催化作用或引起失活,但尚未见到相关的研究报导。

4.1.3　矿物质对燃烧反应性的影响

煤燃烧过程中矿物质组成和含量随温度的变化如图 4.4 所示,不同矿物质组成和含量对煤燃烧的热值、反应速率和反应性都会产生不同的影响。

Shirazi 等[28]考察了煤燃烧过程中矿物质对热值的影响,实验分别在流化床(FBC)和粉煤燃烧炉(PCC)的条件下进行,氧气/碳比例为 1.2∶1,FBC 和 PCC 的燃烧温度约为 850℃和 1200℃,比较矿物质含量分别为 10%、30%和 50%时的燃烧放热。由于燃烧过程中矿物质分解和反应吸热,燃烧热值的降低随矿物质含量的增加而增加,且在 PCC 中热值降低更为明显。Shirazi 等[29]建议将煤通过类似

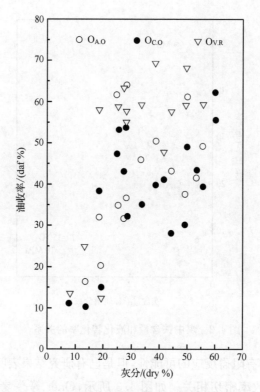

图 4.3　液化油收率与煤中灰分含量的关系[26]

原油的精炼过程分离矿物质以提高燃烧过程的能量转化效率。除了矿物质含量以外,矿物质在煤中的分布程度对燃烧的影响也较为明显;当煤中矿物含量相当时,矿物质分散程度高时引起的燃烧反应变化较为明显[8,30]。

Kücükbayrak[31]考察了 21 种土耳其褐煤的燃烧特性,当氧化钙含量为 0.1%～4.0%时,着火点最多下降约 60℃,如图 4.5 所示。其他碱金属和碱土金属含量增加时也会降低燃烧反应活化能,但其促进作用弱于钙。

Pohl 等[32]认为当矿物质中金属元素与煤焦的接触接近分子水平且含量足够高时,其催化燃烧反应速率的效果最佳,即煤中与有机质相结合的碱金属和碱土金属元素具有显著的催化作用。在着火性能方面,Si、Al、Fe、Mg、Na、Ti 均有阻碍作用;在燃烬性能方面,Si、Al 一般起阻碍作用,而 Ti 一般都促进燃烬。晏蓉等[33]对不同金属离子对燃烧的影响进行了系统研究,如图 4.6 所示。区域Ⅰ中矿物质对着火和燃烬均有阻碍作用,区域Ⅱ中矿物质促进着火而阻碍燃烬,区域Ⅲ中矿物质促进燃烬而阻碍着火,区域Ⅵ中矿物质对着火和燃烬具有促进作用。另外,矿物质对燃烧的影响与煤阶有一定关系,其对高阶煤的影响较小。

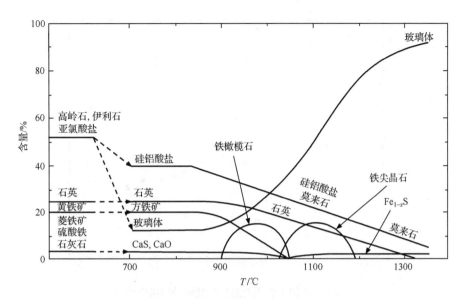

图 4.4　燃烧过程矿物质组成和含量变化趋势[3]

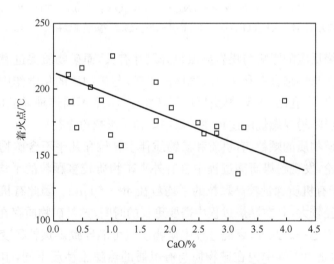

图 4.5　氧化钙含量与着火点的关联[31]

从矿物质结构角度考虑,黏土矿物晶体周边上的—OH 与氧原子排列成带有电荷的层间域,通过氢键、偶极矩等与有机质中大量存在的各种极性官能团相互结合,构成有机黏土复合物,从而使煤中一些极性官能团的热稳定性增强,对燃烧具有抑制作用[33]。

人们对于燃烧过程中矿物质的催化作用有不同的看法。Méndez 等[34]利用重液分离的方法获得不同密度范围的煤样,其中含有不同的灰分和矿物质,发现矿物

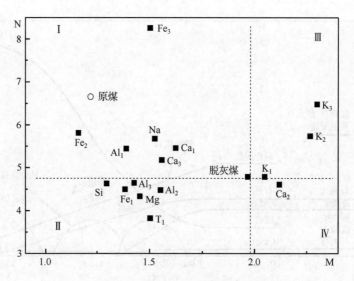

图 4.6　外加矿物质对煤燃烧性能的影响规律[33]

Si:17.1%SiO$_2$;Al$_1$:4.9%Al$_2$O$_3$;Al$_2$:10.6%Al$_2$O$_3$;Al$_3$:15.6%Al$_2$O$_3$;Ca$_1$:1.6%CaCO$_3$;Ca$_2$:2.4%
CaCO$_3$;Ca$_3$:3.6% CaCO$_3$;Mg:0.4%MgO;Na:10.1% Na$_2$CO$_3$;T$_1$:0.6%TiO$_2$;K$_1$:1.1% K$_2$CO$_3$;
K$_2$:1.3%K$_2$CO$_3$;K$_3$:7.2%K$_2$CO$_3$;Fe$_1$:3.3%Fe$_2$O$_3$;Fe$_2$:13.7%硫酸亚铁铵;Fe$_3$:24.5%硫酸铁铵

质含量对燃烧反应的影响与煤岩显微组分尺寸有关,而矿物质促进燃烧反应的原因在于矿物质与煤结合有利于反应气体的扩散,与矿物质的化学作用没有明显联系。Wigley 等[35]利用 1MW 燃烧反应器考察了 14 个不同煤种样品的燃烧特性,认为矿物质影响粉煤燃烧的途径在于煤中矿物质影响粉煤粒径分布。将煤颗粒分为富含外来矿物质的颗粒、有机质和矿物质伴生颗粒和几乎不含矿物质的有机质颗粒进行讨论,发现粉煤研磨过程中含有外来矿物质较多颗粒的平均粒径为 4～7 μm,远小于有机质含量较高颗粒的平均粒径 40～60 μm。因此有机质含量较高的颗粒的粒径较大,其在燃烧过程中需要更长的时间,这是矿物质存在降低燃烧反应速率的原因之一。此外,燃烧过程中矿物质也可能导致煤焦粒径变小从而提高燃烧效率,这是由于煤中内在矿物质与有机质的热膨胀性质不同,引起热应力集中,加剧煤焦颗粒的破碎。

　　结论的不同与研究者采用的实验方法和样品有一定关系。例如,Küçükbayrak 等的燃烧实验在热重中进行,升温速率和停留时间等反应条件与 Wigley 等所用的燃烧反应器有较大差别。晏蓉等通过比较脱灰和外加矿物质的方法考察矿物质对燃烧的影响,发现酸洗脱灰对煤焦颗粒的比表面有一定影响,而外加矿物质与煤颗粒的混合状态与原煤也有一定差异;Wigley 等通过 XRD 和 CCSEM 确定煤中矿物质组成和含量并与燃烧性能进行关联,这种方法虽然不破坏煤中矿物质的赋存和煤焦表面性质,但实验结果与多种矿物质的影响有关,而且直接确定煤中矿物质含量的准确性也会受到质疑。此外,煤样性质的差异也会对实验结论有影响。

4.1.4   矿物质对气化反应性的影响

煤中矿物质及其转化产物对煤焦气化反应性影响的研究较多[36,67]。Walker 的研究小组[36]对各种美国煤进行了反应性研究,表明煤中矿物质具有一定的催化作用,但高阶煤焦的反应性却随矿物质的脱除而增大。煤中的 Ca 是最重要的原位催化剂,其含量与煤的表观气化反应速率存在线性关系,如图 4.7 所示;均匀分散于煤焦表面的 Ca 对焦/水蒸气反应活性最大可增加 10 倍,其催化作用机理可用氧转移理论进行解释。同时,Ohtsuka 等[50]通过外加 CaO 的气化实验表明,加入物粒度越小,催化活性越高。

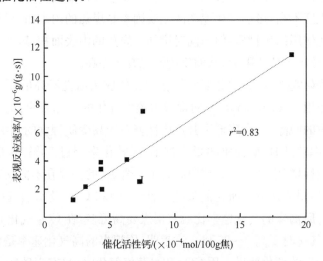

图 4.7   煤焦中钙含量和气化反应速率的关系[50]

Hippo 等[37,38]发现随着煤灰中 MgO 含量的增加,煤的反应性也增加。Senkan 等[39]指出,在低变质程度的煤中能起催化作用的矿物质是碱土金属,特别是钙。Howard 等[40]观察到钙是酚裂解催化剂,而酚环结构是褐煤的基本结构;其他碱土金属包括钡和锶,Otto 等[41]发现钡和锶是比钙更为有效的催化剂。沙兴中等[42]对十种不同变质程度的煤焦在水蒸气下进行气化,发现年轻褐煤中的矿物质具有很强的催化作用,能降低反应活化能,而在烟煤和无烟煤中矿物质的催化作用不是很明显。经过酸洗脱灰后,褐煤的反应性大大降低,而无烟煤的反应性却有一定的提高。通常认为,钾和钠的盐是具有催化活性的矿物质,这也得到了实验证实。然而,也有研究者发现当 NaCl 直接浸渍加入到煤样中气化时,难以起到催化作用[10]；利用 SEM-EDX 表征也发现，K 和 Na 存在于非晶相中时，对气化反应无促进作用[43]。虽然使用不同的煤种在反应条件下，得到的结果不能完全统一，但是矿物质中的碱土金属、碱金属及过渡金属都具有催化作用的观点得到了普遍的认可，K 盐也是低温（<1100℃）催化气化工艺中最常用到的催化剂。

凌开成等[44]利用常压热天平考察了气煤、无烟煤和焦煤中矿物质在 400～1000℃ CO_2 气氛下的催化作用，发现酸洗脱灰前后各种高灰煤的碳转化率均有显著的变化。Fung 等[45]也得出了类似的结果，并进行了较为合理的解释：酸洗不仅可以去除具有催化作用的碱土金属，同时还会增加煤焦的内表面积。因此，对于变质程度低的煤，其中含有大量的羧基官能团，并且碱土金属离子以羧酸盐的形式存在于煤中，羧酸盐在高温下分解，从而高度地分散在煤焦中，成为对褐煤气化十分有效的催化剂。对于变质程度高的煤，矿物质以羧酸盐形式存在的比较少，且在煤焦中的分散程度不高，影响气化速率的主要因素是煤焦的内表面，尽管酸洗脱灰除去了具有催化作用的矿物质，但却同时增加了煤焦的内表面积，疏通了气体在孔内的扩散通道，减小了传质阻力，从而反应性也有所提高。

但是有些研究者认为，部分变质程度较高的煤焦活性不高的原因是矿物质中铝的负催化作用。Juentgen 等[46]对褐煤水蒸气气化的研究表明：褐煤中碱金属碳酸盐等矿物质的脱除，大大降低了其反应性。对于高变质程度的烟煤等，其结果正好相反；转化率较低时，矿物质的影响较小，当转化率超过 50% 时，矿物质的脱除甚至能使反应性增强。Kopsel 等[47]研究了不含 Al 的褐煤在不同状态（原褐煤、脱灰褐煤、脱灰后浸渍灰分中所含的催化活性元素）和 CO_2 及水蒸气中的气化反应性，结果发现：原褐煤的气化速率比脱灰褐煤要高得多，在 CO_2 气化时要高 30～50倍，在水蒸气气化时要高 9～35 倍。这表明，原褐煤的高气化速率是由于其灰分中某些元素所产生的催化效果。用 CO_2 和水蒸气气化时，只有当碳转化率为 30%～60% 时，脱灰褐煤浸渍某些灰分中所含的元素时，才可以达到原褐煤的高气化速率。

Mahajan 等[48]在 5.6 MPa 和 570℃下水蒸气气化过程中观察到，煤中硫铁矿的存在对加氢气化具有促进作用，他们认为这种催化作用是由于磁黄铁矿的生成。Hüttinger 和 Minges 也得到了相似的结果[49]，磁黄铁矿的催化作用通过添加到脱灰煤焦中得到了证实，也得到了大多数研究者的认同。

Ohtsuka 等[50]利用原位 XRD，在 700～1000℃，CO_2 气化条件下检测到多种形态的铁化合物，包括 Fe_3O_4、$Fe_{1-x}O$、Fe_3C、α-Fe 和 γ-Fe，并指出 Fe_3O_4 和 $Fe_{1-x}O$ 在气化过程中具有催化作用，气化速率随着其含量的增加而明显提高。如图 4.8 所示，将 5 种褐煤和 3 种次烟煤的气化反应速率和 Ca＋Fe、Ca＋3Fe 进行关联[51]，不同压力下的气化反应速率均呈线性增加的趋势。Li 等[51]发现褐煤中以离子交换态存在的铁离子催化作用较为明显。同时,气化速率也会受到这些矿物质颗粒尺寸的影响。对于相近含量的矿物质,颗粒越小其分布越均匀,气化反应速率越高,因此也有人猜测铁氧化物的催化作用是通过氧传递机理实现的。Ohtsuka 等[50]根据穆斯堡尔谱和 EXAFS 的结果证实,这个过程中的确存在铁氧化物的氧化还原反应循环。

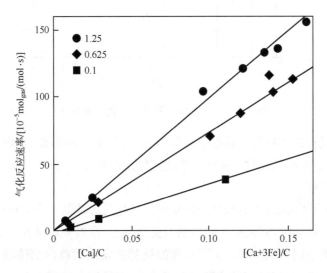

图 4.8 气化反应速率和钙、铁含量的相关性[51]

由于包括铁氧化物在内的碱性氧化物通常被认为是具有催化作用的,有人用碱性指数(AI)来描述矿物质催化作用的强弱,如图 4.9 所示。随着碱性指数的升高气化反应性逐渐提高。

$$AI = A_d(干基灰分) \times \frac{CaO + K_2O + MgO + Na_2O + Fe_2O_3}{Al_2O_3 + SiO_2} \tag{4.2}$$

在较高温度下,一般认为煤焦中的矿物组分在气化过程中可能将含碳物质包裹或覆盖,阻碍其与催化剂的接触。当温度超过 1200℃时,对于矿物质影响的研究较少。因为在较高的温度下具有催化活性的元素大部分已经挥发,其余部分多数形成硅酸盐或硅铝酸盐,网格结构中的离子也就不再具有催化作用。van Heek 等[52]的研究指出,高温下 K 与灰分中的 Si 和 Al 发生反应,生成了无催化作用的六方霞石和钾霞石,反应如下:

$$Al_2O_3 \cdot 2SiO_2 + K_2CO_3 \longrightarrow KAlSiO_4 \tag{4.3}$$

碱金属和碱土金属很难在高温气化过程中体现出催化作用,同时由于高温下

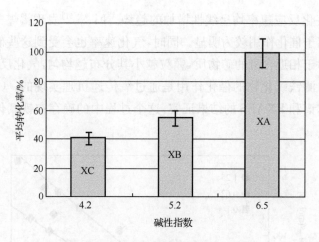

图 4.9　气化反应性和碱性指数的关系[51]

部分矿物质或转化产物发生熔融形成熔体,改变了矿物质与煤焦颗粒或孔道的接触方式。因此,高温气化过程中除了关注矿物质的催化作用外,还应考虑熔体对于气化反应的影响。

　　Koyama 等[53]认为灰熔融性是影响煤焦气化反应性的一个重要因素。不同煤种有不同的灰熔融性,其灰中矿物质的行为也各异,所以灰熔融性对煤焦的气化反应性的影响也不同。Radovic 等[54]发现如果灰在煤焦颗粒内部熔融或烧结,不仅堵塞焦炭内部空隙,使反应可接触的面积减少,而且还会使煤中矿物质的分散程度降低,聚集程度增加,使得矿物质对煤焦的催化能力下降。唐黎华等[55]考察了低灰熔点煤的高温气化反应性,发现高温下煤焦气化反应的规律与低温下的不同,其特性与煤焦的灰熔点密切相关。由低温区向中温区过渡的转折温度与相应煤灰的软化温度有关,一般比软化温度低 200~300℃。朱子彬等[56]在 900~1500℃灰分的熔融温度范围内和常压下,研究了 4 种煤焦与 CO_2 的气化反应,发现活化能随气化过程的进行而变化,高温下煤焦的气化存在一个转化特征温度,其与煤灰分熔融性质等因素有关。Liu 等[57]认为高温气化过程中矿物质的反应和结构变化以及熔融可以改变煤焦颗粒的粒度分布和比表面积,这是造成气化反应在不同温度区间存在差异的重要原因。Lin 等[58]考察了 900~1500℃范围内的 CO_2 气化反应,发现微孔和中孔随着气化反应的进行逐渐缩小,但是大孔并没有明显的变化。当碳转化率超过 50% 时,大孔明显缩小,是导致反应速率明显下降的原因;通过 SEM 分析发现,大孔缩小是由熔融的矿物质阻塞其孔道造成的。

　　矿物质对煤焦的影响程度取决于熔融矿物质与煤颗粒的接触程度,Lin 等[58]认为熔融矿物质在某个温度 T_x 时对气化反应影响最明显,如图 4.10 所示。因为

当温度低于 T_x 时,矿物质处于未熔状态或液相含量较低;而当温度高于 T_x 时,煤灰熔融并倾向于团聚,其与煤焦接触面积减小(图 4.11)。Bai 等[59]对比了原煤焦、脱灰煤焦和添加矿物质脱灰煤焦的高温气化反应活性,发现仅当气化温度在某个范围内时,熔融矿物质才会对气化反应有明显的影响。由于熔融矿物质与煤焦表面的接触程度受液固表面张力影响,表面张力在合适范围内熔体才能覆盖在煤焦表面。表面张力较大时,熔体团聚成球状,不会覆盖煤焦颗粒表面或孔道;当表面张力较小时,熔体处于快速流动态,同样难以覆盖在煤焦颗粒表面。Li 等[60]利用 Raman 分析了煤灰熔体结构随温度的变化,也认为硅铝酸盐对气化的影响取决于其表面张力和黏度。

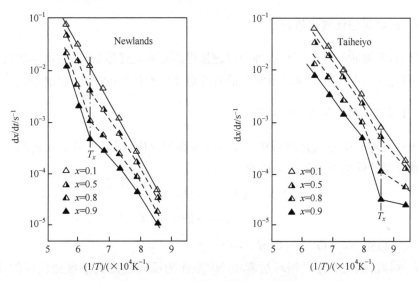

图 4.10 气化反应速率随温度的变化[58]

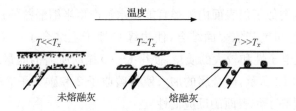

图 4.11 不同表面张力熔体在煤焦表面和孔道中的状态[58]

矿物质与煤焦之间发生的碳热反应是消除这种影响的重要途径。对于碳热反应,Wang 等[61]在 900~1600℃考察了 SiO_2、CaO 和碳的反应,发现在 CaO 存在时,SiO_2 和碳的反应在 1200℃下就可以发生。Wu 等[62]通过考察 950~1400℃

下，添加 CaO 和 Fe_2O_3 对 CO_2 气化反应的影响，指出 CaO 和 Fe_2O_3 在 1000℃以下对 CO_2 气化反应有促进作用，但在更高的温度下，催化作用消失，这很可能是由于 CaO 和 Fe_2O_3 与煤焦发生碳热反应转化为不具有催化活性的碳化物。但 Lin 等[57]认为 CaO 和 Fe_2O_3 在高温下不仅具有催化作用，而且发生碳热反应时，金属氧化物在煤焦颗粒表面有扩孔的作用。Bai 等[59]通过比较灰流动温度以上的煤焦气化反应活性，认为铁氧化物与煤焦发生的碳热反应具有抑制熔体覆盖煤焦颗粒表面和孔道的作用。

某些矿物质在高温气化过程中是否存在催化作用，矿物质阻碍气化反应进行的本质以及影响熔融矿物质与煤焦颗粒接触的因素尚不明确，有待进一步研究。

4.1.5　矿物质催化气化机理

目前，矿物质的催化气化机理中普遍接受的是氧化还原机理，也有学者提出了不同的看法[1]，本小节简要列举常见的具有催化活性矿物的催化气化机理。

4.1.5.1　碱金属的催化机理

谢克昌等[1]认为气化过程中 Na 不直接参加反应，用以下的氧化还原机理来描述碱金属的催化作用是不合适的。

$$2Na + CO_2 \longrightarrow X + CO \tag{4.4}$$

$$X + C \longrightarrow 2Na + CO \tag{4.5}$$

其中，X 可以是 Na_2CO_3、Na_2O 或 $(NaO)_2$ 等。

在这样的氧化和还原循环过程中 Na 是作为反应物质直接参加反应的，而根据 FTIR 实验结果，碱金属 Na 和 K 可以使 C—O 振动峰向低波数移动，这说明它们的存在削弱了 C—O 键的振动强度。基于此现象，谢克昌等提出了碱金属的催化作用过程可能类似于焦表面内酯类官能团水解产生半缩醛盐的过程。当焦样中存在碱金属时，它可能与焦表面结合，使边缘 C 原子上结合了一个 Na^+O^- 基团，Na^+ 基团的强吸电子性和较大的质量，使得 C—O 振动所需的能量变大，其振动频率减小。如图 4.12 所示，碱金属的加入使得碳原子 2 和碳原子 3 带正电，削弱了 C—C 的强度，提高了焦表面的反应活性。

4.1.5.2　碱土金属的催化机理

在气化过程中，碱土金属直接参与反应，其催化作用可以用氧化和还原循环反应来描述[5,64]：

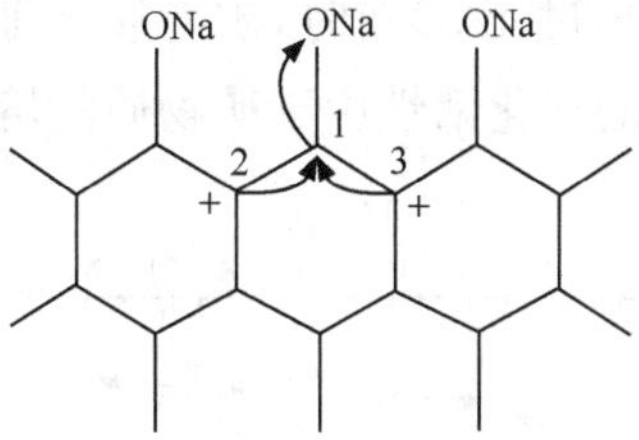

图 4.12　焦表面碳原子和碱金属结合示意图[1]

$$MO + C_f \longrightarrow C_f(O) + M \tag{4.6}$$

$$M + CO_2 / H_2O \longrightarrow MO + CO/H_2 \tag{4.7}$$

$$C_f(O) \longrightarrow CO + C_f \tag{4.8}$$

其中,M 代表 Ca、Mg 等,MO 代表碱金属的氧化物。

4.1.5.3　铁的催化机理

在气化过程中,铁的催化作用与碱土金属相似,可以用氧化还原过程来描述[65]:

$$Fe_mO_n + CO_2 \longrightarrow Fe_mO_{n+1} + CO \tag{4.9}$$

$$Fe_mO_{n+1} + C \longrightarrow Fe_mO_n + CO \tag{4.10}$$

其中,第二步反应为整个反应过程的速控步骤[66]。

4.1.6　矿物质对我国典型煤种高温气化反应性的影响

神府煤、兖州煤和淮南煤均是我国具有代表性的典型煤种,通过对比原煤焦、脱灰焦以及添加煤灰的脱灰焦的高温气化反应活性,可以考察在气化温度超过灰熔融温度时,矿物质对气化反应性的影响[67-70]。为了对不同条件下的样品加以区分,采用了如下的符号表示:①-S,原煤焦;②-D,脱灰煤焦;③-DA,添加煤灰的脱灰焦;④1100 等,代表制焦温度。

4.1.6.1　矿物质对神府煤高温气化反应性影响

如图 4.13 所示,随着气化温度的升高,出现转化率的极大值,拐点位置约为 1350℃,出现拐点的原因可以归结为矿物质熔融堵塞了煤焦的孔隙,进而阻碍反应的进行。对比与程序升温相同的反应时间下,1300℃下恒温气化反应过程,并未出现失活现象。对于该拐点温度远高于灰熔点温度(FT=1250℃),这可能是由于温度低于 1350℃时,矿物质 CaO 和 Fe_2O_3 具有催化气化作用,抵消或消除了矿物质熔融的不利影响；但当温度超过 1350℃时，矿物质逐渐转化为不具有催化活性的硅铝酸盐和铁硅酸盐，煤焦的气化活性由于矿物质的熔融而明显下降。

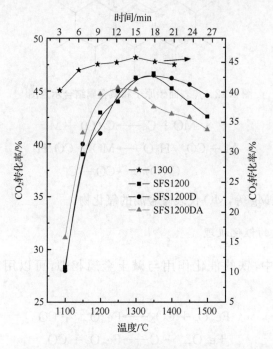

图 4.13　1200℃神府快速热解煤焦的 CO_2 气化反应活性[69]

SFS：原煤焦；SFS-D：脱灰煤焦；SFS-DA：添加煤灰的脱灰焦

　　为了证明铁氧化物的催化作用，分别在 1300℃、1350℃和 1500℃停止煤焦二氧化碳气化反应，利用 FTIR 考察了所产生的灰（图 4.14）。SFS1200DA-1300 的 FTIR 中，510 cm^{-1} 和 1070 cm^{-1} 处有较强的吸收峰，说明有铁氧化物的存在[67]；SFS1200DA-1350FTIR 中 510 cm^{-1} 的吸收峰很弱，1070 cm^{-1} 吸收峰基本消失；SFS1200DA-1500FTIR 中 510 cm^{-1} 和 1070 cm^{-1} 特征峰都消失，说明铁氧化物的消失。铁氧化物的催化作用通过如下反应进行：

$$Fe_xO_y + 3yC \longrightarrow xFe + 3yCO \tag{4.11}$$

$$xFe + yC \longrightarrow Fe_xC_y \tag{4.12}$$

铁氧化物在煤焦颗粒表面发生反应时，还会对煤焦颗粒的表面起到扩孔的作用，特别是二氧化碳吸附的中孔和大孔。由 FTIR 可以证实，铁氧化物在较低温度下主要以氧化态存在，在较高温度下主要以铁硅酸盐存在，而在铁氧化物在中低温段可以抑制或抵消矿物质熔融作用，这也是高温下无催化作用的原因。

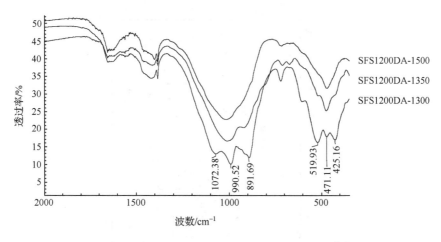

图 4.14　SFS1200DA 气化反应灰渣的 FTIR 图[69]

4.1.6.2　矿物质对兖州煤高温气化反应性影响

兖州煤灰软化温度为 1169℃，在气化过程中，兖州煤中和灰中的矿物质都必然发生熔融，而从气化反应性曲线来看，熔融的矿物质几乎没有对煤焦气化活性造成影响（图 4.15）。利用 FTIR 分别分析了 YZS950、YZS950D 和 YZS950DA 气化后产生的灰，如图 4.16 所示，在 553 cm^{-1} 和 1100 cm^{-1} 处有较强的特征峰，可以判定为铁氧化物存在，这与兖州煤中矿物质演化特性的结果相符，即兖州煤中矿物质在高温下仍然含有较高含量的铁氧化物[68]。根据神府煤焦气化的研究结果，推断兖州煤中矿物质的催化作用抵消或抑制了熔融的矿物质对煤焦气化的阻碍作用。

4.1.6.3　矿物质对淮南煤高温气化反应性影响

如图 4.17 所示，淮南煤的气化反应性没有随反应温度的升高而出现任何降低的趋势，这主要是由于淮南煤灰化学组成中 Si$_2$O＋Al$_2$O$_3$ 接近灰分的 90%[71]，导致煤灰熔点较高，未出现熔融煤灰阻碍反应的现象。同时，淮南煤中具有催化活性的矿物含量非常低，所以脱灰煤与原煤的反应性也非常接近。

综上所述，矿物质对气化反应的影响可以分为化学作用和物理作用两部分。化学作用主要体现为催化作用，指矿物质中活性组分与煤焦发生作用；但当活性组分在反应过程中转化为非活性的硅铝酸盐时，催化作用消失。在高温气化过程中，特别是近灰熔融温度下，铁氧化物是明显具有催化活性的矿物质组分。物理作用是指熔融灰在煤焦颗粒表面的铺展或孔道的附着，增加反应气或产物气的扩散阻力从而降低转化率，煤灰熔点低和灰含量高都会增强阻碍作用的效果。

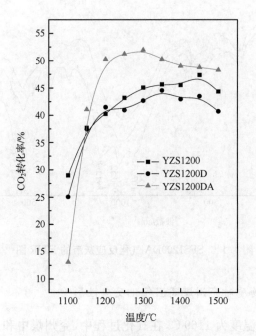

图 4.15　YZS1200DA 气化反应[69]

YZS：原煤焦；YZS-D：脱灰煤焦；YZS-DA：添加煤灰的脱灰焦

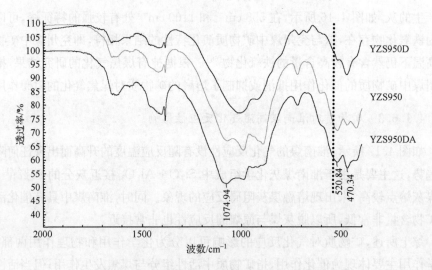

图 4.16　YZS 气化反应灰渣的 FTIR 图[69]

4.1.6.4　矿物质对配煤高温气化反应性的影响

通过将神府煤和淮南煤配煤气化实验，进一步验证煤灰熔融的阻碍作用以及

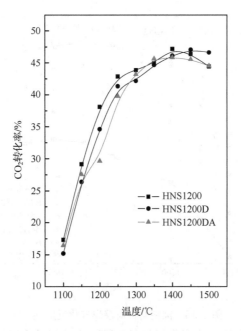

图 4.17　HNS1200DA 气化反应灰渣的 FTIR 图[71]

HNS1200:原煤焦;HNS1200D:脱灰煤焦;HNS1200DA:添加煤灰的脱灰焦

铁氧化物的催化作用,并将熔渣黏度与气化反应性的拐点进行了关联。

如图 4.18 所示,神府煤和淮南煤的气化反应性随温度变化的最大区别在于当温度超过 1350℃时,神府煤的反应活性迅速降低;通过不断提高淮南煤的添加比例可以将此拐点温度推后,当添加比例达到 80%时,其反应性也出现了下降的趋势。将出现的拐点温度与混煤黏温曲线(图 4.19)进行比较,发现拐点温度与黏度为 20 Pa·s 时的温度(T_{20})非常接近,因此认为 T_{20} 是熔融煤灰覆盖煤焦颗粒表面的临界温度。当温度低于 T_{20} 时,熔融煤灰中的液相含量较低,难以覆盖煤焦颗粒的表面;当温度高于 T_{20} 时,熔体在表面张力的作用下趋向于发生团聚。T_{20} 还受煤灰组成的影响,如 B6A4 的拐点就明显高于 T_{20},这是由于高温下该比例的混煤灰中含有较高的铁氧化物,导致对熔渣的阻碍作用被抑制[63]。

4.1.6.5　矿物质催化指数

高温气化过程中的矿物质催化作用无法通过矿物质催化机理解释,由于此过程涉及多组分复杂的相互作用,因此,Ma 等[64]为了评价煤灰中矿物质对煤焦气化反应催化作用的强弱定义了矿物质催化指数(catalytic index, CI),该指数为原煤焦与脱灰煤焦转化率的比较,定义式如下:

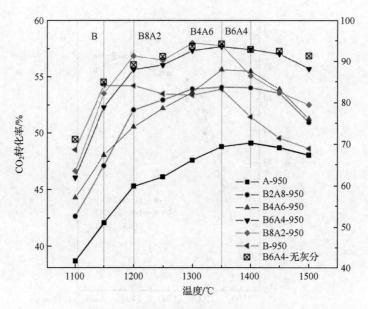

图 4.18　淮南与神府混煤气化反应性[63]

A：淮南煤；B：神府煤；B2A8 代表 B 煤 20％、A 煤 80％，其余类推

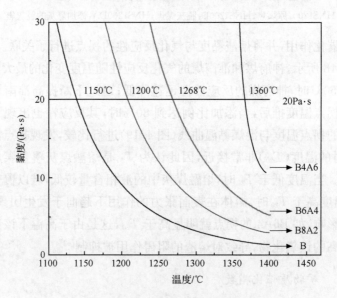

图 4.19　淮南与神府混煤灰的黏温曲线[63]

符号含义与图 4.18 中一致

$$CI = \frac{R_S(RC)}{R_S(SD-M)} \tag{4.13}$$

$$R_S = \frac{0.5}{\tau_{0.5}} \qquad (4.14)$$

式中，R_S(RC)表示含灰煤焦的反应指数；R_S(SD-M)表示脱灰煤焦的反应指数；$\tau_{0.5}$表示煤焦转化率达到 50% 所需的时间，h^{-1}。CI 为无量纲量，当 CI>1 时，数值越大，说明煤灰中矿物质的催化作用越强；当 CI=1 时，矿物质失去了催化作用或其催化作用与其他因素相抵消；当 CI<1 时，煤灰的熔融阻碍了煤焦的气化反应。

如图 4.20 所示，分别考察了小龙潭(XLT)、府谷(FG)和胜利(SL)煤灰中矿物质对气化的催化作用，并分析了三种煤灰的化学组成和不同温度下的矿物质组成。矿物质组成通过 XRD 确定，并利用 Siroquant 软件进行定量。总体来说，XLT 煤灰中矿物质的催化作用大于 FG 和 SL，这与三者的灰成分(表 4.1)有着密切的关系。XLT 煤灰中含有较多的 CaO 和 Fe_2O_3，在高温下形成了较多的钙铝黄长石和磁赤铁矿等具有催化作用的矿物质。由图 4.20(a)可知，XLT 煤灰中矿物质的 CI 值随着气化温度的升高而逐渐减小，这说明矿物质对气化反应的催化作用随着气化温度的升高而逐渐减弱。

表 4.1　三种煤的灰成分(%，质量分数)

样品	SiO_2	Al_2O_3	Fe_2O_3	CaO	MgO	TiO_2	SO_3	K_2O	Na_2O	P_2O_5
XLT	33.97	10.88	11.67	27.90	2.80	0.70	9.72	0.43	0.08	0.27
FG	61.08	18.10	5.25	7.48	2.12	0.97	2.04	1.76	0.46	0.12
SL	60.82	22.89	3.86	3.82	2.55	1.13	1.40	1.82	1.10	0.13

表 4.2 给出了小龙潭(XLT)原煤灰及其在不同温度下的矿物质组成和含量。随着温度的升高，XLT 煤灰中的矿物质由硬石膏、陨硫钙石等逐渐转化为高温下相对稳定的钙铝黄长石，磁赤铁矿的含量逐渐减少，当温度高于 1200℃ 后非晶体含量开始增加。为考察矿物质种类对催化指数的影响，添加 950℃ 煤灰的 XLT 脱灰煤焦(记为 XLT950SD+XLT950)和添加 1050℃ 煤灰的 XLT 脱灰煤焦(记为 XLT950SD+XLT1050)在 950℃ 进行气化实验，结果如图 4.21。添加 950℃ 煤灰的煤焦的气化速率明显比添加 1050℃ 煤灰的高，这说明在相同的气化温度下，950℃ 煤灰中矿物质的催化作用比 1050℃ 煤灰中的强，所以高温下稳定矿物质的生成和非晶体量的增加，会明显减弱矿物质对煤焦气化反应的催化作用。

由图 4.20(b)和(c)可知，FG 和 SL 煤灰中矿物质的催化指数随着温度的升高先增大后减小，在 1050~1100℃ 范围内达到最大值。除了矿物质组成的变化会影响气化速率外，温度的升高会大大提高煤焦的气化速率。所以，FG 和 SL 煤灰中矿物质的 CI 值在 950~1100℃ 的增大可能是由温度升高引起的。

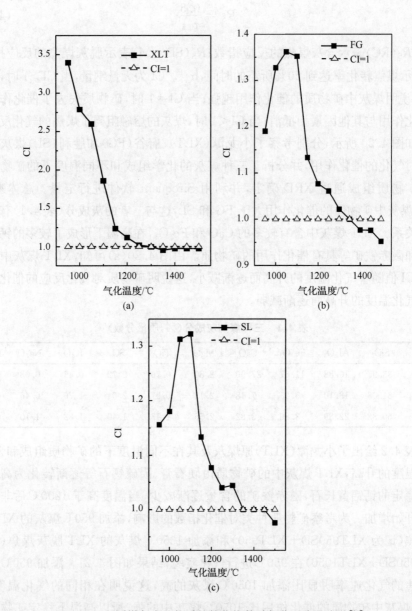

图 4.20　不同煤灰中矿物质的催化指数随气化温度的变化[64]

表 4.2　**XLT 煤灰在不同温度下矿物质的种类及含量**(％, 质量分数)[64]

矿物质	815℃灰	950℃	1000℃	1050℃	1100℃	1200℃	1300℃	1400℃	1500℃
石英	12.1	11.8	12.3	10.7	7	—	—	—	—
硬石膏	32.4	12.9	9.5	8.8					
铁黄长石	1.4	12.7	19	27.9	22	24.7	10.9	3.2	3
镁黄长石	—	—	—	—	12.7	41.2	30.8	3.7	1.9
钙长石	—	—	—	—	14.7	—	—	—	—
磁铁矿					5.3	9.1	5	1.5	
赤铁矿	13.1	16.2	19.6	23.4	17.2	2.7	4.9		
陨硫钙石	—	8.9	9.7	8.1	9.6	—	—		
非晶体	40.9	37.5	29.9	21.1	11.5	22.4	48.4	91.6	95.1

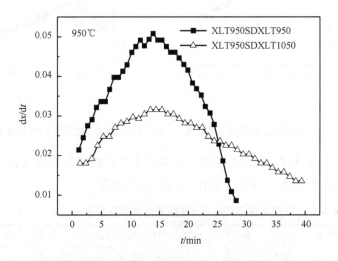

图 4.21　小龙潭脱灰煤焦添加 XLT950 和 XLT1050 煤灰后在 950℃下的气化速率[64]

为进一步验证以上结论, 以 FG 煤灰为例, 设计了以下实验: ①在 XLT950SD
中添加 950℃ 和 1050℃ 的 FG 煤灰, 记为 XLT950SD-FG950 和 XLT950SD-
FG1050, 并在 950℃下气化; ②添加 1050℃FG 煤灰的煤焦分别在 950℃ 和 1050℃
下气化。结果如图 4.22 所示, 气化温度为 950℃时, 添加 FG950 的煤焦的气化速
率比添加 FG1050 的煤焦稍大, 这说明矿物质组成的变化使得其催化作用随温度
的升高而减弱; 添加 FG1050 的煤焦在气化温度为 1050℃时的气化速率远大于气
化温度为 950℃时的, 这说明温度的升高使煤焦的气化速率大幅上升, 对气化反应
的影响占主导作用, 并抵消了矿物质组成变化引起的反应性下降。因此, 在 950～
1100℃范围内, FG 的 CI 值随着温度的升高而增加。从表 4.3 中可以看出, 当温度

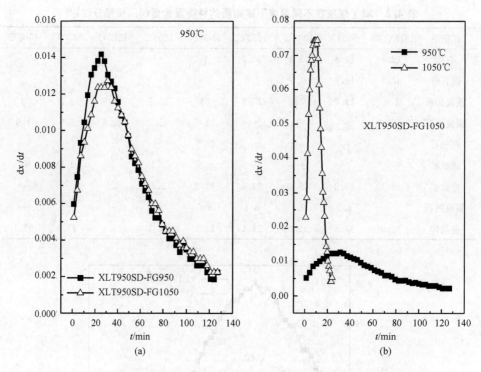

图 4.22　小龙潭脱灰煤焦分别添加 FG950 和 FG1050 煤灰后的气化速率[64]

大于 1100℃时,钙长石、拉长石和蓝晶石等稳定的矿物质大幅生成,随着温度的升高,非晶体量逐渐增加,使得 CI 值在 1100℃后逐渐降低。

表 4.3　FG 煤灰在不同温度下矿物质的种类及含量(%,质量分数)[64]

矿物质	815℃灰	950℃	1000℃	1050℃	1100℃	1200℃	1300℃	1400℃	1500℃
石英	46.8	42.7	43.5	42.5	34.1	16.2	6.3	3.3	0.6
硬石膏	6	—	—	—	—	—	—	—	—
钙长石	—	—	—	19.9	23	20.3	—	—	—
拉长石	—	—	—	—	12.2	8.6	—	—	—
钠长石	—	—	—	—	2.7	—	—	—	—
赤铁矿	3.2	3.9	4.8	4.2	2.3	2	—	—	—
假蓝宝石	12.5	—	—	—	—	—	—	—	—
蓝晶石	—	—	—	—	15	10.9	—	—	—
莫来石	—	—	—	—	10.3	—	—	—	—
非晶体	21.4	53.4	51.7	33.4	0.5	41.6	93.7	96.7	99.4

4.1.7　矿物质对热转化工艺的影响

对于煤的焦化过程,矿物质对工艺过程的影响较小,这是由于焦煤的性质较为稳定,且不会含有过多易挥发的金属元素。同时,焦化过程的终温通常在 1000℃ 左右,远低于一般焦煤灰熔点而不会出现熔体,因此也不易出现结渣等问题。因此,炼焦对配煤过程仅考虑灰分含量的影响,一般要求小于 12%,而焦中的灰分则小于 15%。

对于煤直接液化过程,煤灰中的硅、铝、钙和镁等易产生结垢,影响传热且不利于正常操作,也易使管道系统堵塞和磨损,降低设备的使用寿命。对于液化过程,灰分通常要求在 5% 以下,以免造成额外的能耗和对液化效率的影响[1,3,4,13,19]。燃烧和气化过程中矿物质经历了较高的反应温度,发生分解和反应,特别是挥发和熔融,给燃烧和气化过程中带来了较多问题和困扰。另外,过高的灰分还会降低锅炉运行的经济性,因此燃煤的灰分最好小于 20%。

热转化过程一般均要求矿物质含量不能过高。例如,灰分高的煤在气化过程中产生的灰渣量增加,势必带走部分潜热(碳)和显热,使煤的热效率降低。另外,煤中灰分含量越高,原煤运输成本越大,气化煤耗、氧耗越高(灰分每增加 1%,氧耗增加 0.7%~0.8%,煤耗增加 1.3%~1.5%),气化炉和灰渣处理系统负荷越重,严重时会影响气化炉的正常运行。然而,对于膜式壁的熔渣气化炉,灰分过低会造成挂壁的炉渣量不足,导致水冷壁烧穿;一般至少应在 8% 以上,且熔渣黏度需控制在一定范围内。

煤中矿物质及其转化产物对热转化工艺的影响主要包括矿物质在管道内的沉积、反应器内的结渣、熔渣在反应器内的流动和排出等。

4.1.7.1　*矿物质沉积和结渣*

矿物质在锅炉或气化炉换热管上的沉积和堆积会影响管壁传热,一旦造成局部过热会影响锅炉和气化炉的稳定操作。Laursen 等[72]通过沉积层形貌分析,将矿物质沉积和结渣的类型归纳为五种:①多孔沉积;②颗粒沉积;③富铁沉积;④部分熔融颗粒沉积;⑤完全熔融颗粒沉积。这五种情况的化学组成分布都受到不同机理的控制,当然这几种因素可能是同时共存的。

Silverdale 等[73]发现最初积灰层化学组成中铁含量偏高,富铁沉积原因是黄铁矿颗粒表面氧化后形成了 FeS-FeO 低共熔体,表面熔融的颗粒黏附在管壁上。此外,Wall 等[74]分析了多个结渣部位的化学组成,特别是结渣的初始层,发现钙和铁的含量非常高,远超出原煤,而硅和铝的含量相应减少,这其中可能还会存在钙和铁的协同作用。这是由于钙和铁含量较高的矿物质颗粒的熔融温度较低,但是这部分熔体的黏度较大,易于在降温过程中沉积。因此,在燃煤过程中添加石灰石会造成沉积现象的加剧。富含碱金属和碱土金属的灰滴在管道上沉积并引发腐蚀的原理与富铁沉积不同,Chadwick 等[75]研究了富含碱金属的褐煤粉煤在燃烧过程中对管道的高温腐蚀,发现褐煤的灰分较少但钠含量较高,产物中的 NaCl、Na_2SO_4 和 NaOH 对管道的腐蚀较为严重。当气体中氯离子含量较高时,Na_2SO_4 和 NaOH 对管道的腐蚀更为显著。Wang 等[76]发现沉积层化学组成中的硅铝比有一定规律,随着硅铝比的增加,结渣趋势上升,这可能与煤中伊利石和高岭石含量较高有关。对于部分熔融颗粒沉积,Zygarlicke 等[77]认为仅需要有数百个分子厚度的液相就可以与管壁之间形成很强的键合。

此外,沉积过程还与高温下煤灰颗粒尺寸有关。Srinivasachar 等[78]发现沉积层部分灰颗粒的尺寸均小于 3 μm,而 Zygarlicke[79]认为熔融颗粒尺寸越大,越容易发生沉积和结渣现象。颗粒速度对于结渣的影响可以分为低影响区和高影响区两类,而与壁面的接触角关系不大。积灰外表面温度升高、壁面粗糙使软化的灰容易黏附,从而使结渣越来越厚。当渣温达到熔化温度时,熔渣会流到邻近的受热面上,扩大结渣的范围,结渣的过程是自动加剧的过程。

4.1.7.2　熔渣式反应器的排渣

熔渣式反应器包括粉煤锅炉、气流床气化炉和部分固定床气化炉。熔渣式气化炉以液态形式排渣,在操作过程中经常遇到炉壁衬受高温液态煤灰渣侵蚀和液态渣流动不畅而产生堵渣,从而影响正常操作。对于熔渣式反应器的内壁可以有两种选择,一种是高温耐火砖,该技术易于实现且已经普及[4,80,81]。以气流床气化炉为例,GE(德士古,TEXACO)气化炉采用的是高温耐火砖技术,但经过长期操作发现,熔融态灰渣直接流入激冷室,其煤灰在高温下炉内的流动性直接决定气化炉的操作稳定性,并影响耐火砖的寿命,从而影响气化装置能否稳定运行。另外一种是内壁采用以渣抗渣的技术,其在理论上优于高温耐火砖技术,可以延长气化炉操作周期且降低成本,也称为膜式壁技术,但对操作温度范围内熔渣的黏度要求较高。如图 4.23 所示,熔渣排渣的黏度范围在采用气渣逆流的 Shell 气化炉中需控制在 2.5～25 Pa·s,而在 GSP 等采用气渣并流的气化炉中熔渣排渣的黏度范围应控制在 10～50 Pa·s。矿物质组成是高温下熔渣黏度的决定性因素,实际上大多数原煤都难以满足以渣抗渣技术的黏度要求。当黏度较低时熔渣无法在炉壁挂渣,而黏度过高时会造成熔渣结渣,这两种情况都需要通过添加助剂或配煤来改变矿物质组成以达到调节黏度的目的。对于锅炉中熔渣排渣要求较低,只要满足渣口温度超过流动温度即可；或者满足 $10\sim50$ Pa·s 的黏度范围，即可减少结渣现象。

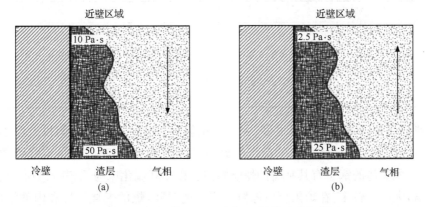

图 4.23　气渣并流(a)和逆流(b)的排渣黏度范围

4.2　残碳形成的影响因素

灰渣中的含碳物质可以分为三类[82,83]：①未反应碳；②碳质页岩；③外覆灰层的黑炭物质，可以认为是缩芯反应的核。燃烧和气化过程中灰渣中残碳的形成通常受以下几种因素影响：①煤的自身性质，特别是反应活性；②反应条件，包括反应温度、停留时间、反应气氛等；③颗粒被熔融态的灰或渣包裹，阻碍了反应进行。对于燃烧和气化过程，由于具有各自的特点，形成残碳的具体影响因素也略有差别。

4.2.1　燃烧过程的残碳

飞灰中的残碳是锅炉燃烧效率的重要指标。目前的循环床锅炉燃用褐煤及废木料，飞灰含碳量可控制在 3% 以下，但对较为年老的烟煤，飞灰含碳量在 5%～10%，无烟煤在 10%～20%，个别情况超过 20%。由此可见，飞灰含碳量已成为制约循环流化床锅炉继续发展的一个重要因素。此外，飞灰中的含碳量是决定飞灰用途的主要因素，如表 4.4 所示。当残碳含量较低时具有较高的利用价值，通常水泥或混凝土中需添加有机表面活化剂提高材料的可塑性，将空气泡固定在水泥或混凝土浆液中。但含碳量较高的飞灰不宜用来生产这种加气水泥或加气混凝土，因为多孔的碳颗粒会吸附表面活化剂，使它不能固定空气泡[84]。

表 4.4　不同残碳含量飞灰的主要利用途径[84]

残碳含量/%	用途
0～6	水泥添加
6～15	非空水泥或填埋
>15	烧窑填料或填埋
>30	吸附剂或填埋

影响飞灰含碳量的因素很多,主要包括煤种、燃烧的温度、时间以及氛围等。改进方法有增加循环流化床的高度和旋风筒的分离效率、改变过量空气系数等。此外,不同类型的锅炉有其独特的燃烧特点。以循环流化床为例,其入炉煤粒径范围很宽,大颗粒较多,在炉内可以停留相当长的时间,煤的燃烧特性和内部结构会发生很大的变化;沉积在密相床中的较大颗粒的燃烧温度会远高于炉内的温度,也高于小颗粒的燃烧温度,使不同粒径段的煤颗粒的变化过程不同。在反应器中煤颗粒与气体、煤颗粒与壁面、煤颗粒之间存在着剧烈的碰撞和摩擦,大颗粒经过一次爆裂、二次爆裂和后期磨耗会变为小颗粒甚至微小颗粒,入炉煤中的大颗粒也成为飞灰残碳的重要来源。循环流化床的这些特点决定了其飞灰中残碳的生成机理和影响因素比较复杂[84,85]。

4.2.1.1　粉煤颗粒尺寸

郑余治等[86]利用单颗粒等径缩核模型得到焦炭粒子的燃烬时间随粒径变化曲线呈峰值特征,$d_p = 40 \sim 50~\mu m$ 的颗粒相对难燃烬。燃烧反应在球形焦炭粒子表面进行,在反应过程中,反应表面不断移向核心,外层形成与原颗粒直径相同的灰壳;颗粒处于静止状态或以与气体相同的速度运动;颗粒内部不存在温度梯度;氧气的内扩散阻力以灰壳阻力的形式体现在 $D_e = f_n \cdot D$ 中;颗粒内焓的变化是由化学反应放热和与周围气体的对流换热引起的。

热平衡方程:

$$(C_p/f)(\mathrm{d}T_p/\mathrm{d}\tau) = Q_{\mathrm{DW}}\beta C_{\mathrm{O}_2} \tag{4.15}$$

$$(273/T_g)K_C = a_p(T_p - T_g) \tag{4.16}$$

式中,C_p 为恒压热容;f 为颗粒比表面积;T_p 为颗粒表面温度;Q 为发热量;β 为 0.75;C_{O_2} 为氧气浓度;T_g 为燃烬温度;K_C 为反应速率常数;a_p 为对流换热系数。

质量方程:

$$\left(\frac{\rho_p}{2}\right)\left(\frac{\mathrm{d}d_p}{\mathrm{d}\tau}\right) = -\beta C_{\mathrm{O}_2}\left(\frac{273}{T_g}\right)K_C \tag{4.17}$$

式中，ρ_p 为颗粒密度；d_p 为粒径。

在此基础上得到的数学模型可以求出初始粒径和燃烬时间的关系，如图 4.24 所示。可以看出，颗粒的燃烬时间在 $d=40\sim50~\mu m$ 的粒径范围内出现极值。这一粒径段的颗粒在循环流化床内停留时间很短，一般只能循环一次，因此不易燃烬。

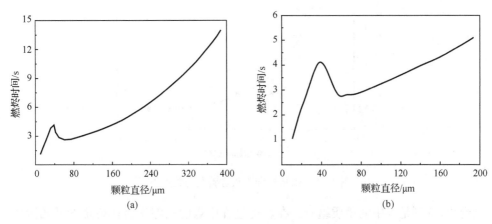

图 4.24　燃烬时间随颗粒粒径的变化曲线[86]

(a)单颗粒缩核模型；(b)考虑流动和辐射的单颗粒缩核模型

4.2.1.2　煤的性质

陈旭等[87]发现飞灰残碳的微观形貌和显微组分与燃烧特性有密切关系。利用 SEM 对燃烧前后颗粒进行表征，对比了镜质组和丝质组在燃烧后的变化。发现镜质组的白色有机质边界已很不清楚，表明已经历了剧烈的燃烧过程；而且有机质内部会形成很多开口孔隙，外部气体可以进入并与内部有机质发生反应。丝质组表面花纹清晰可见，表明燃烧过程并不剧烈，同时有机质内部几乎没有形成孔隙，无法与外部氧气发生反应，因此丝质组形成飞灰残碳的可能性更大。该观点也得到了其他研究者的验证[88,89]。

此外，从宏观角度分析，可以把挥发分对发热量的贡献（$I=V_{daf}/Q_{ar,net}$）作为评价不同煤种对飞灰含碳量影响的指标[90]。如图 4.25 所示，煤的性质对循环流化床锅炉飞灰含碳量的影响非常大。褐煤的挥发分高，发热量低，但煤指标高，因此其飞灰中含碳量低；而当燃用劣质燃料时，则飞灰中含碳量高。

4.2.1.3　煤的孔隙结构

用 SEM 表征反应前后的颗粒时发现，煤的孔隙结构会在燃烧过程中发生很

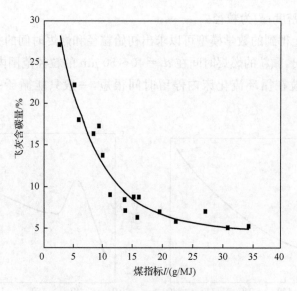

图 4.25　煤指标和飞灰含碳量的关系[90]

大变化,特别是煤中的镜质组分。在燃烧过程中煤的孔隙率会在燃烧的开始阶段变大,这主要是由于在快速升温(10^3 K/s)形成挥发分的过程中,软化或熔融的颗粒受到内部气体的压力而变形、胀大形成煤胞,使内部空腔变大;然后随着煤的燃烧、瓦解,其孔隙率又会逐渐减小[91]。当孔隙率降低到一定程度时,就难以再进一步发生气固反应,从而导致残碳的生成。

4.2.1.4　燃烧时间和温度

　　燃烧时间和温度对煤焦的晶格化程度均有影响。燃烧时间越长,燃烧温度越高,煤的晶格化程度就会越高,从而降低煤焦的反应活性。黎永等[92]用高挥发分烟煤磨成小于 180 μm 的煤粉放入管式炉中通高纯氮气,在 900℃下脱挥发分 7 min,将煤焦降至室温;然后在氮气中以 300℃/min 继续升温,在不同条件下(时间为 4 min~24 h,温度为 400~1400℃)热解得到各种焦样,并进行 XRD 分析。发现碳的晶格结构在热解过程中随热解时间的延长和热解温度的增高变得有序化。热解温度达到 60 min,衍射强度曲线(002)峰突然出现小尖,说明碳的晶格结构明显有序化。60 min 后碳晶格结构的变化不再明显,要发展为更高的有序状态,必须提高温度。热解温度到达 900℃,(002)峰突然出现尖峰,说明碳的晶格结构明显有序化,其起始点为 800~900℃。吴诗勇等[93]在考察热解时间对碳微晶结构影响时,也得到了类似的结果,如图 4.26 所示,随着停留时间的延长,微晶结构明显向有序化方向发展。

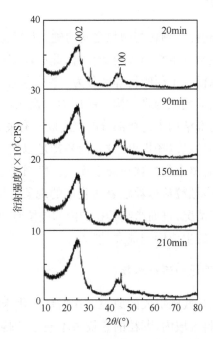

图 4.26　1400℃下不同停留时间下煤焦的 XRD 图[93]

　　Sharma 等[91]将低挥发分的烟煤磨至 100 目（150 μm）以下，首先将煤粉放入流化床反应器中通入氮气，在 800℃下脱挥发分 5 min，将煤焦降至室温。然后将得到的煤焦再送至红外聚焦炉中在 N₂ 下以 100℃/min 加热至 1200℃，并保持 5 min，然后降至室温。为了获得气化条件下转化率更高的焦样，在 1200℃加热 5 min 后，将 N₂ 切换为 CO 与氢气的混合气体，继续加热 480 min，转化率达到 92%（daf）。利用 TEM 表征两种条件下得到的焦样芳香层结构，发现其形状、尺寸和定向性均有很大差异。转化率达到 92%的焦样定向清晰、芳香层尺寸增大，可以判断随着气化时间的延长（高温加热时间延长），煤焦的晶格化程度增加。由此看出，煤的晶格化程度会随着燃烧时间和燃烧温度的提高而提高，晶格间距更加紧密，排列更为有序，从而使煤的本征反应活性降低。循环流化床锅炉内的大颗粒煤在炉内停留时间较长，燃烧温度较高，考虑破碎的因素，大颗粒反应活性的变化会影响飞灰的残碳量。在循环流化床的运行温度下，焦炭颗粒的失活时间依煤种不同为 10~30 min；此后，较大的颗粒虽然在不断循环，但是因为已经失活，很难发生反应。这样，因大颗粒磨耗产生的小颗粒不断从分离器逃逸出物料循环，导致其飞灰含碳量升高[84,89]。

4.2.1.5　颗粒破碎

燃烧过程中颗粒与壁面、颗粒与颗粒之间的碰撞和摩擦相当剧烈,一部分大颗粒在进入炉膛后其粒径会发生相当大的变化,因此循环流化床锅炉的飞灰来源比较复杂。破碎过程可以根据不同的机理区分为一次爆裂和二次爆裂。一次爆裂与在热解过程中煤颗粒内部孔隙网络结构中的压力以及颗粒热应力有关;而二次爆裂与燃烧时焦炭颗粒内部结构中连接部分的燃烬断开有关。渗透破碎是由于焦炭颗粒的尺寸虽然还未小到足以扬析出床层,但是却足以使得颗粒内部的燃烧处于化学动力控制之下,此时整个焦炭颗粒濒于崩溃。磨损是通过颗粒与床内固体物料和炉墙的摩擦,使细微颗粒从母颗粒表面脱落的现象。煤的破碎特性会影响炉内固体颗粒的粒径分布情况,进而影响其在炉内的停留时间和传热系数,所以煤的破碎特性对飞灰中残碳的生成影响很大[84,93-95]。

4.2.1.6　锅炉的设计和运行参数

气固混合不充分也是残碳形成的原因。在循环流化床中,二次风口以上存在中心贫氧区,在此富燃料区域内,颗粒的燃烧很不充分,细颗粒没有燃尽就逃出循环。分离器效率不够高也是影响飞灰含碳量的重要原因之一。给煤中的细颗粒和在床内由一次爆裂、二次爆裂产生的已经失活的细碳颗粒从分离器逃逸,这类细颗粒在炉内停留时间很短,燃烧不完全,导致其飞灰含碳量过高[87-95]。

4.2.2　气化过程的残碳

在气化灰渣中,未反应碳是残碳的主要来源,所占的比例约为 75%。气化过程形成未反应碳有以下几个可能途径[88-97]:①气化炉底部的高温由残焦(碳)的燃烧反应提供热量,当通入的气化剂造成降温的势能高于燃烧放热反应时,导致部分焦被困在灰渣中;②粉煤中的大颗粒进入气化炉,但未经历充分的时间反应,快速通过而形成残碳;③残碳颗粒在降温过程中被捕获或包裹,无法与氧化剂和气化剂接触,导致反应未完全。

Wagner 等[88]采用热重、偏光显微镜、比表面仪和空隙率仪等手段详细考察了未反应碳的性质,并描述了其可能来源和形成原因。

(1)密实碳颗粒。占到未反应碳的 50%左右,利用 BET 和显微镜分析发现这种颗粒是所有未反应碳颗粒中密度最大的一种,最可能的来源是煤中富含惰质组的煤颗粒。从其反射率分布分析,并不是所有颗粒均经历了高温反应。由此推测,部分密实碳颗粒在二次爆裂过程中形成。

（2）层状碳颗粒。这类颗粒约占到未反应碳的 21%，包括了多种显微组分，因此在热解过程中呈现出不同的性质。用肉眼可以分辨，富含镜质组的颗粒体积膨胀且多孔，而富含惰质组的层几乎没有变化。从微观角度来看，各向异性、各向同性的多孔颗粒及被氧化的颗粒组成了层状碳颗粒。同时，这些颗粒的反射率范围很宽，说明其经历了不同的温度区间。

（3）多孔未反应碳颗粒。这部分颗粒多孔且密度小，在未反应碳中最软，可能来自于煤中富含镜质组的颗粒，由于经历了膨胀和冷却过程，形态上像焦粒，变得质硬、多孔。经过岩相分析发现，1/3 的样品具有各向同性，20% 的样品为脱挥发分的煤，说明这类颗粒很可能没有经历反应器中温度最高的区域，是快速热解的产物，这也得到了反射率结果的证实。多孔未反应碳的 CO_2 气化反应性低于其他类型的焦和其他未反应碳[88]，这也是此类颗粒存在于飞灰中的重要原因。Matsuoka 等[96]对于这个现象的解释为：多孔未反应碳颗粒可能是由反应性很低的碳膜覆盖了具有骨架结构的孔而形成的。

（4）煤质未反应碳颗粒。此类颗粒占到了未反应颗粒的 4%，性质与煤颗粒最为接近，可能在较低温度下被渣捕获或包裹。Matjie 等[97]也证实此类颗粒中发现未发生变化的石灰石和白云石，说明颗粒未经过高于 850℃ 的区域。

残碳形成的影响因素中，矿物质与煤焦反应性、颗粒破裂规律等都有着密切的关系，但现有的研究尚未将矿物质组成进行关联，可能是受限于残碳形态较多，且难于分离和表征的因素。

4.2.3 熔渣中的残碳

熔渣中有残碳存在的主要原因是熔渣式反应器中煤焦颗粒被熔渣表面捕获，从而失去继续反应的环境而形成[98,99]。Montagnaro 等[98]指出焦粒沉积在熔渣表面的三种情况（图 4.27）：①稀相中颗粒被熔渣捕获并进入渣层内部形成残碳；②颗粒附在颗粒表面，但仍可以继续发生反应，随后仍有颗粒被熔渣面捕获；③熔渣表面覆盖了一层焦颗粒，并排斥后续焦颗粒的沉积。

刘升等[100]发现在工况下壁面沉积颗粒中的碳约 85% 在壁面反应中消耗，排渣口渣层碳含量约为 14%。考虑了壁面反应后的整体碳转化率为 95.12%，比未考虑壁面反应的模型更接近中试结果，说明壁面反应的重要性。液态渣层厚度从上至下变化较为平缓，固态渣层厚度则逐渐增加。增加氧煤比，导致渣层平均温度升高、固态渣层厚度减少、壁面反应消耗的碳增加，从而使出口渣层碳含量降低。

刘升等[100]建立了基于 Eulerian-Lagrangian 模拟方法的炉内气固两相流动模型，采用可实现（Realizable）k-ε 模型描述炉内复杂气相湍流运动，应用颗粒轨道模

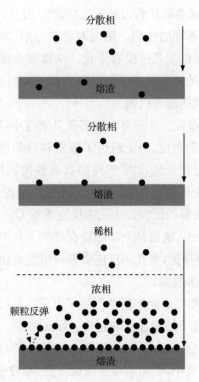

图 4.27　气化过程中熔渣捕获焦颗粒的过程[98]

型随机追踪煤粉颗粒在湍流气流中的运动,发现炉体上部高度和入口速度对气化炉的运行效率具有重要影响。降低高度可能增大未完全反应颗粒被壁面渣层捕获的比例,导致碳转化率降低;增加高度则加大制造成本。入口速度减小,不利于两相流充分对撞和煤粉颗粒在炉内散开,但可能降低未完全反应颗粒被壁面渣层的捕获率;增大入口速度,可以使对撞更剧烈,有利于煤粉颗粒在炉内散开,但同时也可能显著增大未完全反应颗粒被壁面渣层的捕获率。Walsh 等[101]指出焦颗粒被熔渣捕获的概率与熔渣的性质有关,建立了与熔融性和黏度相关的模型,可以获得较好的预测结果。Bai 等[63]进一步指出熔渣黏度在约 20 Pa·s 时,熔渣与焦颗粒易发生相互作用。

　　不同学者研究了灰渣粒径和灰渣中残碳活性的关系[102-104]。Zhao 等[103]利用 TG 考察了不同粒径含碳渣的反应活性,并与原煤进行了比较,如图 4.28 所示。渣中碳的反应活性明显低于原煤,同时,细渣中碳的活性低于粗渣,尽管粗渣的停留时间长于细渣,这也说明了两种渣中碳的来源不同。粗渣中的碳可能由未反应颗粒被壁面熔渣捕获而形成[104];但是,细渣形成过程倾向于形成独立的无碳的球,直接包裹的可能性较小。由于熔渣和含碳物质表面性质的差异,细渣中残碳的形成可能与原煤中矿物质和有机质的结合方式有关。

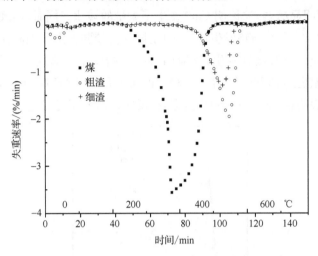

图 4.28　不同粒度含碳渣及原煤的 DTG 曲线[103]

4.3　热转化过程的碳热反应

在煤中,除了 Si 以外,Ca 和 Fe 也是最常见的两种矿物元素。在高温热转化过程中这些元素都可能和煤焦中碳发生反应,常被称为碳热反应。碳热反应不仅改变有机物的反应性,形成的产物也会影响灰渣的性质。

4.3.1　CaO 的碳热反应

对于氧化钙和碳之间发生的反应,较为公认的机理为[105]

$$CaO + C \longrightarrow Ca + CO \tag{4.18}$$

$$Ca + 2C \longrightarrow CaC_2 \tag{4.19}$$

CaO 与碳的反应分为两步:CaO 首先与碳反应生成 Ca,同时释放出 CO,随着温度的提高,反应(4.19)开始发生,即由反应(4.18)产生的 Ca 也开始与 C 进一步反生成 CaC_2,但是,对这两个反应所发生的温度范围有不同的认识。Ohme 等[106]认为,反应(4.18)在高于 1150℃时发生;反应(4.19)在低于 1300℃时不会发生。然而,Wang 等[107]认为,前者在 950~1450℃范围内显著发生,后者在高于 1450℃才发生。

Wu 等[108]利用乙酸钙和炭黑混合在不同温度下进行了碳热反应的研究,如

图 4.29所示。在 950℃热处理后，明显存在 $CaCO_3$ 和 $Ca(OH)_2$ 的衍射峰；谱图 B 与 A 进行比较可知，当热处理温度达到 1200℃时，混合物中 $CaCO_3$ 和 $Ca(OH)_2$ 的衍射峰强度明显减弱，这说明 CaO 发生了大量的转化。同时，出现了 CaC_2 的弱衍射峰，说明 CaO 开始与碳发生反应，但是该反应较弱。由此判断在温度为 950～1200℃内，反应(4.18)显著发生，反应(4.19)开始发生。谱线 c 与 b 进行比较发现，当热处理温度达到 1400℃时，$CaCO_3$ 和 $Ca(OH)_2$ 的衍射峰消失，而 CaC_2 的衍射峰变强，这表明在 1200～1400℃范围内，反应(4.19)明显发生。

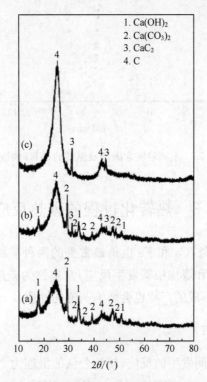

图 4.29　乙酸钙和炭黑混合物在不同热处理温度下的 XRD 图[108]
(a) 950℃；(b) 1200℃；(c) 1400℃

4.3.2　Fe_3O_4 的碳热反应

Tanaka 等推断 Fe_3O_4 和炭黑中的碳发生反应的机理如下[109]：

$$Fe_3O_4 + 4C \longrightarrow 3Fe + 4CO \tag{4.20}$$

$$xFe + yC \longrightarrow Fe_xC_y \tag{4.21}$$

反应(4.20)在大约 820℃时开始发生，而且反应速率很大；反应(4.21)在大约

910℃开始发生并产生 Fe-C 共熔体(Fe_xC_y),且随反应温度增加,y/x 的比值增加。在 910～1400℃范围内,吴诗勇等[110]认为 Fe 与 C 反应生成 Fe_3C 的反应不会发生,但有人持相反结论。

　　如图 4.30 所示,对不同热处理温度下的乙酸铁和炭黑的混合物进行 XRD 分析后发现[110],在 850℃下样品中 Fe 的存在形式为 Fe 和 Fe_3O_4,说明炭黑中 $Fe(Ac)_3$ 的分解产物为 Fe_3O_4。同时,Fe 的特征峰明显比 Fe_3O_4 的强,在 820～910℃内 Fe_3O_4 被炭黑中的碳快速还原而生成 Fe,并释放 CO。在 950℃时,混合

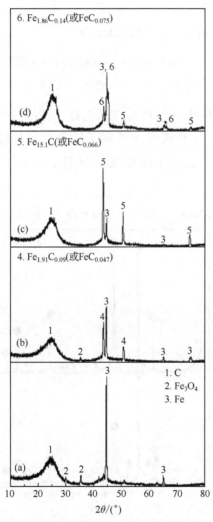

图 4.30　乙酸铁和炭黑混合物在不同热处理温度下的 XRD 图[110]

(a) 850℃;(b) 950℃;(c) 1200℃;(d) 1400℃

物中出现了 Fe/C 化合物 Fe_xC_y，说明此时被还原生成的 Fe 与炭黑中的碳发生了反应。此外，XRD 谱图中都出现了 Fe_xC_y 的特征峰，且随热处理温度的增加，Fe_xC_y 中 C 与 Fe 的比例（y/x）增加（950℃、1200℃ 和 1400℃ 时，y/x 分别为 0.047、0.066 和 0.075）。这一结果说明，在热处理温度为 1400℃ 时混合物中 Fe 与碳反应生成了 Fe-C 共熔体。不同研究者得到的不同结论可能是由不同碳源中无机物组分的差异引起的。

4.3.3　SiO₂ 的碳热反应

普遍认可的煤焦中碳和 SiO_2 反应机理为

$$SiO_2 + C \longrightarrow SiO\,(g) + CO \tag{4.22}$$

$$SiO(g) + C \longrightarrow SiC + CO \tag{4.23}$$

首先，二氧化硅和碳反应生成气相的一氧化硅，随后产物与碳发生反应。Wang 等[107]利用脱灰焦在氩气和氮气中考察了碳和二氧化硅的反应，发现产物中（图 4.31）不仅有 SiC，在氮气下还生成了 Si_3N_4。1600℃ 高温下可能发生如下反应：

$$3SiO + 2N_2 + 3C \longrightarrow Si_3N_4 + 3CO \tag{4.24}$$

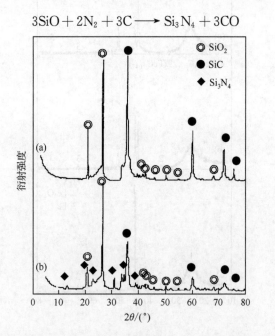

图 4.31　脱灰焦和二氧化硅混合物在 1600℃ 下的 XRD 图[107]

(a) Ar；(b) N₂

同时,可能伴随竞争反应:

$$2SiO + N_2 + C \longrightarrow Si_2N_2O + CO \tag{4.25}$$

$$Si_2N_2O + C \longrightarrow SiC + CO + N_2 \tag{4.26}$$

Wang 等[107]认为在较低的氮气分压下,如在床层较深的样品中,样品与 N_2 的接触并不充分,才能生成 Si_2N_2O。Komeya 等[111]认为当混合物的 $C/SiO_2 < 5$ 时,才有可能生成 Si_2N_2;当 $C/SiO_2 > 5$ 时,产物为 Si_3N_4。

4.3.4　高岭石的碳热反应

碳热反应不仅限于碳和金属氧化物之间,在高温下也有可能与硅酸盐发生反应。通常煤中含量较高的硅酸盐矿物为高岭石,但高岭石并不能直接与碳发生反应。这是由于高温下高岭石转化为莫来石,其碳热反应也就转化为莫来石的碳热反应[107]。煤中的高岭石在高于 1000℃时,开始逐渐脱水转化为偏高岭石,并在高于 1350℃时逐渐转化为莫来石,1500℃以上时发生如下反应:

$$Al_6Si_2O_{13} + 6C \longrightarrow 3Al_2O_3 + 2SiC + 4CO \tag{4.27}$$

当温度高于 1560℃时,分解生成的 Al_2O_3 还会与碳发生反应形成 Al_4C_3[112]。

$$2\,Al_2O_3 + 9C \longrightarrow Al_4C_3 + 6CO \tag{4.28}$$

Wang 等指出在氮气下还可能生成 AlN 和 Si_3N_4,如图 4.32 所示。

高温氮气气氛下可能发生了如下反应:

$$2\,Al_2O_3 + Si_3N_4 + 9C \longrightarrow 4AlN + 3SiC + 6CO \tag{4.29}$$

$$Al_2O_3 + N_2 + 3C \longrightarrow 2AlN + 3\,CO \tag{4.30}$$

其中反应(4.30)通常在温度超过 1500℃才开始发生。

4.3.5　碳热反应产物对黏温曲线的影响

Bai 等[113]利用 XRD 分析了添加石墨后熔渣的 XRD(图 4.33)中有石墨和 SiC 的衍射峰,且随着石墨含量增加,SiC 晶体含量迅速增加。在 3.1.2.4"影响黏温特性的其他因素"中讨论了残碳对黏温曲线的影响,发现随着石墨添加量增加,黏度数值增加且临界黏度温度显著升高(图 3.42)。这是由于:①SiC 为高熔点物质,在熔渣中以固相存在造成黏度上升;②SiC 的形成为吸热反应,会引起体系温度波动而导致其他物质的结晶,从而使临界黏度温度升高。在熔渣式气化炉中,残碳或未反应的焦可能会被熔渣捕获,当残碳或焦的含量较高时,将会对熔渣的流动性造成明显的影响。

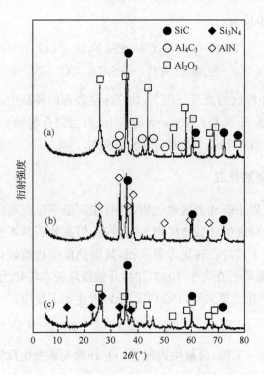

图 4.32 脱灰焦和高岭石混合物 XRD 图[61]

(a) 1600℃, Ar; (b) 1600℃, N₂; (c) 1400℃, N₂

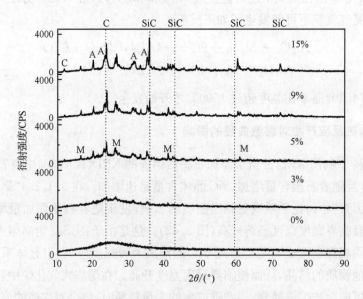

图 4.33 添加不同石墨量的熔渣 XRD 图[113]

参 考 文 献

[1] 谢克昌. 煤的结构与反应性. 北京：科学出版社，2002.

[2] 陈鹏. 中国煤炭性质、分类和利用. 2 版. 北京：化学工业出版社，2010.

[3] Vorres K S. Mineral Matter and Ash in Coal. Washington DC：American Chemical Society，1986.

[4] 郭树才. 煤化工工艺学. 第三版. 北京：化学工业出版社，2012.

[5] Irfan M F, Usman M R, Kusakabe K. Coal gasification in CO_2 atmosphere and its kinetics since 1948：A brief review. Energy，2011，36：12-40.

[6] Öztaş N A, Yürüm Y. Pyrolysis of Turkish Zonguldak bituminous coal. Part 1. Effect of mineral matter. Fuel，2000，79：1221-1227.

[7] Khan M R, Jenkins R G. Influence of added calcium compounds on swelling, plastic and pyrolysis behaviour of coal devolatilized at elevated pressures. Fuel，1986，65：1203-1208.

[8] Wang Z G, Bai J, Bai Z Q, et al. Effect of grinding behaviors on characteristics of pulverized coal. Submitted to Energy & Fuels.

[9] Kuehn D W, Davis A, Painter P C. Relationships between the organic structure of vitrinite and selected parameters of coalification as indicated by fourier-transform IR-spectra. ACS Symposium Series，1984，252：99-119.

[10] Sobkowiak M, Reisser E, Given P, et al. Determination of aromatic and aliphatic CH groups in coal by FT-i. r.：1. Studies of coal extracts. Fuel，1984，63：1245-1252.

[11] 李凡，张永发，谢克昌. 矿物质对煤显微组分热解的影响. 燃料化学学报，1992，20(3)：300-306.

[12] 谢克昌，赵明举，凌大琦. 矿物质对煤焦表面性质和煤焦 CO_2 气化反应的影响. 燃料化学学报，1990，18(4)：316-323.

[13] 高晋生. 煤的热解、炼焦和煤焦油加工. 北京：化学工业出版社，2010：185.

[14] Murakami K, Shirato H, Ozaki J, et al. Effects of metal ions on the thermal decomposition of brown coal. Fuel Process Technol，1996，46：183-194.

[15] Hippo E J, Jenkins R G, Phillp L, et al. Enhancement of lignite char reactivity to steam by cation addition. Fuel，1979，58：338-344.

[16] Chen H, Li B, Zhang B. The effect of acid treatment on the removal of pyrite in coal. Fuel，1999，78：1237-1238.

[17] Ahmad T, Awan I A, Nisar J, et al. Influence of inherent minerals and pyrolysis temperature on the yield of pyrolysates of some Pakistani coals. Energ Convers Manage，2009，50：1163-1171.

[18] Gornostaye S, Kerkkonen O, Härkki J. Behaviour of coal associated minerals during cokingand blast furnace processes-A review. Steel Res Int，2009，80：390-395.

[19] 魏贤勇,宗志敏,秦志宏等. 煤液化化学. 北京:科学出版社,2002.

[20] Yürüm Y. Clean utilization of coal, coal structure and reactivity, cleaning and environmental aspects//NATO ASI Series. London: Kluwer Academic Publishers, 1992: 65-75.

[21] Gözmen B, Artok L, Erbatur G,et al. Direct liquefaction of high-sulfur coals: Effects of the catalyst, the solvent, and the mineral matter. Energy Fuels, 2002, 16:1040-1047.

[22] Martin S C, Schobert H H. Contribution of mineral matter to low temperature liquefaction mechanisms. Prep Pap Am Chem Soc Div Fuel Chem, 1996, 41: 967-971.

[23] Thomas M G, Padrick T D, Stohl F V, et al. Decomposition of pyrite under coal liquefaction conditions: A kinetic study. Fuel,1982,61:761-764.

[24] 黄慕杰. 某些天然矿物质对煤液化催化加氢活性的研究. 洁净煤技术,1997,3:26-30.

[25] Öner M, Bolat E, Dincer S. Effects of catalysts and solvents on the direct hydroliquefaction of turkish lignites. Energy Sources, 1990, 12:407-419.

[26] Oner M, Oner G, Bolat E,et al. The effect of ash and ash constituents on the liquefaction yield of turkish lignites and asphaltites. Fuel, 1994, 73:1658-1666.

[27] Joseph J T, Forrai T R. Effect of exchangeable cations on liquefaction of low rank coals. Fuel, 1992, 71:75-80.

[28] Shirazi A R, Börtin O, Eklund L, et al. The impact of mineral matter in coal on its combustion, and a new approach to the determination of the calorific value of coal. Fuel,1995, 74:247-251.

[29] Shirazi A R, Lindqvist O. An improved method of preserving and extracting mineral matter from coal by very low-temperature ashing (VLTA). Fuel, 1993, 72:125-131.

[30] Wigley F, Williamson J, Gibb W H. The distribution of mineral matter in pulverised coal particles in relation to burnout behavior. Fuel, 1997, 76:1283-1288.

[31] Küçükbayrak S. Influence of the mineral matter content on the combustion characteristics of turkish lignites. Thermochim Acta, 1993, 216:119-129.

[32] Pohl J H, Sarofim A F. Devolatilization and oxidation of coal nitrogen. Symposium (International) on Combustion, 1977,16: 491-501.

[33] 晏蓉,周陵燕,米素娟,等. 煤中矿物质成分影响燃烧性能的实验研究. 热力发电,1996, (3):33-37.

[34] Méndez L B, Borrego A G, Martinez-Tarazona M R, et al. Influence of petrographic and mineral matter composition of coal particles on their combustion reactivity. Fuel, 2003, 82:1875-1882.

[35] Wigley F, Williamson J, Gibb W H. The distribution of mineral matter in pulverised coal particles in relation to burnout behaviour. Fuel, 1997, 76(13): 1283-1288.

[36] Jenkins R G, Nandi S P, Walker P L. Reactivity of heat-treated coals in air at 500℃. Fuel,1973, 52:288-293.

[37] Hippo E, Walker P L. Reactivity of heat-treated coals in carbon dioxide at 900℃. Fuel, 1975, 54:245-248.

[38] Tomita A, Mahajan O P, Walker P L. Reactivity of heat-treated coals in hydrogen. Fuel, 1977, 56:137-144.

[39] Senkan S M. Analysis and design of catalyst-coated fins/spines. Ind Eng Chem Process Des Dev, 1980, 19:680-688.

[40] Franklin H D, Peters W A, Howard J B. Mineral matter effects on the rapid pyrolysis and hydropyrolysis of a bituminous coal: 1. Effects on yields of char, tar and light gaseous volatiles. Fuel, 1982, 61(2):155-160.

[41] Otto K, Bartosiewicz L, Shelef M. Effects of calcium, strontium and barium as catalysts and sulphur scavengers in the steam gasification of coal chars. Fuel, 1979, 58:565-572.

[42] 沙兴中,黄瀛华,曹建勤,等. 煤的品位及其中矿物质对气化反应活性的影响. 燃料化学学报,1986,14:108-115.

[43] Grigore M, Sakurovs R, French D, et al. Mineral reactions during coke gasification with carbon dioxide. Int J Coal Geol, 2008, 75:213-224.

[44] 凌开成,谢克昌,米杰. 高灰煤在 CO_2 气氛中的催化气化//煤的研究方法及合理有效利用学术研讨会,无锡,1988.

[45] Fung D P C, Kim S D. Laboratory gasification study of Canadian coals: 2. Chemical reactivity and coal rank. Fuel, 1983, 62:1337-1340.

[46] Juentgen H, van Heek H K. Recent results on the kinetics of coal pyrolysis and hydropyrolysis and their relationship to coal structure. Prep Pap Am Chem Soc Div Fuel Chem, 1984, 29:195-205.

[47] Kopsel R, Zabawski H. Catalytic effects of ash components in low rank coal gasification: 1. Gasification with carbon dioxide. Fuel, 1990, 69:275-281.

[48] Mahajan O P, Tomita A, Nelson J R, et al. Differential scanning calorimetry studies on coal: 2. Hydrogenation of coals. Fuel, 1977, 56:33-39.

[49] Hüttinger K J, Minges R. Catalytic water vapour gasification of carbon: Importance of melting and wetting behaviour of the 'catalyst'. Fuel, 1985, 64:491-494.

[50] Ohtsuka Y, Kuroda Y, Tamai Y, et al. Chemical form of iron catalysts during the CO_2-gasification of carbon. Fuel, 1986, 65:1476-1478.

[51] Li C Z. Advances in the Science of Victorian Brown Coal. Oxford: Elsevier, 2004: 135.

[52] Jüntgen H, Heek H K. Kinetics and mechanism of catalytic gasification of coal. Prepr Pap Am Chem Soc Div Fuel Chem, 1984, 29:195-205.

[53] Koyama S, Hishinoma Y, Miyadera H. Effect of temperature on coal gasification near the ash melting point. Proc Intersoc Energy, 1983, 99:455-462.

[54] Radovic L R, Walker P L, Jenkins R G. Importance of catalyst dispersion in the gasification

of lignite chars. J Catal, 1983, 82:382-394.

[55] 唐黎华,王建中,吴勇强,等. 低灰熔点煤的高温气化反应性能. 华东理工大学学报, 2003, 29:341-345.

[56] 朱子彬,马智华,林石英,等. 高温下煤焦气化反应特性(Ⅰ)灰分熔融对煤焦气化反应的影响. 化工学报,1994,45:147-154.

[57] Liu H, Luo C H, Toyota M, et al. Mineral reaction and morphology change during gasification of coal in CO_2 at elevated temperatures. Fuel, 2003, 82:523-530.

[58] Lin S Y, Hirato M, Horio M. The characteristics of coal char gasification at around ash melting temperature. Energy Fuels, 1994, 8:598-606.

[59] Bai J, Li W, Li C, et al. Influences of minerals transformation on the reactivity of high temperature char gasification. Fuel ProcessTechnol, 2010,91:404-409.

[60] Li C Z. Some recent advances in the understanding of the pyrolysis and gasification behaviors of Victorian brown coal. Fuel, 2007, 86:1664-1673.

[61] Wang J, Ishida R, Takarada T. Carbothermal reactions of quartz and kaolinite with coal char. Energy Fuels, 2000, 14:1108-1114.

[62] Wu S Y, Zhang X, Gu J,et al. Variation of carbon crystalline structures and CO_2 gasification reactivity of Shenfu coal chars at elevated temperatures. Energy Fuels, 2008, 22:199-206.

[63] Bai J, Li W, Bai Z Q. Effects of Mineral Matter and Coal Blending on Gasification. Energy Fuels, 2011, 25:1127-1131.

[64] Ma Z B, Bai J, Li W, et al. Effect of coal ash on the reactivity of char gasification at high temperatures. Submitted to Energy Fuels.

[65] Clemens A H, Damiano L F, Matheson T W. The effect of calcium on the rate and products of steam gasification of char from low rank coal. Fuel, 1998, 77:1017-1020.

[66] Mckee D W. Effect of metallic impurities on the gasification of graphite in water vapor and hydrogen. Carbon, 1974, 12:453-464.

[67] Hermann G, Huttinger K J. Mechanism of iron-catalyzed water vapor gasification of carbon. Carbon, 1986, 24:429-435.

[68] Painter P C, Coleman M M, Jenkins R G, et al. Fourier transform infrared study of mineral matter in coal. A novel method for quantitative mineralogical analysis. Fuel, 1978, 57:337-344.

[69] 白进,李文,白宗庆,等. 兖州煤中矿物质在高温下的变化规律. 中国矿业大学学报, 2008, 37:369-372.

[70] Bai J, Li W. The reactions between minerals and coal matrix before and after melting. Submitted to Fuel.

[71] Bai J, Li W, Li C et al. Influences of mineral matter on high temperature char gasification.

J Fuel Chem Technol, 2009, 37:134-139.

[72] Laursen K, Frandsen F J, Larsen O H. Influence of metal surface temperature and coal quality on ash deposition in PC-fired boilers//Gupta R P, Wall T F, Baxter L. Impact of Mineral Impurities in Solid Fuel Combustion. New York: Kluwer AcademicPlenum Publishers, 1999: 357-366.

[73] Silverdale A, Gupta R P, Wall T F, et al. Impact of Mineral Impurities in Solid Fuel Combustion. New York: Kluwer Academic Plenum Publishers, 1999.

[74] Wall T F. //24th Symposium on combustion,mineral matter transformation and ash deposition in pulverized coal combustion, Australia, 1992.

[75] Chadwick B L, Ashman R A, Campisi A, et al. Development of techniques for monitoring gas-phase sodium species formed during coal combustion and gasification. Int J Coal Geol, 1996, 32:241-253.

[76] Wang H F, John N H. Modeling of ASH deposit growth and sintering in PC-fired boilers// Gupta R P, Wall T F, Baxter L. Impact of Mineral Impurities in Solid Fuel Combustion. New York: Kluwer Academic Plenum Publishers, 1999: 697-708.

[77] Zygarlicke C J, Steadman E N, Benson S A. Studies of transformations of inorganic constituents in a Texas lignite during combustion. Prog Energy Combust Sci, 1990, 16: 195-204.

[78] Srinivasachar S, Helble J J, Boni A A. An experimental study of the inertial deposition of ash under coal combustion conditions//Proceedings of the 23rd international symposium on combustion, 1990.

[79] Zygarlicke C J. Predicting ash behavior in conventional power systems//Gupta R P, Wall T F, Baxter L. Impact of Mineral Impurities in Solid Fuel Combustion. New York: Kluwer Academic Plenum Publishers, 1999: 709-722.

[80] 于遵宏,王辅臣. 煤炭气化技术. 北京:化学工业出版社,2010.

[81] Song W J,Tang L H,Zhu X D,et al. Prediction of Chinese coal ash fusion temperature in Ar and H_2 atmosphere. Energy Fuels, 2009, 23:1990-1997.

[82] Maroto-Valer M M, Taulbee D N, Hower J C. Application of density gradient centrifugation to the concentration of unburned carbon types from fly ash. Prep Pap Am Chem Soc Div. Fuel Chem, 1998, 43:1014-1018.

[83] Maroto-Valer M M, Taulbee D N, Hower J C. Novel separation of the differing forms of unburned carbon present in fly ash using density gradient centrifugation. Energy Fuels, 1999, 13:947-953.

[84] 于广辉,路霁鸽,郭庆杰,等. 循环流化床锅炉飞灰残碳生成机理研究. 煤炭转化,2000, 23:19-25.

[85] Bartoňová L, Klika Z, Spears D A. Characterization of unburned carbon from ash after

bituminous coal and lignite combustion in CFBs. Fuel, 2007, 86:455-463.

[86] 郑治余,刘信刚,金燕,等. 循环流化床锅炉燃烧室内焦炭粒子燃烧特性的研究. 工程热物理学报,1995,16:106-110.

[87] 陈旭. 流化床锅炉飞灰残碳特性研究. 北京:清华大学,1998.

[88] Wagner N J, Matjie R H, Slaghuis J H, et al. Characterization of unburned carbon present in coarse gasification ash. Fuel, 2008, 87:683-691.

[89] Helle S, Gordon A, Alfaro G, et al. Coal blend combustion: link between unburnt carbon in fly ashes and maceral composition. Fuel Process Technol, 2003, 80:209-223.

[90] 李少华,王启民,肖显斌,等. 循环流化床锅炉飞灰残碳的生成及其处理. 热能动力工程, 2007,22:52-56.

[91] Sharma A, Kyotani T, Tomita A. A new quantitative approach for microstructural analysis of coal char using HRTEM images. Fuel, 1999, 78:1203-1212.

[92] 黎永,路鼻鹄,岳光溪. 中温下煤焦热解过程中的燃烧反应性变化及原因//中国工程热物理学会编. 中国工程热物理学会燃烧学学术台议论文集. 北京:中国工程热物理学会, 1999:16-32.

[93] 吴诗勇,李莉,顾菁,等. 高碳转化率下热解神府煤焦-CO_2 高温气化反应性. 燃料化学学报,2006,34:399-403.

[94] Mollah M, Promreuk S, Schennach R, et al. Cristobalite formation from thermal treatment of Texas lignite fly ash. Fuel, 1999, 78:1277-1282.

[95] Stubington J F, Wang A L T. Unburnt carbon elutriation from pressurised fluidised bed combustion of Australian black coals. Fuel, 2000, 79:1155-1160.

[96] Matsuoka K, Akiho H, Xu W, et al. The physical character of coal char formed during rapid pyrolysis at high pressure. Fuel, 2005, 84:63-69.

[97] Matjie R H, AlphenV C, Pistorius P C. Mineralogical characterization of Secunda gasifier feedstock and coarse ash. Miner Eng, 2006, 19:256-261.

[98] Montagnaro F, Salatino P. Analysis of char-slag interaction and near-wall particle segregation in entrained-flow gasification of coal. Combust Flame, 2010, 157:874-883.

[99] Shimizu T, Tominaga H. A model of char capture by molten slag surface under high-temperature gasification conditions. Fuel, 2006, 85:170-178.

[100] 刘升,郝英立,杜敏,等. 气流床煤气化炉壁面反应模型. 化工学报,2010,61: 1219-1225.

[101] Walsh P M, Sayre A N, Loehden D O, et al. Deposition of bituminous coal ash on an isolated heat exchanger tube: effecs of coal properties on deposit growth. Prog Energy Combust Sci, 1990, 16:327-345.

[102] Gu J, Wu S Y, Wu Y Q, et al. Differences in gasification behaviors and related properties between entrained gasifier fly ash and coal char. Energy Fuels, 2008, 22:4029-4033.

[103] Zhao X L, Zeng C, Mao Y Y, et al. The Surface characteristics and reactivity of residual carbon in coal gasification slag. Energy Fuels, 2010, 24:91-94.

[104] Xu S Q, Zhou Z J, Gao X X, et al. The gasification reactivity of unburned carbon present in gasification slag from entrained flow gasifier. Fuel Process Technol, 2009, 90: 1062-1070.

[105] Tagawa H, Sukawara T, Nakashima H. Effects of burning conditions on the chemical reactivity of quicklime produced from limestone. Kogyo Kagaku Zasshi, 1961, 64: 1751-1759.

[106] Ohme H, Suzuki T. Mechanism of CO_2 gasification of carbon catalyzed with group Ⅷ metals: I. Iron-catalyzed CO_2 gasification. Energy Fuels, 1996, 10:980-987.

[107] Wang J, Morishita K, Takarada T. High-temperature interactions between coal char and mixtures of calcium oxide, quartz and kaolinite. Energy Fuels, 2001, 15:1145-1152.

[108] Wu S Y, Zhang X, Gu J, et al. Interactions between carbon and metal oxides and their effects on the carbon/CO_2 reactivity at high temperatures. Energy Fuels, 2007, 21:1827-1831.

[109] Tanaka S, U-emura T, Ishizaki K, et al. CO_2 gasification of iron-loaded carbons: activation of the iron catalyst with CO. Energy Fuels, 1995, 9:45-52.

[110] 吴诗勇. 不同煤焦的理化特性及高温气化反应特性研究. 上海:华东理工大学,2007.

[111] Komeya K, Inoue H. Synthesis of the α form of silicon nitride from silica. J Mater Sci, 1975, 10:1243-1246.

[112] Tsuge A, Inoue H, Kasori M, et al. Raw material effect on AIN powder synthesis from Al_2O_3 carbothermal reduction. J Mater Sci, 1990, 25:2359-2361.

[113] Bai J, Kong L X, Li W. The role of Fe in high temperature slag on slag fluidity under different atmospheres. Submitted to Energy Fuel.

第 5 章

飞灰和灰渣的形成、性质及利用

灰渣是煤燃烧和气化的重要产物,因为每年全球产生灰渣的数量巨大;同时,灰渣中蕴藏着丰富的矿物资源。此外,灰渣与热转化工艺密切相关,灰渣性质也能反映出设备运行的情况,是现场操作的重要判据之一。因此,认识灰渣的分类和性质对于灰渣的利用及煤转化工艺均有重要意义。

5.1 灰渣分类和物理化学性质

5.1.1 灰渣的分类

煤中矿物质在燃烧和气化过程的不同经历导致了不同性质灰渣的形成,大致可以将其分为三类,包括飞灰、底灰和炉渣。炉渣根据不同来源和炉内参与反应的类型,又可以分为固硫灰渣和普通炉渣。飞灰是煤在燃烧过程产生的最细煤灰,通常被烟气或合成气带出,最终被过滤器或静电除尘装置捕获。炉渣是煤燃烧或气化后的矿物质发生熔融和相互反应后的产物,依靠气体携带或重力作用在反应器底部富集。底灰是指与炉渣一起排出的灰。从在炉内的停留时间来看,炉渣>底灰>飞灰,因此炉渣中呈熔融态的颗粒最多。在煤燃烧或气化过程产生的灰渣中,飞灰的量最大,其次为底灰和炉渣。因此,从实际应用角度考虑,飞灰的处理和应用最为重要。

5.1.2 飞灰的性质

5.1.2.1 物理性质

飞灰的密度为 $1.9 \sim 2.9 \mathrm{~g/cm^3}$,比表面积为 $10^2 \sim 10^5 \mathrm{~m^2/kg}$,其颜色取决于飞灰中残碳的含量,整体呈灰色到黑色[1]。飞灰颗粒包括实心球、空心球和不规则残碳,可以根据密度差别进行分离。

我国火力发电厂飞灰的基本物理性质如表 5.1 所示。

表 5.1　火力发电厂飞灰的物理性质[1]

项目	范围	均值
密度/(g/cm³)	1.9～2.9	2.1
堆积密度/(g/cm³)	531～1261	
密实度/(g/cm³)	25.5～47.0	
比表面积/(cm²/g)		
氧吸附法	800～195 000	34 000
透气法	1180～6530	3300
原灰标准稠度/%	27.3～66.7	48.0
需水量/%	89～130	106
28 天抗压强度比/%	37～85	66

5.1.2.2　化学性质

从元素组成分析,飞灰的化学组成与煤灰成分非常接近,其含量关系可以表述为 $SiO_2 > Al_2O_3 > Fe_2O_3 > CaO > MgO > K_2O > Na_2O > TiO_2$;从矿物质组成角度来看,飞灰由晶体矿物、非晶体矿物和未燃碳颗粒组成,但矿物质含量变化较大。矿物质主要包括石英、莫来石和氧化铁等;非晶体矿物质为玻璃体,其含量在 50% 左右。

不同煤种的飞灰组成分布如表 5.2 所示。烟煤和褐煤的飞灰中氧化钙含量通常小于 10%,由无定形的硅铝酸盐组成而不含钙的晶体矿物质;当氧化钙含量大于 15% 时,飞灰中的矿物质包括钙质硅铝酸盐和 C_3A、C_4A_3S、CS 和 CaO 的晶体。

表 5.2　不同煤种飞灰的化学组成[2,3]

组成/(%,质量分数)	烟煤	次烟煤	褐煤
SiO_2	20～60	40～60	15～45
Al_2O_3	5～35	20～30	10～25
Fe_2O_3	10～40	4～10	4～15
CaO	1～12	5～30	15～40
MgO	0～5	1～6	3～10
SO_3	0～4	0～2	0～10
Na_2O	0～4	0～2	0～6
K_2O	0～3	0～4	0～4
LOI*	0～15	0～3	0～5

* 烧失量。

根据化学组成的差异可以将飞灰进行如下分类,如表 5.3 所示。ASTM 标准

中根据 $SiO_2+Al_2O_3+Fe_2O_3$ 含量、SO_3 含量、水分和烧失量(LOI)将其分为 C 和 F 两类;EN 标准根据 $SiO_2+Al_2O_3+Fe_2O_3$ 含量、SO_3 含量、活性 Si 和烧失量将飞灰分为 A、B 和 C 三类。

表 5.3　飞灰的分类[2,3]

ASTM C618	$SiO_2+Al_2O_3+Fe_2O_3$/%	SO_3/%	湿度/%	LOI/%
C	>50	<5	<3	<6
F	>70			<12

EN 450-1	$SiO_2+Al_2O_3+Fe_2O_3$/%	SO_3/%	活性二氧化硅/%	LOI/%
A	>70	<3	>25	<5
B				2~7
C				4~9

飞灰的化学活性是指其中的可溶性二氧化硅、三氧化铝等成分在常温下与水或石灰的化合反应,生成不溶于水且稳定的硅铝酸钙盐的性质,也被称为火山灰活性;当飞灰中游离的 CaO 含量较高时,无需再加 CaO 就可以和水发生反应。飞灰的化学活性与玻璃体含量、可溶性 SiO_2 和 Al_2O_3 含量及玻璃体解聚能力有关,可以通过机械磨细法、水热合成法和碱性激发法等途径进行提高[4]。

飞灰中还含有较多的微量元素,其浸出行为也是飞灰的重要化学性质。元素的浸出行为必然影响着其周围的环境,可以分为两种情况:一种是溶解性不受浸取剂的物理、化学性质影响的易溶解成分(如 Cl、K、Na),另一种是溶解性受浸取剂影响(特别是 pH)的成分。关于灰渣中各元素的浸出行为有较多的研究[5],浸出实验是测定特定条件下与液体接触后的固体废物中污染物浸出行为的有效手段。根据研究对象与研究目的的不同,浸出实验可以分为三类:特定的环境条件浸出模拟、连续化学提取和评价基本浸出物的性质。图 5.1 为灰渣中各元素随 pH 变化的浸出量变化,Ca 和 S 的相对含量是影响灰的酸碱性的主要原因。根据灰水系统的 pH,可以将飞灰分为三类:①强碱性灰,pH 为 11~13,Ca 矿物质主要为可浸出矿物质石灰,其含量远超出 S;②弱碱性灰,Ca 主要以钙长石不可浸出矿物质为主,或 Ca 含量低,或 Ca 和 S 含量相平衡;③酸性灰,Ca 和 Mg 低于 S 的含量,酸性物质集中在灰的表面以硫酸的形式溶于水中。

5.1.3　炉渣的性质

根据排出的方式可以将炉渣分为非熔渣和熔渣两种,其最大的区别是渣中非晶体含量的多少。对于非熔渣,其堆密度约为 1.5 g/cm³,压实密度约为 1.6 g/cm³,

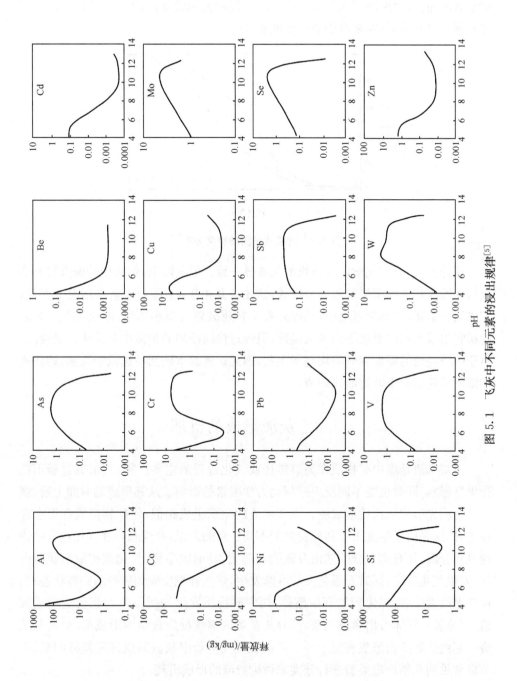

图 5. 1　飞灰中不同元素的浸出规律[5]

颗粒的平均粒度为 0.65 mm,密度约为 2.5 g/cm³,比表面积较小,约为 1 m²/g。对于熔渣而言,密度通常大于 2.5 g/cm³,但粒度范围较宽,如图 5.2 所示。熔渣的比表面积非常小,主要来源于渣中的残碳[6-9]。

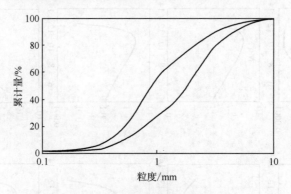

图 5.2　熔渣式炉渣的粒度分布[8]

　　理论上,炉渣的化学组成与煤的灰成分一致。但实际上,炉渣中的碱金属和非金属元素含量略低于煤的灰成分组成,这主要是由于:①部分元素在高温下挥发,在飞灰中富集;②燃烧过程中,某些外在矿物质破碎为微小颗粒,形成飞灰。炉渣的矿物组成与相同温度下的飞灰接近,但经过快速冷却的炉渣中非晶体含量较高。由于炉渣经历的温度和时间均高于飞灰,因此炉渣的水硬活性远低于飞灰,熔渣式炉渣的活性远低于非熔渣式炉渣。

5.2　灰渣形成的机理

　　飞灰和渣是煤中矿物质在高温燃烧或气化过程的主要产物,其形成过程不仅受温度影响,同时也受不同反应过程动力学因素的影响。从其形成的时间上看,煤中矿物质先形成灰而后形成渣。飞灰和渣的化学组成相似,但矿物组成和形态存在差异,这是由于温度历程和停留时间不同。总的来说,原煤颗粒在气化过程中快速受热分解,伴有挥发分的逸出及碳的石墨化,并形成半焦;气化剂扩散至颗粒内部,发生气化反应,同时石墨化反应继续发生,煤焦颗粒反应到破碎的临界状态;当反应继续发生时,煤焦颗粒开始破碎,煤中矿物质发生均相及非均相反应生成灰渣;部分灰被气体带出形成飞灰,部分灰在炉内继续反应或熔融形成渣,少量灰随渣一起由炉底排出形成底灰[10,11]。不同类型反应器中灰渣形成过程差异明显,本节以常见的几种反应类型进行分类来讨论灰渣的形成机理。

5.2.1　固定床

传统的固定床气化炉采用粒径较大的块煤,气化温度较低。在固定床气化过程中,煤在气化炉内由上而下缓慢移动,与上升的气化剂和反应气体逆流接触,经过干燥、热解、气化、燃烧等物理和化学变化,温度为 230～700℃的含尘煤气与床层上部的热解产物从气化炉上部离开,温度为 350～450℃的固态灰渣从气化炉下部排出[11-13]。

目前生产应用和研究较多的是 Lurgi 固定床气化工艺,煤从气化炉上部进入,煤中矿物质在干燥和热解阶段发生脱水和分解,高岭石发生脱水反应,白云石和伊利石分别释放出钠和钾,低熔点矿物质的分解和挥发促进了飞灰的形成。随着半焦进入燃烧区,其逐渐被消耗,且在燃烧过程中发生破碎,内在矿物质形成的细小颗粒和残碳被气流携带形成气化粉尘。燃烧区的温度达到矿物质的变形温度后,矿物质开始烧结,并且此时温度低于灰渣的流动温度,灰渣未过度熔结,部分烧结的矿物质有利于增加气体渗透性,保障了炉内压力的稳定。

Wagner 等[14]对 Lurgi 气化粗渣中未燃碳的特征进行了研究,将其分为致密碳颗粒、分层碳颗粒、多孔未燃碳颗粒和似煤未燃碳颗粒。未燃碳颗粒主要集中于 4～13 μm 的气化灰渣中,其灰分的含量不高于原煤中的灰分,挥发分低,固定碳含量高。分层碳颗粒和多孔未燃碳颗粒的 BET 表面和微孔面积很大。残碳形成有三个可能的原因,一是残碳颗粒和气化剂氧气间的放热反应导致气化炉底部的高温,但是低于冷却效应下气化剂的爆破温度(340℃)。在这个温度下燃烧不能进行,一定比例的焦就被保留在灰分中。二是未燃碳颗粒可能被气化炉内温度低的区域捕获而未完全转化。三是煤粉颗粒进入气化炉内没有经过足够的停留时间,颗粒的内部未来得及气化就被排出气化炉。

BGL(Bristish Gas-Lurgi,英国燃气-鲁奇)气化工艺为熔融态排渣的固定床,其气化炉下部用四周设置气化剂进口的耐火材料炉膛以支撑气化过程的燃料床层。蒸汽和氧气从气化剂进口喷入,其配比足以产生高温以使灰渣熔融并聚集在炉膛底部,熔渣从炉膛流入气化炉下部的熔渣室,用水激冷并使其在密封灰斗中沉积,然后排出气化炉。BGL 气化炉中灰渣形成机理应与固定床相似,最大差别在于底灰转化为渣,但其具体转化规律和机理还未见报道。

5.2.2　流化床

如图 5.3 所示,流化床中灰渣的形成包括破碎、挥发、沉积以及和床层相互作用等过程[15]。一般认为,粒径较大的颗粒在流化床的密相区燃烧,细颗粒则在稀相区进行燃烧反应。因此,密相区的颗粒构成了流化床锅炉的底渣主体。稀相区的较细颗粒和一些被磨损的颗粒会随烟气一起飞出炉膛,形成飞灰。对于循环流化床锅炉,由于旋风分离器会对烟气中的细颗粒进行分离,其中粒径较大的颗粒被分离下来,送回炉膛重新燃烧;没有被分离下来的成为飞灰,进入尾部烟道。

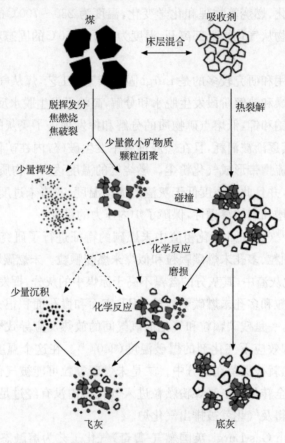

图 5.3 流化床中灰渣形成机理[15]

对于灰熔聚工艺,部分灰在中心射流区发生软化,在锥形床中相互熔聚而黏结成含碳量较低的球形灰渣。灰的团聚受灰分组成和熔聚区温度的影响,通常该温度比变形温度(DT)低 100~200℃。灰分的团聚依靠灰粒外部生成的黏度适宜的一定量的液相将灰粒表面浸润,在灰粒相互接触时,由于表面张力作用,灰粒发生重排、熔融、沉积以及灰粒中晶体长大[11]。

灰渣形成特性与煤颗粒在炉内的破碎、磨损等行为有着密切的联系。Arena等[16]发现了煤颗粒破碎在流化床燃烧系统中的重要性,并提出了"一级破碎"的概念,认为是由挥发分析出产生的压力和孔隙网络中挥发分压力增加而引起的。而

Sundback 等[17]根据对单颗粒燃料粒子的研究结果,进一步提出了"二级破碎"的概念,即作为颗粒的连接体(形状不规则的连接"骨架")被烧断而引起的破碎。一般认为,热解期间,煤粒内部的热解产物需克服空隙阻力才能从煤粒中逸出,因此,煤颗粒的一次爆裂是由于在煤粒内部产生较高的压力,同时煤粒受到周围粒子的挤压后产生冲击力而引起的。另外,对于大颗粒的煤,由于温度的不均匀性而引起的内外压力梯度也会导致破碎的发生。煤粒的破碎是造成飞灰扬析、夹带损失的主要原因之一。

　　原料煤性质对灰渣的形成和分布有明显的影响。随入炉煤密度增加,其粒度对底渣粒度分布的影响程度逐渐增加,煤颗粒的燃尽率下降。在燃烧的初始阶段,对于低密度煤,粒径对底渣颗粒分布的影响不是很明显;对于高密度煤,随着颗粒粒径的增大,底渣中的粗颗粒份额增加。就实验所用的煤种而言[18,19],对于密度为 $1.2 \sim 1.4 \, \text{g/cm}^3$ 的颗粒,入炉粒度对底渣的粒度分布影响并不明显;对于密度为 $1.4 \sim 2.4 \, \text{g/cm}^3$ 的颗粒,随着入炉颗粒粒径的增大,燃烧后底渣留在炉底的颗粒份额减少,但这种趋势随着煤颗粒密度增大而减弱。入炉煤粒径对底渣平均粒径的影响规律也不同。在同样燃烧 5 min 时,密度为 $1.2 \sim 1.4 \, \text{g/cm}^3$ 的煤颗粒底渣的平均粒径比较接近,密度为 $1.4 \sim 2.4 \, \text{g/cm}^3$ 的煤颗粒所产生底渣的平均粒径随着入炉煤粒径的增大而增大,且这种增大的趋势随着密度的增加越来越明显。此外,随着煤颗粒中灰质量分数的增加,燃烧形成的底渣质量分数增加,而煤颗粒的燃尽率和飞灰中的碳质量分数都降低。在粒径和燃烧时间相同的条件下,随着颗粒中灰质量分数的增加,底渣中留在本粒径范围的颗粒质量分数明显增加,而细颗粒的质量分数明显减少,但颗粒中灰质量分数对飞灰的粒径分布没有明显的影响。

5.2.3　气流床

　　气流床是气化剂夹带着煤粉或煤浆,通过特殊喷嘴送入炉膛内。在高温辐射下,氧混合物瞬间着火,迅速燃烧,产生大量热量。火焰中心温度可高达 2000℃,煤中的矿物质处于熔融状态。随着煤焦的气化,矿物质颗粒形成的小液滴,随部分气流沉积到气化炉内壁,形成液态灰渣层并与部分未沉积灰渣颗粒从炉底排出形成气化渣;部分颗粒灰渣从气化炉上部被气流携带出,形成气化灰。

　　目前对气流床灰渣形成的研究,主要通过实验室装置、中试或工业装置的结果分析和模拟计算。实验室研究主要通过小型装置,采用气溶胶技术,在炉子的不同部位收集不同粒度的颗粒。中试或工业装置的研究主要对不同工况下形成的正常和不正常灰渣进行分析,还有通过计算机控制扫描电镜(CCSEM)技术分析煤颗粒和灰颗粒中不同矿物质分布来研究灰渣形成的。计算和模拟研究一般通过对矿物质在半焦中的分布规律和半焦的孔隙结构进行假设,假定气化过程中半焦和外在矿物质的破碎符合某种规律[20-28]。

Yu 等[24]用下落床对烟煤的不同粒度煤粉在不同温度下进行了燃烧实验,通过元素的粒度分布,研究了粉煤燃烧中不同颗粒的形成,并分为三种模型:一是细模型,主要由蒸发后成核凝结形成,该段颗粒(0.0281~0.2580 μm)中 Si 和 Al 含量很低(<8%),不随颗粒粒度变化;二是粗模型,主要由无机矿物质的聚结形成,粒度范围为 2.36~9.80 μm,Si 和 Al 含量很高(>70%),不随粒度的变化而变化;三是中心模型,主要由多相聚集冷凝形成,粒度范围为 0.37~1.58 μm,Si 和 Al 含量随粒度增大而升高。

Sharon 等[25]用 CCSEM 比较了煤粉和水煤浆两种进料的矿物质粒度分布在燃烧中的变化。粉煤燃烧过程中矿物质的破碎,特别是黄铁矿的破碎,是形成细灰的主要原因;而水煤浆在燃烧过程中矿物质的团聚和聚结是灰颗粒增大的原因,水煤浆在雾化时形成的团聚引起灰渣颗粒的增大。Buhre 等[26]在气流床燃烧炉实验装置中进行了不同煤种的粉煤燃烧,考虑了低压撞击器对亚微颗粒分离,以及不同煤种对亚微颗粒含量和组成的影响。高硫煤形成较高含量的亚微颗粒,其组成随氧气的分压而变化,并结合亚微颗粒的形态,表明一些物质的挥发冷凝形成了<0.3 μm 的颗粒。同时,采用了扫描电镜定量能谱(QEMSCAN)测定了煤中矿物质的存在形态,认为灰渣的形成机理主要分为内在矿物质的聚结、焦炭的破碎、外在矿物质的破碎和无机物的蒸发和冷凝。通过这几种煤形成细灰的含量变化,表明 PM10 的形成和内在矿物质的聚结有关,高灰熔点煤增加了 PM10 的含量;PM2.5 可能和焦炭的破碎过程有关,而 PM10 可能和硫含量有关。

Yan 等[27]基于 CCSEM 测定的煤颗粒中的矿物质特征,建立了灰渣形成的数学模型。内在和外在物质被区别考虑,假设内在矿物质随粒度分布随机分布于煤的颗粒中,单个颗粒的内在矿物质的团聚和脱挥发分过程形成的焦的结构有关;外在矿物质颗粒的破碎由随机的泊松分布来模拟,并与滴落床的实验结果进行了比较。Russell 等[28]用浮沉法将煤分离成三种不同粒度的煤样,低密度和高密度部分富含外在矿物质,中间部分主要含内在矿物质,并发现外在矿物质形成了和整个煤相近的沉积渣,而内在矿物质形成了富铁的玻璃沉积渣。

Shimizu 等[29]利用熔渣捕获装置研究沉积行为并建立了模型。颗粒的沉积概率可由沉入熔渣单位表面速度和气化消耗的表面平衡获得。实验装置为底部熔渣,焦炭颗粒由 CO_2 携带,垂直吹向熔渣表面,由气体中 CO 含量获得焦炭颗粒的反应量,据此评价焦炭粒径、密度、气化速率对转化率的影响。在 Shimizu 的模型中采用了如下的假设:焦炭颗粒由气相传送至壁渣表面,接触到熔渣后焦炭颗粒将被俘获;接触到未反应的焦炭颗粒时,待沉积的焦炭颗粒将返回流场。如图 5.4 所示,实验与理论模型结果具有较好的一致性。

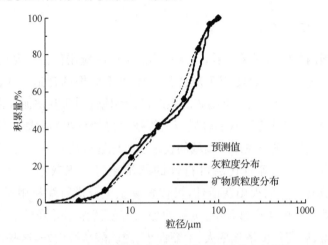

图 5.4　灰渣颗粒分布的实验值和预测值比较[28]

5.3　飞灰和灰渣的资源化利用

经过半个多世纪的研究技术沉淀,目前,国内外对于灰渣的多元化利用已发展至建筑、建材、交通、农林、化工等诸多领域,其技术手段日趋成熟且粉煤灰的资源化利用率随之大幅度增加。但很显然,在实际应用中灰渣的再次利用所创造的经济价值并没有达到预期结果;大多以其物理特性被集中用于基础工业,其独特的化学性质虽得到广泛关注却并未被深入开发利用。近年来,有关灰渣中矿物质材料的利用及粉煤灰在化工方面应用的报道逐渐增多,可见具有高经济附加值和环境综合效益粉煤灰产品的开发利用,已成为粉煤灰资源化利用进程中可突破和完善的技术问题。

5.3.1　飞灰的利用

飞灰未经预处理的直接利用在很多领域均有不同程度的发展,但飞灰作为一种含有多种矿物质的资源,对其中有用物质的分离富集在其资源化利用中具有很高的研究和开发价值。

飞灰中含有少量的未燃碳,在飞灰的选矿富集过程中,一般先要进行选碳工艺。飞灰中选碳一般有浮选和电选两种。浮选是利用碳和飞灰与水的亲疏关系不同的特点进行分选。电选是利用煤和灰的介电性能不同而实现分离的。飞灰的浮选工艺已非常成熟,我国大多数电厂采用湿法排灰,因此电选法的利用受到限制[1,30]。

5.3.1.1　建筑材料

从目前国内外的应用情况看,飞灰在建筑工业的应用仍占主要地位。早在 20世纪 50 年代,美国就开始使用飞灰替代水泥用于堤坝的建造。我国在 20 世纪 50~60 年代就已开始了飞灰烧结砖的生产,70 年代针对飞灰水泥和混凝土的加工已建成生产线,80 年代后飞灰制轻质板材等技术得到较快的发展。经过多年的实践积累和技术发展,飞灰在以上领域的技术水平已逐步成熟、可靠。飞灰的化学组成通常是其作为水泥等替代品可行性的基本指标。飞灰中含有大量 SiO_2 和 Al_2O_3,使其具有一定的火山灰活性,可代替黏土组分进行配料用于水泥的生产。在普通硅酸盐水泥的生产过程中,飞灰的加入有助磨作用并降低电耗。飞灰水泥材料廉价易得、后期强度增长率大、干缩性小、耐硫酸盐性能好,这些特性有助于改善普通水泥的某些特性。随着水泥中飞灰掺加量的增多,特种水泥的研制和应用发展较快,有低密度油井水泥、喷射水泥及彩色水泥等。特殊用途水泥的生产和性质等均有相关国家标准予以明确规定,限于篇幅,此处不进行详细叙述。

利用飞灰制水泥,对于提高水泥质量、降低成本、解决飞灰的排放污染问题有明显的优势。但是目前利用飞灰制水泥的利用率与预期相比仍有很大落差,主要原因在于:第一,电厂湿排法得到的飞灰难以直接利用,增加干燥设备势必会提高能耗,且湿法排灰后,灰渣混合,其分离效果对水泥产品质量影响较大;第二,电厂飞灰质量随地区、季节变化波动较大,许多地区灰中含碳量过高,直接影响后续灰产品的质量。因此,原煤的质量和操作技术的提高是进一步推广水泥及相应技术的关键。飞灰作为混凝土原料的部分替代品,可以改善混凝土的部分特性,如硬化水平、强度、干燥收缩性等。研究表明,飞灰掺入量为 40% 时,泥浆的干燥收缩率降低效果最好,与波特兰水泥泥浆相比,飞灰泥浆的干燥收缩率下降 30%~40%[1,6]。掺杂飞灰对于降低混凝土的质量和热传导性均有一定作用,当飞灰掺入量为 30% 时,混凝土的热导率可降低至 $0.1472\ W/(m\cdot K)$。使用劣等飞灰作为高强度粉煤灰质混凝土的结合剂(矿物添加剂),还可以提高混凝土的机械性能和耐久力。高强度粉煤灰混凝土的生产,为不能适应 ASTMC618 高要求的劣等粉煤灰的使用提供了有效途径[31]。

飞灰在城建和交通工程中的应用也是其重要的利用方式。砂浆中粉煤灰的掺量很大,每立方米砂浆少则几十千克,多则二三百千克甚至更多,且对飞灰的品质要求较低,但砂浆材料配比缺乏技术保证,造成其性能难于达到施工要求。在城建回填工程中,飞灰可用于房屋、地基及港口等工程,但对灰体性能的稳定性及其对地下水质的影响需要慎重对待。飞灰作为交通工程中的填筑材料使用,已经成为大量消耗我国存量丰富的飞灰资源的一个重要途径。飞灰具有粒径适中、密度较小、渗透性好、稳定性好、压缩系数小等特点,可利用飞灰替代传统的砂、土或其他填筑材料,作为路基混合料和路基填方材料。飞灰在交通工程中的应用,其质量要求比使用在水泥、混凝土中要低。此外,飞灰在农业上可以用来改良土壤。适量飞灰施入黏质土壤里,能有效改善土壤通透性,在土壤的保水、供水性能方面具有显著作用。飞灰中含有的 Ca^{2+}、Na^+、Al^{3+} 及 OH^- 等碱性化合物,可以有效起到改善酸性土壤的作用。大多数的研究表明,飞灰中 CaO 的含量较高时,对提高酸性土壤 pH 的能力更强[32,33]。

5.3.1.2 吸附材料

鉴于飞灰复杂的化学组成和结构,其特定结构特性或组分的应用被广泛研究。飞灰含有多孔玻璃体和多孔碳粒,表面积较大,并含有一定的活性基团。这使其具有较强的吸附能力,可直接作为废气和污水处理的吸附材料。

飞灰与 $Ca(OH)_2$ 混合可作为烟道气脱硫、脱硝的吸附剂,且混合物中飞灰所占比例越高,吸附剂表面积越大,脱硫性能就越好。飞灰还可作为吸附剂用于脱除烟气和合成气中的汞,其吸附效率与汞的形态有关,Hg^0 比 Hg^{2+} 更易吸附;在飞灰中添加少量 $CaCl_2$ 可以提高吸附能力。此外,飞灰对有机物、氨氮、磷酸盐、碳酸盐和含砷废水均表现出良好的吸附性能。研究表明,飞灰作为活性炭的替代物吸附苯酚,其吸附能力为 270.9 mg/g,远高于活性炭(108.0 mg/g)。与活性炭相比,飞灰对有机物的吸附作用并不十分显著,但其低成本、高环境效益的优点使其在废水处理方面仍占有一定地位。大量研究表明,飞灰的吸附能力与其中的未燃碳含量有关,这是由于未燃碳具有以下性质[34-36]:①未燃碳是飞灰比表面积的主要来源;②飞灰中未燃碳经过处理可以具有活性炭性质;③未燃碳存在的含氧官能团可与被吸附物质发生物理和化学作用。

此外,飞灰对于废水中的铜、锌、铅、锰、铬、镍、镉、铯和锶等重金属离子有吸附作用,但其吸附能力受飞灰化学组分、粒径的影响很大;同时,在不同的条件下(温度、pH 等),飞灰的吸附性能也有所变化。飞灰可作为废水吸附剂的原因不仅在于其具有适合的比表面和孔结构,同时,还由于其呈现的碱性,可以调节废水的pH,使金属离子转化为适合于吸附的价态[37-46]。

5.3.1.3 填充材料

飞灰中含有大量玻璃结构的球体,且硬度高,将其用于高分子材料填充剂制品中,通过改善物料流动性和提高耐磨性等作用对合成材料进行改性,也是目前国内外飞灰利用的热点。飞灰填充聚氯乙烯塑料制品可提高塑料弯曲挠度和耐热温度;填充橡胶制品可起到增强和补强、硫化和替代炭黑的作用;飞灰作为填料,可以改善和增强酚醛树脂的尺寸稳定性、弯曲强度、抗冲击强度和压缩强度等。

5.3.1.4　催化剂或载体

飞灰作为催化剂或催化剂载体的潜在利用价值在催化领域得到广泛关注[47-54]。

在多相催化过程中,催化剂载体的组成中通常包括一系列的金属氧化物,如 Al_2O_3、SiO_2、TiO_2 和 MgO。在经过高温燃烧和气化以后,以 Al_2O_3 和 SiO_2 为主要组成的飞灰呈现出良好的热稳定性,可作为催化剂载体,已在以下研究领域中使用:

(1) CO_2 重整制备甲烷;

(2) 氨分解;

(3) NO_x 和 SO_x 的还原;

(4) 甲烷的氧化和分解;

(5) 石油催化裂化。

另外,飞灰还被直接用作催化剂。飞灰中除 Al_2O_3 和 SiO_2 以外的金属氧化物均具有一定的催化活性,特别是其中的氧化铁。自从发现飞灰对煤的溶剂化反应具有催化活性后,飞灰作为催化剂被用在以下研究领域:

(1) 甲烷重整和水蒸气变化反应;

(2) 气相氧化反应,包括有机挥发分、酚、醛等;

(3) 液相中烃类的裂解和烃化反应;

(4) 水相中的氧化反应;

(5) 废塑料等聚合物的热解;

(6) 光催化等其他领域。例如,飞灰在可见光下对水中染料的去除有明显催化作用,在飞灰作用下,初始浓度为 1×10^{-4} mol/L 的硫堇经 4 h 后脱除率为 60%。

5.3.1.5　陶瓷和玻璃

飞灰作为含有大量金属氧化物的低成本原材料,颇受制陶业和玻璃材料制造业的青睐。通过粉末熔渣技术,从城市垃圾焚烧装置中收集飞灰,将被燃烧的玻璃状粉煤灰转化为玻璃陶瓷制品中的 $CaO\text{-}Al_2O_3\text{-}SiO_2$ 体系,其主要物相为钙铝黄长石($Ca_2Al_2SiO_7$),属于黄长石组分。这种玻璃陶瓷在900℃,保温2 h条件下就可制得,并且表现出诱人的物理和力学性能,在建筑工程领域具有很大的应用潜力。飞灰可被用作高岭土的替代物用于制造陶瓷堇青石,实验结果表明,64%~68%(质量分数)粒径小于44 μm以下的飞灰、10%氧化铝和22%~26%碳酸镁的混合物在软化温度为1200℃时可生成稳定的堇青石[54]。

5.3.1.6　合成沸石

沸石分子筛的基本骨架元素是硅、铝及与其配位的氧原子。基本结构单元为硅氧四面体[SiO_4]和铝氧四面体[AlO_4],以共角顶的方式连成硅铝氧格架,在格架中形成许多宽阔的孔穴和孔道。飞灰作为合成沸石必需的硅和铝的来源物质,其应用得到了深入研究。酸处理工艺使原料中SiO_2和Al_2O_3的浓度增加,提高了粉煤灰活性,进而有利于沸石的合成。Höler等[55]最早将飞灰作为硅和铝的来源,采用一步水热法制备沸石。此外,利用两步水热法、碱金属熔融-水热法和熔盐等方法在不同条件下可以制备出具有不同结构的沸石。Querol等[56]通过改变反应条件,从同一种粉煤灰中合成出13种不同类型的沸石,产物中沸石的含量为40%~75%。

5.3.1.7　制备硅铝酸盐纤维

粉煤灰纤维的生产分为三个阶段:成纤过程、纤维收集过程和产品纤维制造过程。通常制备粉煤灰纤维的方法是将含量70%左右的粉煤灰(高钙粉煤灰、低钙粉煤灰、干排粉煤灰、湿排粉煤灰)、氧化钙及其他辅料,经预压成型为块状原料后,投入冲天炉中熔融,并将其以细流流出,以喷或吹的方式将其制成纤维[1]。

粉煤灰纤维与植物纤维的形状相似,经纳米包覆后白度也可达75,完全可以作为一种良好的纤维材料与有机植物纤维进行混合加工,主要用作保温、隔热和隔音材料,其生产的粉煤灰纤维经处理,也可用于制造低档包装纸。将粉煤灰纤维织成布,用于玻璃钢生产,代替玻璃纤维布。将处理过的粉煤灰纤维加入水泥中制成纤维,可增强水泥的抗拉、抗弯和抗冲击能力。粉煤灰纤维还具有良好的绝缘和防震性能,可用于制作绝缘器件和防震材料[2,3]。

5.3.1.8　常量金属元素提取

1. 铝的提取

飞灰中氧化铝的含量仅次于二氧化硅,因此从飞灰中提取氧化铝可以缓解铝土矿资源日益紧张的状况。通过对溶出过程的控制,可以制得高纯超细的氢氧化铝和氧化铝。针对这一课题,国内外许多学者对飞灰提铝技术进行了大量研究,用于生产的主要工艺有碱法烧结、酸浸法和微波法等[57]。

国外利用粉煤灰提取氧化铝/氢氧化铝的研究起步较早。早在 20 世纪 50 年代,波兰克拉科夫矿冶学院格日麦克教授就以高铝煤矸石或高铝粉煤灰($Al_2O_3 > 30\%$)为主要原料,采用石灰石煅烧法,从中提取氧化铝并利用其残渣生产硅酸盐水泥,取得了一些研究成果,并于 1960 年在波兰获得两项专利。美国采用 Ames 法(石灰烧结法),年处理粉煤灰 30 万 t,Al_2O_3 提取率为 80%。美国橡树岭国家实验室已完成 DAL 法(direct acid leaching,直接酸浸法)从粉煤灰中提取各种金属及残渣作为填料的研究。此外美国还将粉煤灰掺入铝中,提高铝的产量,降低成本、增加硬度、改善可加工性及提高耐磨性。近些年来国外有关这方面的报道较少,较新的研究成果是采用明矾中间体法从粉煤灰中提取氧化铝[58]。

目前,国内已经建立了利用碱烧结法和酸浸法提取氧化铝的工艺。大唐开发的我国第一个从高铝粉煤灰提取氧化铝(年产 20 万 t)的循环经济示范项目,生产负荷已达到设计产能的 54%。该项目采用了高铝粉煤灰生产氧化铝联产活性硅酸钙的路线。首先用 NaOH 溶液脱除粉煤灰玻璃相,以进一步提高粉煤灰的 Al/Si 比,脱硅液添加石灰乳来制备活性硅酸钙并回收 NaOH,脱硅后的粉煤灰可采用碱石灰烧结法制备氧化铝,最后的残渣(硅钙渣脱碱之后)可用来生产水泥熟料。该技术的特点是:①采用化学预脱硅技术,首先脱除高铝粉煤灰中 40% 左右的二氧化硅,将粉煤灰的铝硅比提高 1 倍以上,并显著提高粉煤灰的化学活性;②将脱除的二氧化硅制成优质活性硅酸钙产品,同时实现碱的回收;③将提取氧化铝后剩余的硅钙渣进行脱碱和脱水处理,使其能够满足生产水泥的技术要求,解决了传统氧化铝生产中赤泥的污染和堆存问题;④利用电石渣代替石灰石,较大限度地实现了废弃资源的综合利用与节能减排;⑤形成了我国特色的煤炭-电力-有色金属和化工-建材的区域循环经济产业布局,并实现车间内部、车间之间、企业之间三个层面的物质和能量的循环(图 5.5)。

神华集团针对内蒙古准格尔矿区煤中氧化铝和镓含量较高的特点,建立了4000 t 级煤粉灰提取氧化铝中试装置,该项目被称为神华的第二个"煤直接液化项目"。该技术采用"一步酸溶法"工艺路线制取冶金级氧化铝,即将高铝粉煤灰与一定浓度的盐酸配料溶出,经滤渣、蒸发、浓缩结晶、焙烧后得到氧化铝并提取镓。该工艺流程短而简单,成本相对较低,且不产生赤泥,废弃物为"白泥",可用于生产建材。

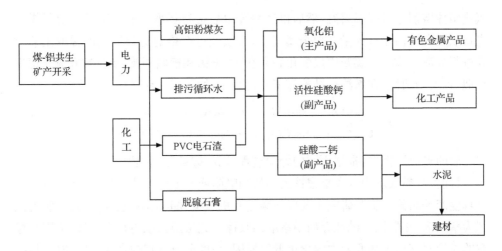

图 5.5　煤炭-电力-有色金属和化工-建材的区域循环经济产业布局

2. 铁的提取

一般用磁选法从飞灰中选铁精矿,其工艺比较简单。一般采用两级磁选或先水力重选分离再磁选的方法来提高铁精矿粉的品位。由于火力发电厂飞灰资源丰富,对其进行选铁,分选出的铁精矿粉可用于冶金、水泥等多种行业,有经济效益和社会效益。

飞灰中硅、铝、铁氧化物含量和碳含量占 90% 以上,这就决定了其可以作为硅铝铁合金冶炼的原料。我国已有工艺采用电热法直接用飞灰制取硅铝铁合金,得到的合金成分与目前炼钢炉常用的熔融法生产的接近或相同,可以作为炼钢脱氧剂。

5.3.1.9　提取稀有金属元素

飞灰中不同程度富含锗、镓等稀散金属,由于这些金属在科技发展中的战略作用及生产技术的局限性,各国研究学者均对其表现出浓厚的兴趣。

世界上关于回收镓的研究报道并不多[59-61]。镓为稀散金属,在自然界分布很广,但数量极微,粉煤灰中的含量为 $12\sim230~\mu g/g$,和其他矿物相比,极具回收价值。我国生产的镓主要供出口,在国际市场上占有重要的地位。可见,从粉煤灰中回收镓具有可观的经济效益和发展前景。从粉煤灰提镓的过程中,粉煤灰试样的分解方法大致有还原熔炼法和碱熔炼法。还原熔炼法是将灰样配以 CuO、Na_2CO_3、SiO_2 及 Al_2O_3 等溶剂,投入反射炉还原熔炼,使其中大部分镓形成铜镓合金,然后经过氯化蒸馏后进行回收。碱熔炼法是在粉煤灰中加入强碱性熔剂和氧化碱性熔剂进行高温熔融，然后再经酸浸出后进行提取回收。酸浸法对粉煤灰进行预处理后仍含有大量其他金属离子，必须经过严格的选择性高的提取工艺对其进行分离。镓在粉煤灰中以氧化态存在，由于镓和铝属同族，氧化镓和氧化铝很相似，且均为两性，在碱法烧结粉煤灰的过程中，均可与 Na_2CO_3 发生反应：

$$Al_2O_3 + Na_2CO_3 \longrightarrow 2NaAlO_2 + CO_2 \tag{5.1}$$

$$Ga_2O_3 + 3Na_2CO_3 \longrightarrow 2Na_3GaO_3 + 3CO_2 \tag{5.2}$$

在之后的提取过程中，根据不同的处理过程，铝和镓被分别提取。

目前，从粉煤灰中分离富集镓大多使用吸附或萃取的方法，最终在溶液状态下电解生产纯品镓。工艺研究主要以长碳链有机胺类、酯类、酮类、醚类、磷酸脂类试剂为萃取剂，在酸性或碱性介质中萃取回收镓。此法虽已取得很大进展，但因其存在的大量共存离子和原液中镓含量低等原因，深度分离富集镓存在一定的局限性。

锗作为光电二极管、红外装置、光导纤维及生产聚对苯二甲酸乙二醇酯所必需的催化剂材料，在制造业中的地位举足轻重。飞灰中的锗含量比原煤中高 10 倍以上，因此极具提取价值。目前，西班牙的研究人员主要通过将邻苯二酚有选择地与飞灰中的锗形成络合物，然后通过活性炭吸附得到富锗的溶液[62]，阴离子交换树脂可用于代替活性炭。另一种极具潜力的方法是溶剂萃取法富集分离飞灰中的锗。Arroyo[63]根据工业实验数据详细讨论了溶剂萃取的工艺过程，结果表明，对于一个生产锗能力为 1.3 g/h，相应的飞灰的处理能力为 200 kg/h 的小型工厂，其建设成本为 1500 万英镑，这一结果不包含管理成本及销售情况分析。

飞灰直接用于基础工业的研究和实践应用已比较广泛，针对其中矿物质金属的利用仍有研究和开发价值，尤其对于其中高附加值金属产品的分离提取和后续的提纯及应用。这些技术的突破将有助于建立完整的飞灰利用体系，并将为飞灰的综合利用在实践中创造更好的社会和经济效益。

5.3.2 灰渣的利用

渣和灰的组成相似，但物性具有明显差异，因此根据渣的化学组成的利用途径与飞灰相似，但由于渣通常经历了较高的温度和停留时间，其反应活性低于飞灰。另外，渣中的残碳含量低，其比表面积也低于飞灰，因此，渣无法被用作载体或催化剂。由于形成渣的过程和条件不同，其利用方式也存在一定差异。按照获得方式可将渣分为固硫炉渣、沸腾炉渣和气化炉渣[1,64]。

5.3.2.1 固硫炉渣

流化床锅炉电厂灰渣以固硫灰渣为主，国外的利用主要集中在道路回填和废弃物稳定等。Anthony 等[64]的实验说明了水化处理的作用,实验表明,将固硫灰渣先进行预水化处理,然后再作为水泥混合材或混凝土掺合料,是一个比较理想的途径。此后,国外许多学者对固硫灰渣进行研究时都采用预水化处理。预水化在170℃以及 0.85 MPa 的水蒸气中进行,条件比较苛刻,很难在实际中推广。波兰开发了一种可以工业化规模处理粉煤灰和其他能源工业废弃物的方法,称为AWDS(ash water dense suspension,灰水重力悬浮)法,该法可以使粉煤灰等以悬浮状态在管道中流动,输送后最终形成具有一定机械强度的材料,这类材料的渗透性非常低。固硫灰渣在经过 CERCHAR 水化法处理之后,可以采用 AWDS 方法将处理过的固硫灰渣运送到其他地区,用于矿井填埋等综合利用。加拿大的学者利用固硫灰渣开发出一种无水泥混凝土(no cement concrete,NCC)。该技术将固硫灰渣与传统意义上的粉煤灰混合,粉煤灰作为火山灰质材料与固硫灰渣中的CaO 发生反应,从而使体系形成强度[65,66]。这种混凝土的强度等级和耐久性能与中低强度混凝土相差不大,但成本非常低廉,为固硫灰渣的应用提供了一个非常有前景的方向。

我国固硫灰渣的应用主要集中在以下几个方面:①燃料回燃技术,可同时降低煤和脱硫剂的加入量;②建材,尤其是在水泥混凝土中的应用是固硫灰渣应用的发展方向,固硫灰渣用于烧制水泥是比较理想的资源化利用方式;③农业,提供钙质原料以及 Mg、Fe、Mn 等微量元素来改良土壤。柯亮等的研究[67]表明,固硫灰渣可以用于烧制复合肥,但对灰渣的化学成分要求比较高,很难大范围推广。

5.3.2.2 沸腾炉渣

煤矸石和洗中煤在沸腾炉中燃烧后,排出的废渣称为沸腾炉渣,其含碳量一般小于 3%。外形呈松散状无定形颗粒,颜色为白色或灰白色,是一种人造火山灰,具有较好的火山灰活性[68]。

流化床技术的发展在一定程度上制约了国内沸腾锅炉的应用。我国沸腾锅炉一般使用低热值燃料,如石煤、煤矸石、劣质煤、油母页岩等。由于所用燃料灰分高,废渣产生量大,加之容重轻,颗粒小,粉状物含量多,对环境的污染较普通炉渣严重得多。沸腾灰渣的成分和活性受地域和地质因素的限制,煅烧温度对其活性的影响较大。沸腾炉渣已被广泛用作填充、灌浆材料、水泥生产的掺合料,配制砌筑砂浆和生产各种砌块。据文献报道[69],来自国内钢厂的沸腾炉渣一般含 SiO_2 40%~60%、Al_2O_3 18%~38%、Fe_2O_3 2%~7%、CaO 1%~4%、MgO 0.5%~3%、TiO_2 0.5%~2%。可见,铝、铁的含量很高,因此从该沸腾炉渣中提取铝、铁是非常有价值的。

5.3.2.3　气化炉渣

气化炉渣的组成和结构决定了其用途与飞灰和固硫灰渣较为接近。近年来针对气化灰渣，研究较多的利用方式包括：①道路填充材料；②水泥添加剂；③轻质材料。此外，由于气化过程是强还原过程，炉渣中的铁常被还原为单质，因此，可以通过磁性分离的手段对单质铁加以利用[70]。

参 考 文 献

[1] 韩怀强，蒋挺大. 粉煤灰利用技术. 北京：环境科学与工程出版中心，2001.

[2] Blissett R S, Rowson N A. A review of the multi-component utilisation of coal fly ash. Fuel, 2012, 97：1-23.

[3] Ahmaruzzaman M. A review on the utilization of fly ash. Prog Energ Combust, 2010, 36：327-363.

[4] Ratafia-Brown J A. Overview of trace elements portioning in flames and furnaces of utility coal-fired boilers. Fuel Process Technol, 1994, 39：139-157.

[5] Izquierdo M, Querol X, Leaching behaviour of elements from coal combustion fly ash：An overview. Int J Coal Geol, 2012, 94：54-66.

[6] Mills K C, Rhine J M. The measurement and estimation of the physical properties of slags formed during coal gasification 1. Properties relevant to fluid flow. Fuel, 1989, 68：193-200.

[7] Mills K C, Rhine J M. The measurement and estimation of the physical properties of slags formed during coal gasification 2. Properties relevant to heat transfer. Fuel, 1989, 68：904-910.

[8] 雒国忠. 循环流化床锅炉灰渣物化性能分析. 电力环境保护，2001，17：24-26.

[9] Aljoe W. National synthesis report on regulations, standards, and practices related to the use of coal combustion products. U S Department of Energy, No. DE-AP26-06NT04745, 2007.

[10] 谢克昌. 煤的结构与反应性. 北京：科学出版社，2002.

[11] 郭树才. 煤化工工艺学. 第三版. 北京：化学工业出版社，2012.

[12] Schobert H H. Clean Utilization of Coal. NATO ASI Series 370. Dordrecht：Kluwer Academic Publishers, 1992.

[13] van Dyk J C, Benson S A, Laumb M L, et al. Coal and coal ash characteristics to understand mineral transformations and slag formation. Fuel, 2009, 88：1057-1063.

[14] Wagner N J, Matjie R H, Slaghuis J H, et al. Characterization of unburned carbon present in coarse gasification ash. Fuel, 2008, 87：683-691.

[15] Lind T, Kauppinen E I, Maenhaut W, et al. Ash vaporization in circulating fluidized bed

coal combustion. Aerosol Sci Technol, 1996, 24:135-150.

[16] Arena U, Cammarota A, Massimilla L, et al. Secondary fragmentation of a char in a circu-lating fluidized bed combustor. Symposium on Combustion, 1992,24:1341-1348.

[17] Sundback C, Beer J M, A F Sarofim. Fragmentation behavior of single coal particle//20th Symposium on Coal combustion, London, 1984: 1495-1520.

[18] Yue G, Wang L, Li Y, et al. Ash size formation characteristics in CFB coal combustion// Proceedings of 4th International Conference on Fluidized Bed Combustion, New York, 1993.

[19] 王勤辉, 徐志, 刘彦鹏, 等. 流化床燃烧中煤含灰量对灰渣形成特性的影响. 浙江大学学报 (工学版),2012,46:941-947.

[20] Sheng C D, Li Y. Experimental study of ash formation during pulverized coal combustion in O_2/CO_2 mixtures. Fuel, 2008, 87:1297-1305.

[21] Sheng C D, Li Y, Liu X W, et al. Ash particle formation during O_2/CO_2 combustion of pulverized coals. Fuel Process. Technol, 2007, 88:1021-1028.

[22] Buhre B J P, Hinkley J T, Gupta R P, et al. Submicron ash formation from coal combus-tion. Fuel, 2005, 84:1206-1214.

[23] Harry M B, Eenkhoorn S, Gerrit H. A mechanistic study of the formation of slags from iron-rich coals. Fuel, 1996, 75:952-958.

[24] Yu D X, Morris W J, Raphael E, et al. Ash and deposit formation from oxy-coal combus-tion in a 100 kW test furnace. Int J Greenh Gas Con, 2001, 5:159-167.

[25] Sharon F M, Schobert H H. Effect of mineral matter particle size on ash particle size dis-tribution during pilot-scale combustion of pulverized coal and coal-water slurry fuels. Ener-gy Fuels, 1993, 7:532-541.

[26] Buhre B J P, Hinkley J T, Gupta R P, et al. Fine ash formation during combustion of pul-verized coal-coal property impacts. Fuel, 2006, 85:185-193.

[27] Yan P, Gupta R, Wall T F. A mathematical model of ash formation during pulverized coal combustion. Fuel, 2002, 81:337-344.

[28] Russell N V, Mendez L B, Wigly F, et al. Ash deposition of a Spanish anthracite: Effects of included and excluded mineral matter. Fuel,2002,81: 657-663

[29] Shimizu T, Tominaga H. A model of char capture by molten slag surface under high-tem-perature gasification conditions. Fuel, 2006, 85:170-178.

[30] Aplan F. The historical development of coal flotation in the United States//Parekh B K, Miller J D. Advances in flotation technology. Society for Mining, Metallurgy, and Explora-tion, Inc, Littleton, 1999.

[31] Atis C D, Kilic A, Sevim U K. Strength and shrinkage properties of mortar containing a nonstandard high-calcium fly ash. Cement Concrete Res, 2004, 34:99-102.

[32] Demirbog R, Gul R. The effects of expanded perlite aggregate, silica fume and fly ash on

the thermal conductivity of lightweight concrete. Cement Concrete Res, 2003, 33:723-727.

[33] Bouzoubaa N, Zhang M H, Malhotra V M. Mechanical properties and durability of concrete made with high-volume fly ash blended cements using a coarse fly ash. Cement Concrete Res, 2001, 31:1393-1402.

[34] Srivastava V C, Mall I D, Mishra I M. Treatment of pulp and paper mill wastewaters with poly aluminum chloride and bagasse fly ash. Colloids Surface, 2005, 260:17-28.

[35] Seidel A, Sluszny A, Shelf G, et al. Self-inhibition of aluminum leaching from coal fly ash by sulfuric acid. Chem Eng J, 1999, 72:195-207.

[36] Jung C H, Osako M. Leaching characteristics of rare metal elements and chlorine in fly ash from ash melting plants for metal recovery. Waste Manage, 2009, 29:1532-1540.

[37] Dasmahapatra G P, Pal T K, Bhadra A K, et al. Studies on separation characteristics of hexavalent chromium from aqueous solution by fly ash. Sep Sci Technol, 1996, 31: 2001-2009.

[38] Panday K K, Prasad G, Singh V N. Removal of Cr(Ⅵ) from aqueous solutions by adsorption on fly ash-wollastonite. J Chem Technol Biotechnol, 1984, 34A:367-374.

[39] Bhattacharya A K, Naiya T K, Mandal S N, et al. Adsorption, kinetics and equilibrium studies on removal of Cr(Ⅵ) from aqueous solutions using different low-cost adsorbents. Chem Eng J, 2008, 137:529-541.

[40] Bhattacharya A K, Mandal S N, Das S K. Adsorption of Zn(Ⅱ) from aqueous solution by using different adsorbents. Chem Eng J, 2006, 123:43-51.

[41] Bayat B. Comparative study of adsorption properties of Turkish fly ashes. Ⅱ. The case of chromium (Ⅵ) and cadmium (Ⅱ). J Hazard Mater, 2002, 95:275-290.

[42] Kelleher B P, O'Callaghan M N, Leahy M J, et al. The use of fly ash from the combustion of poultry litter for the adsorption of chromium (Ⅲ) from aqueous solution. J Chem Technol Biotechnol, 2002,77:1212-1218.

[43] Yadava K P, Tyagi B S, Panday K K, et al. Fly ash for the treatment of Cd (Ⅱ) rich effluents. Environ Technol Lett, 1987, 8:225-234.

[44] Rao M, Parwate A V, Bhole A G. Removal of Cr^{6+} and Ni^{2+} from aqueous solution using bagasse and fly ash. Waste Manage, 2002, 22:821-830.

[45] Panday K K, Prasad G, Singh V N. Copper(Ⅱ) removal from aqueous solutions by fly ash. Water Res, 1985, 19:869-873.

[46] Lin C J, Chang J E. Effect of fly ash characteristics on the removal of Cu(Ⅱ) from aqueous solution. Chemosphere, 2001, 44:1185-1192.

[47] Wang S B. Application of solid ash based catalysts inheterogeneous catalysis. Environ Sci Technol,2008, 42:7055-7063.

[48] Wang S, Lu G Q. Effect of chemical treatment on Ni/fly-ash catalysts in methane refor-

ming with carbon dioxide//Fbio Bellot Noronha M S, Eduardo Falabella S-A. Studies in surface science and catalysis. Elsevier, 2007, 167:275-280.

[49] Xuan X, Yue C, Li S, et al. Selective catalytic reduction of NO by ammonia with fly ash catalyst. Fuel, 2003, 82:575-579.

[50] Yu Y. Preparation of nanocrystalline TiO_2-coated coal fly ash and effect of iron oxides in coal fly ash on photocatalytic activity. Powder Technol, 2004,146:154-159.

[51] Flores Y, Flores R, Gallegos A A. Heterogeneous catalysis in the Fenton-type system reactive black $5/H_2O_2$. J Mol Catal A: Chem, 2008, 281:184-191.

[52] Li Y, Zhang F S. Catalytic oxidation of methyl orange by an amorphous FeOOH catalyst developed from a high iron-containing fly ash. Chem Eng J, 2010, 158:148-153.

[53] Khatri C, Mishra M K, Rani A. Synthesis and characterization of fly ash supported sulfated zirconia catalyst for benzylation reactions. Fuel Process Technol, 2010, 91:1288-1295.

[54] He Y, Cheng W, Cai H. Characterization of α-cordierite glass-ceramics from fly ash. J Hazard Mater, 2005, 120: 265-269.

[55] Höller H, Wirsching U. Zeolites formation from fly ash. Foftschritte der Mineralogist, 1985, 63:21-43.

[56] Querol X, Moreno N, Umana J C, et al. Synthesis of zeolites from coal fly ash: An overview. Int J Coal Geol, 2002, 50:413-423.

[57] 吴萍. 从粉煤灰中提取高纯超细氧化铝机理与工艺的研究. 天津:天津大学,2005.

[58] Park Y J, Heo H. Conversion to glass-ceramics from glasses made by MSW incinerator fly ash for recycling. Ceram Int, 2002, 28:689-694.

[59] Font O, Querol X, Juan R, et al. Recovery of gallium and vanadium from gasiflcation fly ash. J Hazard Mater, 2007, 139:413-423.

[60] Fang Z, Gesser H D. Recovery of gallium from coal fly ash. Hydrometallurgy, 1996, 41: 187-200.

[61] 曾青云. 从粉煤灰中提取金属镓的实验研究. 北京:中国地质大学,2007.

[62] Arroyo F, Font O, Fernández-Pereira C, et al. Germanium recovery from gasification fly ash: evaluation of end-products obtained by precipitation methods. J Hazard Mater, 2009, 167: 582-588.

[63] Arroyo F, Fernández-Pereira C, Olivares J, et al. Hydrometallurgical recovery of germanium from coal gasification fly ash: pilot plant scale evaluation. Ind Eng Chem Res, 2009, 48: 3573-3579.

[64] Anthony E J, Berry E E, Blondin J, et al. Advanced ash management technologies for CFBC ash. Waste Manage, 2003, 23:503-516.

[65] 肖建庄,李佳彬,孙振平,等. 再生混凝土的抗压强度研究. 同济大学学报(自然科学版), 2004,32:1558-1561.

[66] 纪宪坤,周永祥,冷发光. 流化床(FBC)燃煤固硫灰渣研究综述. 粉煤灰,2009,6:41-45.

[67] 柯亮,石林,耿曼. 脱硫灰渣与钾长石混合焙烧制钾复合肥的研究. 化工矿物与加工, 2007,7:17-20.

[68] 纪宪坤. 流化床燃煤固硫灰渣几种特性与利用研究. 重庆:重庆大学,2007.

[69] 侯浩波,李进平,甘金华,等. 用烧结法从沸腾炉渣中提取铝和铁的研究. 电力环境保 护,2007,23:43-45.

[70] Choudhry V, Hadley S R. Utilization of coal gasification slag:An overview. Clean Energy from waste and coal//ACS Symposium Series, 1992, 515:253-263.

| 第 6 章 |

煤性质与气化技术的选择

煤气化是煤炭清洁高效转化的核心技术,是发展煤基化学品合成(氨、甲醇、乙酸、烯烃等)、液体燃料合成(二甲醚、汽油、柴油等)、先进的 IGCC 发电系统、多联产系统、制氢、燃料电池、直接还原炼铁等工业过程的基础。气化技术与煤质的选择就像量体裁衣一样,煤质就是"体",气化技术就是"衣"。只有充分考虑了煤质的情况,才能选择合适的气化技术。因此,认识煤性质与气化技术的适应性是实现煤清洁高效利用的第一步和最重要的一步。

6.1 典型煤气化工艺分类

煤气化工艺的分类标准多样,包括燃料种类形态、过程参数或排渣方式等。按照燃料种类形态分类,可以分为固体燃料气化、液体燃料气化、气化燃料气化和固液混合燃料气化;按照入炉煤在炉内的过程动态进行分类,分别为固定(移动)床、流化床、气流(夹带)床;按照排渣方式进行分类,可以分为熔渣式气化和非熔渣气化。在对煤气化工艺分类讨论时,最常用的为固定(移动)床、流化床和气流(夹带)床。

6.1.1 固定床气化

固定床气化的气化原料通常为块状含碳原料,包括无烟煤、焦、半焦或型煤。由于采用了大粒径(6～50 mm)的原料,且气化温度较低(<800～1100℃),反应速率较慢,生成的气体产物中含有大量的焦油,同时甲烷含量也较高(2%～5%)。气化过程中,如图 6.1 所示,气化原料与气化剂逆流接触,煤在气化炉中由上而下缓慢移动,与上升的气化剂和反应气体逆流接触,经过一系列的物理化学变化,温度为 230～700℃的含尘煤气与床层上部的热解产物从气化炉上部离开,温度为 350～450℃或流动温度以上的残渣由气化炉底部排出。在大型固定床加压气化炉内,气化褐煤和烟煤时,床层温度随高度变化如图 6.1 所示。反应产物的显热用于

入炉煤和气化剂的预热。固定床的排渣方式以固态排渣为主(UGI 和 Lurgi),但随着对反应温度要求的提高,也有采用熔融排渣的固定床气化炉(BGL)。

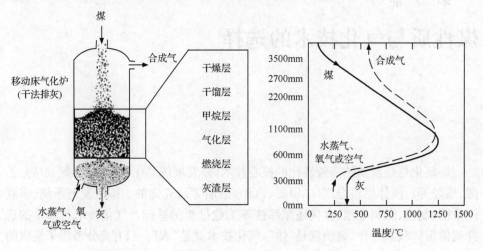

图 6.1　固定床气化及床层温度分布示意图[1,2]

6.1.2　流化床气化

流化床气化是利用流态化的原理和技术,使煤颗粒通过气化介质达到流态化。当颗粒或液体以某种速度通过颗粒床层而足以使颗粒物料悬浮,并能保持连续的随机运动状态时即为流态化。流化床的特点在于其有较高的气固之间的传热、传质速率,床层中气固两相的混合接近理想混合反应器,其床层固体颗粒和温度分布比较均匀(图 6.2)[3]。

对流化床气化过程的研究表明,流化床中煤的气化过程与固定床相似,流化床层内同样存在氧化层和还原层(图 6.2)。当床层流化不均匀时,会产生局部高温,甚至导致局部结渣,影响流化床的稳定操作。为了避免结渣,一般流化床的气化温度控制在 950℃。流化床气化过程中,黏结性较强的煤在脱挥发分时易发生黏结,也会影响流化床层的稳定性。这些因素均会影响流化床的最高气化温度,从而限制生产能力和碳转化率。因此,流化床的气化速率低于气流床,但高于固定床,颗粒在流化床内的平均停留时间介于气流床和固定床之间。

典型的流化床工艺包括 Winkler、高温 Winkler、循环流化床、KBR 输运床和灰熔聚气化工艺。

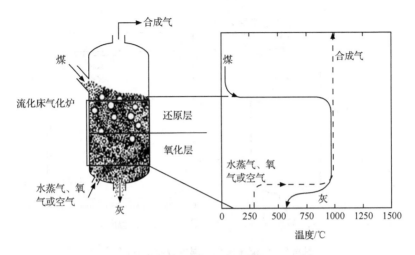

图 6.2 流化床气化及床层温度示意图[3]

6.1.3 气流床气化

气流床气化过程是利用流体力学中射流卷吸的原理,将煤浆或粉煤颗粒与气化介质通过喷嘴高速喷入气化炉内,射流引起卷吸,并高度湍流,从而强化了气化炉内的混合,有利于反应的充分进行,因此气流床气化也被称为射流携带床[4-6]。

气流床气化炉根据进料方式可以分为干粉进料和水煤浆进料;从排渣方式可以分为固态排渣和液态排渣;根据喷嘴数量不同又可分为单喷嘴和多喷嘴;根据炉壁的结构又可分为热壁(耐火材料)和冷壁(水冷壁)。

如图 6.3 所示,气流床气化炉气化温度高(炉内平均温度在 1300℃以上),且炉内形成强烈的湍流,因此在单位时间和体积内的转化能力远高于固定床和流化床。气流床气化炉的理论转化率受煤变质程度影响较小,因此从反应性角度考虑,煤种适应性优于其他气化技术,但采用水煤浆进料的气化炉受制于煤的成浆性(浓度>60%)和灰熔点(低于 1350℃)。

目前,已经产业化和完成中试的气流床气化技术包括 K-T、Shell、Prenflo、GSP、Texaco、E-Gas、Eagle、多喷嘴、TPRI 两段干粉气化、航天炉和熔渣-非熔渣等技术。

6.1.4 不同气化工艺的比较与选择

气化技术的发展经历了从固定床、流化床到气流床的过程,在我国的气化市场中,三种气化技术均有一席之地,且均在不断改进和发展中。不同气化工艺的选择和应用是该技术自身特点与上下游工艺要求的匹配。因此,了解和掌握不同气化技术的特点对其选择和应用具有重要意义。

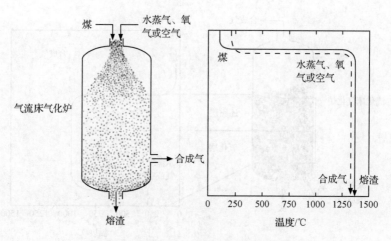

图 6.3　气流床气化及温度分布示意图[4-6]

　　Simbeck 和于遵宏等[7,8]曾对不同气化工艺的特点进行了比较,如表 6.1 所示。可以看出单从气化技术角度分析,气流床气化技术具有显著的优点,但其是否能适用于所有的煤化工生产还受到其他诸多因素的影响。因此人们在分析现有技术应用经验的基础上,总结出了五条选择气化技术的重要原则[8-13]。

表 6.1　不同气化工艺的特点比较[7,8]

项目	固定(移动)床		流化床		气流床
灰渣形态	干灰	熔渣	干灰	灰团聚	熔渣
气化工艺	Lurgi	BGL	Winkler,HTW, CFB	ICC,U-Gas, KRW	K-T,Texaco, Shell,E-Gas,GSP
出口温度/℃	425~650	425~650	900~1050	900~1050	1250~1600
氧气耗量	低	低	中	中	高
蒸汽耗量	高	低	中	中	低
碳转化率	低	低	低	低	高
焦油等	有	有	无	无	无
煤粒度/mm	6~50	6~50	6~10	6~10	<0.1
细灰循环	有限制	最好是干灰	可以	较好	无限制
黏结性煤	加搅拌	可以	基本可以	可以	可以
变质程度	任意	高	低	任意	任意
合成气杂质	焦油、酚类	焦油、酚类	无	无	无
飞灰	低	低	较高	高	高
生产强度	低	中	较高	高	高

（1）先进性原则。工艺技术的先进性决定项目的市场竞争力。选择煤气化技术时应充分考虑工艺技术的现状和发展趋势，了解是否存在更先进的工艺技术以及采用的可能性，以保证项目的竞争能力。技术的先进性则主要体现在产品质量、工艺和装备水平上。现代化学工业发展的一个重要趋势就是大型化、单系列，煤气化技术也不例外。大型化是先进性的重要标志之一。从大型化角度看，气流床具有显著的优势；从气流床本身的大型化看，多喷嘴比单喷嘴有优势。

（2）适应性原则。适应性原则包括两个方面：①不同气化工艺具有各自特点，对于原料的要求不同，因此气化工艺与原料煤需具有适应性。我国地域广阔，煤炭种类和性质也随成煤时间和地质环境而差异显著，气化工艺的选择需考虑煤的品质（水分、灰分、灰熔点、灰渣黏温特性等）以及辅助原料的来源（石灰石等），原料煤的性质不仅是选择煤气化技术的最根本依据，也是决定气化装置能否稳定和高效运行的关键之一。②与下游装置的配套性，如是用于发电还是化工产品，是合成天然气还是甲醇等。从下游产品看，生产合成氨、甲醇、间接液化、制氢、发电等不同的工艺对于气化产生的合成气具有不同的要求。以废锅和激冷流程的比较为例，合成氨和制氢需要合成气进行全部变换时，激冷流程优于废锅流程；甲醇和间接液化需要部分变换时，需废锅和激冷结合的流程；IGCC发电需要最大限度利用能量时，废锅流程优于激冷流程。此外，还应与下游产品的规模匹配，否则从经济角度很难行得通。

（3）可靠性原则。可靠性的体现是气化装置能够安全、稳定、长周期、满负荷运行。否则，先进的工艺指标就毫无意义。因此，可靠性应是选择气化技术的重要条件。已经充分验证并有商业化运行业绩的技术应优先考虑，但满足应用条件的新技术和新工艺也应充分实验并在取得成功的基础上加以尝试，而对尚在实验阶段的新工艺、新设备等要采取积极和慎重的态度。

（4）安全环保原则。煤的固有特性决定了煤气化过程必然会产生工业"三废"，有些处理难度比较大。例如，固定床气化过程产生的含酚废水；煤中的汞、砷以及其他重金属元素。因此，选择气化工艺时应尽量考虑可以减少或减轻工业"三废"的清洁高效的煤气化技术。

（5）知识产权安全原则。要注意保护工艺技术来源和所有者的权益。对于专利技术要研究其产权问题，包括其使用范围和有效期限，避免产生侵权行为。

在气化技术的选择过程中，应将上述五条原则中涉及的问题综合考虑得到最适合的方案，同时应将可能的风险和问题进行充分的分析并有应对措施。

6.2　不同气化技术对煤质的要求

煤质是决定气化技术选择的最关键因素,也是气化技术能够稳定和长期运行的保障。不同的气化工艺均对煤质有某些特殊要求,深入了解这些要求可以为选择和优化气化工艺提供基础。以下从不同气化技术方面对煤基本性质和灰化学性质两个角度进行论述[14-19]。

6.2.1　基本性质

6.2.1.1　水分

煤中水分主要影响气化炉进料和过程的物料平衡。对固定床气化炉,煤的水分必须保证气化炉顶部出口煤气温度高于气体露点温度,否则需对入炉煤进行预干燥,煤中含水量过多而加热速度太快时,易导致煤粒破裂,使出炉煤气带出大量粉尘。同时,水分含量较高的煤在固定床气化炉中气化所产生的煤气冷却后将产生大量废液,增加废水处理量;但从工艺操作来看,在灰分较低和燃料层足够的情况下,水分最高可达 35%。对于需进行破碎、研磨、输送等环节的流化床和气流床技术,原煤的水分应小于 5% 以保持自由流动状态。用于水煤浆气化的原料煤,内在水分不应过高,否则影响成浆性能;用于干粉气化的原料煤,水分最好小于 2%,以便于粉煤的管道输送。

6.2.1.2　挥发分

挥发分性质决定原料煤进入气化炉初期的反应性和产物组成。挥发分主要是指在干馏或热解时逸出的热解产物,包括煤气、焦油、油类和热解水。干馏煤气中含有氢、一氧化碳、二氧化碳、轻质烃类和微量硫、氮化物等,这些气体进入合成气时可以提高煤气的产率和热值。当气化炉压力高于 0.5 MPa 时,产生的氢气可与碳形成 CH_4 或 C_2H_6。在固定床气化时,随煤气逸出的有机化合物可冷凝下来,而在流化床和气流床气化炉中,当温度高于 800~900℃时,将裂解成碳和氢。此外,煤的挥发分不同,将影响残余固定碳或焦炭的性质。煤中挥发分含量一般与煤阶相关,进而与煤/半焦的气化反应性相关。因此,对于气化温度较低的气化工艺,为了获得高的碳转化率,一般要求反应性好的煤,即挥发分含量高的煤。而对于气流床气化,由于气化温度大于 1300℃,对煤的反应性要求较低,因此对原料煤中挥发分含量基本没有严格要求和限制。

6.2.1.3 黏结性

煤的黏结性主要影响原料煤的进料和反应性。煤在受热后是否形成熔融的胶质层及其不同的性质,会使煤发生黏结、弱黏结或结焦等不同情况。通常,结焦或较强黏结的煤不宜用于气化过程。固定床两段炉仅能使用自由膨胀指数为 1.5 左右的煤。在常压到 1 MPa 之间,弱黏结性煤的黏结性可能迅速增加。固定床利用高黏结性煤的方法有以下几种:①炉内增加搅拌装置。BGL 气化炉内增加了带搅拌的布煤器,保证所有强黏结性的煤完全碳化后进入气化层。②配煤。Sasol 通过在强黏结性煤中混配部分弱黏煤减少在气化过程中的结焦[15]。但由于高黏结性煤在炼焦过程中的重要性和资源稀缺性,很少作为气化的原料。

流化床气化炉一般可使用自由膨胀指数为 2.5~4.0 的煤。当采用喷射进料时,可以采用黏结性稍强的煤为原料,这是因为喷入煤粒与已部分气化半焦的充分混合,降低了发生黏结的概率。气流床气化的进料过程中,粉煤微粒之间互相作用的机会较少,整个反应速率非常快,因此黏结性的影响非常小。

6.2.1.4 反应性

各种煤与 CO_2 和 H_2O 的反应活性决定了气化反应速率和气化转化率。反应活性较大的煤及其焦炭和固定碳能与 H_2O 和 CO_2 快速进行反应,且在较低温度下进行。反应活性高的煤在较低的温度下进行气化时,不仅可以降低氧耗,而且可以避免结渣现象。由于气流床气化炉采用了较高的气化温度,在该温度下不同性质煤或焦炭的反应性几乎没有差别,反应性的差别对固定床和流化床的影响更为显著。图 6.4 为不同煤焦在高温下的气化反应性(R_s,$\min^{-1}$),在固定床和流化床反应温度范围内的反应性差距明显,而在 1400℃时几乎可以忽略。

6.2.1.5 煤的热稳定性

煤的热稳定性是指煤在加热时,是否易于破碎的性质。当热稳定性太差的煤进入气化炉后,随着温度的升高会发生破碎,产生细粒和煤末,从而妨碍气流在固定床气化炉内的正常流动和均匀分布,影响气化过程的正常进行。无烟煤的机械强度较大,但热稳定性较差。使用无烟煤在固定床气化炉中生产水蒸气时,由于鼓风阶段气流速度大,温度迅速升高,因此要求使用的无烟煤应具有较好的热稳定,才能保障气化正常进行。

6.2.1.6 煤的机械强度

煤的机械强度是指煤的抗碎、耐磨和抗压强度等综合性的物理和机械性能。

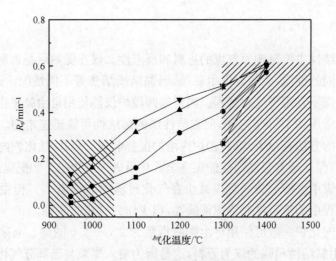

图 6.4　不同煤焦反应性的比较[16]

在固定床气化炉内,煤的机械强度与飞灰带出量和单位炉截面的气化强度有关。在流化床气化炉中,煤的机械强度会影响床层中颗粒的均匀化程度;在粉煤气化中,煤的机械强度和热稳定性差,但有利于粉煤破碎和研磨。

6.2.1.7　粒度

出矿的原煤含有大量的粉末和细粒。6 mm 以下的细料比例取决于所使用的采矿机械系统和煤的性质。采用剥离采掘的烟煤中可能含细末达 30% 以上,重型机械采掘含细末则可达 40% 以上,而剥离采掘褐煤含细末可高达 60%。

在固定床气化炉中原料的粒度组成应尽量均匀且合理,大量煤粉和细粒易使气化床层分布不均匀而影响正常操作。筛下的煤细粒可以通过成型的方法用于固定床气化炉。流化床一般使用 3～5 mm 的原料煤,要求煤的粒度范围窄,以避免带出物过多。气流床干法进料时,要求 90% 以上的粉煤为 5～90 μm,大于 90 μm 和小于 5 μm 的比例不超过 10%。水煤浆进料时,要求粉煤的粒度分布能达到较高的堆积效率,减少煤粒堆积时的空隙,使固体体积浓度高。气流床气化炉对原料煤粒径均一性和粒径保持度的要求最低。

6.2.2　灰化学性质

随着气化技术发展,气化温度显著升高,对于流化床和气流床,均已超过了大多数煤灰的液相形成的初始温度,这时煤中矿物质在高温下的演化规律对气化技术选择有非常重要影响。深入了解煤灰化学性质对气化工艺的影响,将有助于工业上正确选择气化工艺,并扩大适用煤种的范围。灰化学决定气化过程中排渣方式的选择,是影响炉况正常运行的一个重要因素。灰分、灰成分、煤灰的熔融特性及黏温特性是用来衡量这个过程的重要指标。因此,考虑气化技术对灰化学性质要求时,应从过程上考虑熔渣和非熔渣两种,从影响因素上考虑对灰分、灰成分、灰熔融特性和黏温特性的要求。

由于煤灰组成的复杂性及受测试手段的限制,有关煤中矿物质与熔融性及黏温特性关系方面的研究还不十分令人满意。一些经验的关联式都受到煤种及其他条件的限制。许多研究还仅局限于煤灰化学组成与灰熔融性的关系。煤灰的矿物组成在加热过程中的行为对灰熔融性有重要影响。将煤灰的化学组成与矿物组成结合起来,并利用有关平衡相图来研究,将有可能更为准确、可靠地预测及解释煤灰的熔融性和黏温特性,为选择选择气化用煤和配煤提供便利。

6.2.2.1 非熔渣反应器

排渣方式为非熔渣方式的气化技术主要包括固定床和流化床,这时仅需考虑灰分和熔融特性的影响,但在气化过程中仍会有部分低熔点矿物质发生熔融,导致灰的熔聚和结渣等现象。

气化过程中部分熔融的矿物质发生团聚,可能将未反应的碳包起来,灰分越高,随灰渣损失的碳量越多。从液固比例的角度分析,液相比例较低时,发生团聚的概率降低。因此,当灰熔点越低时,发生部分熔融矿物质含量越高,灰包碳的概率越高。因此,对于固定床和流化床气化,原料煤的灰分越低越好,而灰熔点越高越好。

非熔渣式气化炉中的结渣现象也是由灰中部分矿物质发生熔融而引起的。当煤灰成分中的碱金属和碱土金属含量较高时,易发生部分熔融而引起结渣。美国Dakota 气化公司曾因使用钠含量较高的煤气化造成炉内 1/5 的体积发生结渣而导致停车。因此,选择碱金属和碱土金属较高的煤气化时,应谨慎选择气化温度以防止结渣。此外,还可以采用水洗等方法降低煤中的碱金属含量。

6.2.2.2 熔渣反应器

熔渣式反应器的排渣过程,通常被称为液态排渣,常用于气流床气流化炉。熔渣沿壁面流下并排出渣口,为了保证排渣过程的顺畅,操作温度需高于流动温度 $100 \sim 150℃$。因此受到气化炉操作温度限制,煤灰流动温度的不能超过 1500℃。对于内壁采用耐火材料的气化炉,煤灰流动温度不宜过低。当流动温度过低时意味着灰成分中的碱金属、碱土金属或 Fe_2O_3 等含量较高,而这些组分均会与耐火材料发生反应,造成耐火材料的损耗。

$$FeO + Al_2O_3 \longrightarrow (Fe, Al)_3O_4 \tag{6.1}$$

$$MgO + Al_2O_3 \longrightarrow (Mg, Al)_3O_4 \tag{6.2}$$

$$FeO + Al_2O_3 \longrightarrow (Fe, Al)_3O_4 \tag{6.3}$$

$$MgO + Cr_2O_3 \longrightarrow (Mg, Cr)_3O_4 \tag{6.4}$$

$$M_xO + Al_2O_3 + SiO_2 \longrightarrow M_xAlSi_2O_y (M = Fe, Ca, K, Na, Ti, Mg) \tag{6.5}$$

同时,CaO 和 Fe_2O_3 含量高的熔渣通常在高温下易流动、黏度较低,熔渣在耐火材料表面的浸润性好,这时熔渣在流动过程中对壁面的冲刷作用较为明显。当黏度低于 2 Pa·s 时,耐火材料磨损和腐蚀的速率为 4～20 m/h[17]。因此,煤灰成分中 CaO+Fe_2O_3 最好不超过 35%。

　　水冷壁结构的气化炉内壁因有渣层覆盖(图 6.5),可以减少熔渣的侵蚀。但为了渣层均匀连续地分布以及排渣的顺畅,仅通过煤灰熔融温度很难选择合适的气化原料,而需掌握熔渣的黏度-温度曲线(简称黏温曲线)进行原料的选择以及气化温度的确定。

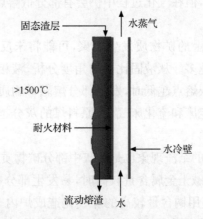

图 6.5　水冷壁液态排渣过程示意图[18]

　　如图 6.6 所示,水冷壁结构的气化炉对煤灰黏温曲线的要求可以概括为:①气化操作温度－50～－150℃内黏温曲线的类型为非结晶渣,否则最低排渣温度为临界黏度温度;②气化炉排渣温度范围内熔渣的黏度小于 25Pa·s;③最佳排渣黏度为 15Pa·s。气渣相对流动方向会影响排渣的黏度范围。气渣顺流的排渣过程允许黏度范围略高(<40Pa·s),而气渣逆流的排渣黏度范围要小得多。此外,气化炉内部形成的旋流流场有利于液态排渣过程。

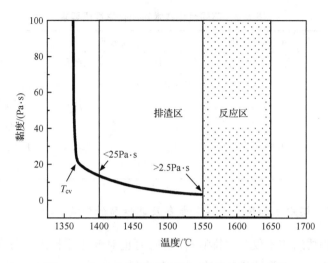

图 6.6　水冷壁液态排渣过程对黏温特性的要求

尽管煤的灰分越低,熔融灰渣引起的热量损耗越低,但对于采用水冷壁结构的气化炉,灰分不能太低,否则难以维持壁面熔渣层的动态平衡,易造成运行过程中渣层变薄、水冷壁烧穿等问题。以 Shell 气化炉为例,该技术进入国内时的技术资料显示,可气化煤种的灰分范围为 0.5%～40%,但经过国内多台设备运行后,将灰分范围调整为 8%～35%,可以认为 8% 是可维持熔渣层的最小灰分含量。

熔渣式固定床的液态排渣过程要求熔渣温度高于流动温度,但同时考虑到熔渣排出的速率,应将熔渣的黏度控制在小于 5 Pa·s 的范围内[19]。该气化技术对于灰分的要求与热壁气流床的要求相同。

在实际生产过程中,除需注意灰化学性质与气化工艺匹配之外,还需保证煤质的稳定性。以水冷壁气化炉为例(图 6.6),该煤种的黏温曲线限定排渣温度范围为 1400～1550℃时,黏度在一定范围内的波动可以接受。但当黏温曲线的 T_{cv} 温度上升到 1400℃以上时,熔渣在降温过程中快速结晶而导致排渣过程的堵渣。对于灰化学性质来说,煤中矸石的多少是最重要的影响因素。煤矸石的主要组成为 SiO_2 和 Al_2O_3 等,易使灰熔点和灰黏度升高,从而造成堵渣等现象的发生。

将不同气化技术对灰化学性质的要求进行比较,如表 6.2 所示。从气化技术发展趋势来看,由固态排渣向液态排渣发展,因此,气化技术对灰化学性质的要求也更全面。

表 6.2　不同气化技术对灰化学性质要求

项目	固定(移动)床		流化床		气流床	
排灰方式	干灰	熔渣	干灰	灰团聚		熔渣
典型工艺	Lurgi	BGL	Winkler,HTW, CFB	ICC,U-Gas, KRW	Texaco, 四喷嘴	Shell, GSP,H-T
灰分	低		低		低	8%～35%
灰熔点/℃	FT>1050	FT<1500	FT>1050	ST>1100	FT<1350	—
熔渣黏度/(Pa·s)	—	<5	—	—	<35	2.5～25

6.2.2.3　煤中矿物质对水煤浆制备及其性质的影响

煤中矿物质组成不仅影响排渣过程,同时也对气化原料的制备有影响。以德士古气化炉为代表的湿法进料气化技术对水煤浆性质的要求主要是:①较高的煤浆浓度,较好的流动性和雾化燃烧特性,良好的稳定性,一般气化用水煤浆的浓度为60%～70%(质量分数),黏度在1000 mPa·s左右;②适宜的粒度分布;③适宜的pH,如水煤浆呈酸性,会对管道、设备等产生腐蚀,如呈强碱性,会在管道中结垢,引起堵塞,一般把水煤浆的pH控制在7～9;④挥发分与灰分,高挥发分的煤有利于煤气产率的提高,最优指标为V_{daf}>37%。灰分虽不参加气化,但却要消耗煤在氧化反应中产生的反应热,灰分越高,其热值越低,不利于气化过程的热平衡,灰分应<15%。

影响水煤浆性质的因素非常多,与煤质有关的主要有煤阶、灰分、内在水分、可磨性、粒度分布、氧含量和活性氧含量。此处,重点对煤中矿物质(灰分)的影响进行论述。煤中矿物质是煤的重要组成部分,矿物组成复杂、种类及赋存状态多样,物理和化学性质也不同。另外,煤中矿物质在煤浆制备过程中的溶出状态通过不同的作用形式也影响着水煤浆的性质。由于所用煤种、分散剂、实验方法的不同,关于煤中矿物质对水煤浆性质的影响存在着各种观点。同时,考虑到气化过程中往往需要配煤及外加阻/助熔剂来调节煤灰性质,本小节从煤中矿物质的含量、矿物质溶出离子和外加无机组分三个方面来讨论其对水煤浆性质的影响。

1. 煤中灰分含量对水煤浆性质的影响

朱书全等[20, 21]认为矿物一方面有利于降低煤的体积分数,在一定程度上降低煤浆的浓度;另一方面,煤中的可溶矿物遇水溶解后产生的离子会对煤颗粒的分散产生不利影响,会降低煤的成浆性。这两方面作用的相对强弱决定了矿物对煤成浆性的总影响。

普遍认为,灰分含量高会使煤浆的有效成分降低,煤质的均匀性变差,削弱煤浆分散剂的分散性能,不利于水煤浆的制备[22-24]。图 6.7 显示了灰分对水煤浆浓度的影响[25],说明煤中矿物质含量越少,越有利于制浆浓度的提高。此外,矿物质含量增多,也影响煤的可磨性与粒度级配,降低煤中有效可燃组分,同时也增加磨煤的动力消耗及运行成本。在水煤浆进料的气化过程中,灰分高会造成对泵、阀、管道及喷嘴的磨损,同时,灰分每升高 1%,可燃物质相应降低 1%,因此会降低气化效率。

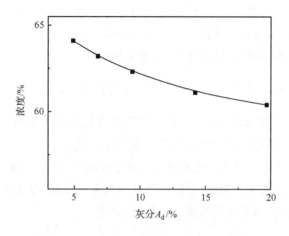

图 6.7　煤的灰分对水煤浆浓度的影响[25]

王淋等[26]将原料煤用摇床法筛选出三种不同灰分的样品,在相同条件下分别制浆。结果表明,灰分越高,煤浆的定黏浓度越高,且煤浆有较好的流变性及稳定性。他们认为煤中的黏土矿物含量是影响煤浆性能的一个重要因素,高灰煤含有较高的黏土含量;黏土矿物呈层状结构,其粒间的静电斥力较强,在浆体中易形成网状结构,因而使高灰煤浆有很好的触变性;黏土矿物含量的差异,导致了浆体性能的不同。另外,相同煤浆浓度下,灰分越高,煤浆黏度越低,稳定性越好[27]。从物理角度看,灰分高意味着制浆用煤的密度大。质量分数一定时,固体密度越大,煤中固体的体积分数越低,浆的流动性越好。Buroni 等[28]发现煤中无机矿物质含量越高,煤的成浆能力越低。对于不同类型的矿物质,具体的某一无定形矿物质和成浆性密切相关;而对于同种类型的矿物质,晶体和非晶型具有不同的吸水性。因此,矿物质对水煤浆性质的影响不可以从宏观上估计。

尉迟唯等[29,30]对 24 种不同变质程度煤的多种煤质参数进行了多元线性及逐步回归分析,认为煤的灰分含量对水煤浆的成浆性影响较小,但对流变性具有一定的作用;煤中的矿物质对煤浆性质的影响主要是煤灰中的 SiO_2、Al_2O_3 和 CaO。

朱书全等[31]对煤的回归分析表明,煤灰中的 K_2O、Fe_2O_3(主要对应于煤中的黏土矿物等)和煤的成浆性有关,黏土矿物和含铁矿物对煤的成浆性有显著的不利影响。张荣曾[32]对不同煤阶的煤质数据进行了多元非线性逐步回归分析后认为,灰分含量、灰成分和可溶矿物与煤成浆性没有明显的相关性。何国锋等[33]认为灰分对成浆性的影响随煤种和分散剂而异,O/C 比低,分散剂复杂(多种复配的添加剂)时,煤成浆性随灰分升高而变好,否则相反。这是因为灰分高,一方面引起煤表面不均匀性加大,成浆难以调节;另一方面是密度大,相同质量浓度时,体积浓度变小。当使用单一添加剂时,前一种情况成为突出矛盾,因而灰分升高,成浆性变差;当使用复配添加剂时,后一种情况成为主要矛盾,因而灰分高,成浆性变好。灰分对煤浆性质的影响和煤种及所用的分散剂密切相关。

2. 煤浆制备过程中可溶矿物离子对水煤浆性质的影响

谢亚雄等[34]采用水洗、酸洗和 HCl-HF 深度脱灰的方法脱除煤中矿物质后,研究其对水煤浆性质的影响,结果如图 6.8 所示。灰分含量的变化对水煤浆性质的影响与煤种有关。水洗预处理对淮南煤和长治煤的性质无明显影响,而酸洗后的煤则明显增加了浆体的黏度,但流变性有所改善;对阳泉煤水洗和酸洗处理后降低了浆体的黏度,提高了煤浆浓度,但流变性变差。

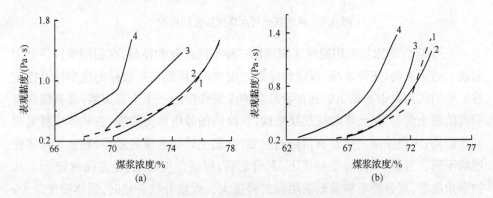

图 6.8　不同预处理条件下水煤浆表观黏度与煤浆浓度的关系[34]

(a) 长治煤;(b) 淮南煤

1. 原煤;2. 水洗煤;3. 脱灰煤;4. 酸洗煤

煤经预处理后,矿物组成与含量都发生了变化,从而改变了浆体中可溶离子的组成和浓度。视煤种和预处理方法的不同,无机矿物溶出离子的组成及浓度有很大的差异,如表 6.3 所示。不同的煤经水洗、酸洗预处理后,对水煤浆性质的影响主要来自于煤浆中所溶出的可溶无机离子的浓度,特别是高价阳离子。溶出的高价阳离子增加了浆体的表观黏度,降低了煤浆浓度,但可改善浆体的流变性;HCl-HF 深度脱灰预处理使煤浆的表观黏度急剧增加,稳定性降低,流变性变差。

表 6.3　煤预处理前后浆体上层清液离子浓度的变化[34]

煤样		浆体中离子浓度及组成/(mg/L)				
		Al	Si	Fe	Mg	Ca
阳泉	原煤	5763.2	6975.0	443.2	199.6	854.6
	水洗	1708.7	1850.7	112.1	45.6	187.9
	酸洗	2823.4	4457.3	127.5	71.9	89.1
	脱灰	71.8	10.0	132.8	6.0	22.8
淮南	原煤	29.7	39.5	7.3	26.7	204.2
	水洗	81.2	114.0	14.7	19.1	191.2
	酸洗	763.8	392.4	88.6	21.4	444.6
	脱灰	32.3	5.3	6.5	11.5	18.6
长治	原煤	26.9	39.1	4.0	23.2	122.9
	水洗	3982.1	4459.0	118.4	51.8	174.8
	酸洗	4303.0	5074.8	95.1	28.3	67.3
	脱灰	3.5	7.5	8.9	4.5	10.8

注:阳泉煤浆浓度 73.1%;淮南煤浆浓度 71.7%;长治煤浆浓度 71.5%。

孙成功等[35,36]用等离子体原子发射光谱考察了 14 种不同变质程度煤中的无机矿物质在煤浆分散体系中的溶出性。溶出性视煤种和煤中矿物质含量的不同有很大差异,不同变质程度煤的溶出量与煤中矿物质总含量间无明显的相关性。煤在浆体分散体系中溶出的无机矿物离子主要是钙离子,其次为镁离子、铁离子。煤浆成浆性与煤中矿物质的含量呈负相关性;浆体流变特性与溶出的无机矿物质数量密切相关,较高的溶出量往往有利于浆体呈屈服假塑性流体,且有利于浆体稳定性的提高;对流变性的影响主要取决于煤中无机矿物组分中溶出的钙离子、铝离子。煤表面含氧官能团和煤中含有的无机矿物质不利于其高浓度煤浆的制备,但却有利于改善浆体的屈服假塑性,从而使其对煤浆性质的影响具有双重性[37]。朱书全等[38]也认为影响煤的成浆性主要是高价离子,煤中高价金属离子(如钙离子、镁离子等)对煤的成浆性影响较大,且高价金属离子量越大,煤的成浆性越差。邹立壮等[39]则发现不同变质程度的煤在纯水中溶出高价离子的总量与煤的成浆性没有必然的相关性。对同种煤,在制浆浓度及分散剂用量相同时,因分散剂种类不同所得到浆体的表观黏度也与溶出的高价阳离子量无必然的相关性。煤中溶出的 Ca^{2+}、Al^{3+} 等高价离子量较高时,煤浆容易呈假塑性,溶出的高价离子的多少是影响水煤浆流变特性的因素之一。

李永昕等[40]考察了超声辐照前后各煤浆溶出离子的变化,发现超声辐照导致煤中溶出离子大幅度增加,在一定程度上削弱了添加剂在煤粒表面的吸附能力,因而降低了添加剂的降黏效果;吸附在煤粒表面的金属离子(尤其是高价金属离子)使得煤表面的亲水性增加,在浆体中作为流动介质的水减少,结果导致煤浆浆体的表观黏度增加。但溶出离子能够明显改善煤浆的流变性能并提高煤浆的静态稳定性,金属离子改善浆体流变性的能力不仅与离子的浓度有关,还与离子的种类和价态有关。尉迟唯等[29,30]对不同的煤质参数进行多元线性回归分析,认为煤中可溶矿物离子的溶出量与水煤浆的稳定性和流变性有关,与煤的成浆性没有明显的相关性。

矿物质对煤浆性质的影响主要是由于亲水性及其可溶离子的影响,煤中无机矿物组分在煤浆中溶出的高价金属离子浓度越高,浆体的表观黏度越大,煤的成浆性越低;较高的溶出量可改善浆体的流变性,使浆体呈屈服假塑性,且有利于提高浆体的稳定性。

3. 外加无机矿物质对水煤浆性质的影响

许多研究者通过外加矿物质来改善煤浆的性质。朱书全等[41,42]以深度脱灰的大同煤为原料,通过加入一定量的不同类型矿物,如石英、方解石、黄铁矿、高岭石、伊利石和蒙脱石,用不同的分散剂进行了成浆性实验,结果如表 6.4 和表 6.5所示。石英、方解石、黄铁矿、伊利石的加入对煤浆黏度的影响不大,石膏和蒙脱石的加入则增加了煤浆黏度;高岭石、伊利石、蒙脱石的加入均使浆体的稳定性有所改善,矿物对煤浆稳定性的影响与使用的分散剂有关。

表 6.4　添加不同矿物在五种分散剂下煤浆的黏度[41,42](单位:mPa·s)

矿物	分散剂-1	分散剂-2	分散剂-3	分散剂-4	分散剂-5
石英	882	920	683	751	723
方解石	826	964	713	741	741
黄铁矿	896	914	653	729	778
石膏	1089	1094	759	1169	942
高岭石	1023	1018	837	868	811
伊利石	933	1009	793	785	830
蒙脱石	3110	3208	2908	2056	2372

表6.5　添加不同矿物在五种分散剂下煤浆的稳定性[41,42]

矿物	分散剂-1	分散剂-2	分散剂-3	分散剂-4	分散剂-5
石英	D(−)	D(−)	D(−)	D(−)	C(−)
方解石	D(−)	D(−)	D(−)	D(−)	C(−)
黄铁矿	D(−)	D(−)	D(−)	D(−)	C(−)
石膏	C(+)	C(+)	D(−)	C(−)	B(+)
高岭石	C(−)	C(−)	C(−)	D(+)	A(−)
伊利石	C(−)	D(+)	D(−)	D(+)	A(−)
蒙脱石	C(a)	C(a)	C(a)	C(a)	B(a)

A:稳定性最好,无沉淀;B:稳定性较好,无沉淀或少量软沉淀;C:稳定性较差,沉淀严重;D:稳定性最差,沉淀坚硬;+:某一等级中稳定性较好;−:某一等级中稳定性较差;a:浆呈老化态。

　　煤的吸附能力和润湿性在水煤浆的制备过程中起着重要的作用[43-45]。Aplan[46]和 Atlas 等[47]首先发现随着无机矿物含量的增加,煤的吸水性大大增加,从而制约着煤的成浆性。普遍认为[31,35,48-50],高岭石类的黏土矿物由于其吸水膨胀性,使煤浆的表观黏度升高,不利于制浆。李珊珊等[51]利用盐酸和氢氟酸对煤样进行脱灰处理,再添加3种不同的矿物质（高岭石、石灰石和氧化铝）后分别制浆,结果如图6.9所示。煤浆中矿物质含量增加会使浆体黏度降低,原因是灰分对水煤浆的黏度降低起到了促进作用,其结果可能是煤样经盐酸和氢氟酸脱灰后制成的水煤浆呈酸性,而在酸性环境中浆体的表观黏度较高。由于高岭石溶出的OH^-和呈酸性的浆液发生反应,增加了浆体的 pH,所以使水煤浆的黏度降低。

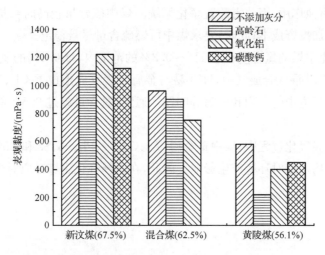

图6.9　外加无机矿物质对水煤浆表观黏度的影响[51]

孙成功等[52]在研究了无机电解质对煤浆分散体系流变性的影响后认为,煤浆流变性不仅与电解质种类有关,还取决于煤质特征。无机电解质的调控作用还与离子质量有关,对某些煤种,适量的无机电解质可使浆体的屈服胀塑性转化为屈服假塑性。添加不同的电解质使煤的浆体表观黏度有不同程度的增加,二价金属盐在改善浆体流变性的同时,不会使浆体黏度有较大增加,其性能优于三价金属盐。顾全荣等[53]研究了六种金属离子在煤表面的吸附规律,表明不同金属离子在煤表面的吸附行为是不同的,对煤的成浆性有很大的差别。铜离子的加入可使煤浆浓度增高,钙离子、镁离子、钴离子、锌离子对煤的成浆性不利,是由于它们不能有效地被吸附到煤表面;Zeng 等[54]在难制浆的神木煤制浆过程中加入了磷酸盐类调整剂,使制浆浓度提高了 2%,这是由于磷酸根离子和煤中的钙离子、镁离子生成磷酸盐沉淀,改善了煤的表面环境,使分散剂能有效地被吸附到煤表面所致。

总体上,煤中不同类型的矿物质对煤浆性质的影响主要包括:黏土矿物有较强的吸水性,对制浆不利;煤中石英、方解石、黄铁矿对煤浆黏度的影响不大;黏土矿物可提高煤浆的稳定性;矿物对煤浆稳定性的影响与使用不同的分散剂和矿物质的密度相关。

6.2.2.4　煤中其他矿物质的要求

在高温气化过程中,除考虑煤中矿物质形成的灰渣以及排渣等问题外,煤中含量较低的其他矿物质元素对气化过程也有重要影响。

煤中硫(主要存在于黄铁矿中)在气化过程转化为硫化氢,对气化及后序设备均有较强的腐蚀作用,因此需配置净化系统。煤中硫含量较高时会提高对净化系统的要求,增加投资成本;同时,要求煤中可燃硫含量尽量稳定。

我国气化用煤的氯含量在 $0.1\% \sim 0.2\%$ 的范围内,每 0.1% 的氯会产生200～400 ppm 的 HCl 混入合成气中,HCl 易与金属元素反应形成 $FeCl_2$、NaCl 和 CaCl 等,从而引起管道中的沉积和沾污等问题。通常,氯含量超过 0.5% 的煤种不能直接用于气化。

此外,高温气化过程中,煤中重金属(As、Cd、Cr、Pb、Sb、Se 和 Zn 等)易发生升华,这些物质均可能对环境产生影响。因此,在选择气化用煤时应对煤中金属元素含量加以关注。

6.3　灰化学性质调控与气化工艺适应性

从目前三种气化技术的典型工艺来看,固定床对灰化学性质要求最低,而气流床对灰化学性质的限制较多。在实际生产过程中,针对气流床气化工艺灰化学的改性应用最为广泛。目前,90%以上的气流床气化炉运行中需使用助熔剂或配煤的方法进行调控。理论上,还可以通过调整气化工艺参数实现扩大煤种适应性,但手段较为有限。

6.3.1　灰化学调控适应气化工艺

灰化学调控手段主要包括洗选、使用添加剂和配煤三种,但有的情况下,需同时使用两种或三种方法进行调控,其最终目的是使灰化学性质与气化工艺相适应。

6.3.1.1　洗选

煤炭洗选是利用煤和杂质(矸石)物理、化学性质的差异,通过物理、化学或微生物分选的方法使煤和杂质有效分离,并加工成质量均匀、用途不同的煤炭产品的一种加工技术。按选煤方法的不同,可分为物理选煤、物理化学选煤、化学选煤及微生物选煤等。前两种选煤技术是实际选煤生产中常用的技术,一般可有效脱除煤中无机硫(黄铁矿硫);化学和微生物选煤还可脱除煤中的部分有机硫。煤炭经洗选,可降低原料煤中的硫分、灰分和其他有害物质,实现煤炭燃前脱硫降灰,大大减少污染物排放,显著提高燃烧效率,减少煤炭利用的外部成本。炼焦煤的灰分降低 1%,炼铁的焦炭耗量降低 2.66%,炼铁高炉的利用系数可提高 3.99%;合成氨生产使用洗选的无烟煤可节煤 20%。发电用煤灰分每增加 1%,发热量下降 200～360 J/g,1 kW·h 电的标准煤耗增加 2～5 g。工业锅炉和窑炉燃用洗选煤,热效率可提高 3%～8%,可以节约煤炭 10%～15%,同时硫分每降低 0.1 百分点,SO_2 可减少 8%。

对于气化用煤,洗选主要用于解决灰分过高的问题,通过洗选可以除去综合开采过程混入的矸石等外在矿物质。理论上可以去除全部外在矿物质,但在考虑精煤灰分时,还应考虑精煤产率。精煤产率和灰分的大致关系如图 6.10 所示[55],当灰分降低超过临界含量时,精煤产率急剧下降。因此,洗选程度应根据气化工艺的需求综合考虑灰分和洗出率,确定最为经济可行的方案。此外,洗选过程还可以降低煤中具有强腐蚀作用的碱金属。

在黏土类煤矸石中,$SiO_2 + Al_2O_3$ 比例大于 80%,在非黏土类矸石中为 50%

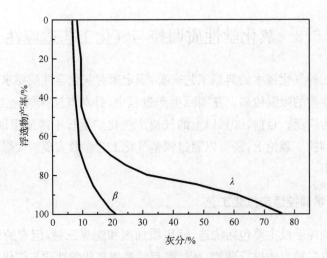

图 6.10　浮选曲线示意图[55]

λ 为临界灰分曲线；β 为浮选物曲线

以上，且 SiO_2/Al_2O_3 质量比大于 2，高于煤灰中的硅铝比（SiO_2/Al_2O_3）；矸石中还含有较少的其他组分，包括 Fe_2O_3 和 CaO 等，但含量通常不高；但当有伴生矿存在时，Fe_2O_3 或 CaO 可能高于 10%。通常情况下，通过洗选降低煤中灰分，会降低煤灰中的 SiO_2/Al_2O_3，造成灰熔点和黏度小幅增加。例如，晋城寺河煤的灰分为 42.7%，灰熔融性的 4 个特征温度分别为 1480℃、1517℃、1528℃和 1542℃；通过洗选将其灰分降至 22%时，灰熔融温度增加为 1494℃、1549℃、>1550℃和>1550℃；比较洗选前后的灰成分发现，SiO_2/Al_2O_3 由 1.9 降低为 1.7，由于硅铝比改变而导致增加助熔剂的量通常远小于由于降低灰分而减少的助熔剂用量。因此，对于添加助熔剂而言，由洗选导致煤灰熔融温度的升高可以忽略。

6.3.1.2　添加剂

添加剂分为助熔剂和阻熔剂两大类，目前最常用的为助熔剂，阻熔剂尚未在气化生产中有实际应用。

1. 助熔剂

从元素组成角度，助熔剂可以分为单组分或多组分助熔剂。最常用的单组分助熔剂为 CaO，其矿物质形式包括石灰石和烧石灰，其他可能的助熔剂还有 Fe_2O_3、Fe_3O_4 和 MgO 等。多组分助熔剂包含两种以上的元素，如硅钙石（$CaSiO_3$），不仅能增加煤灰中的钙含量，还可以提高煤灰的硅铝比，减缓出现结晶渣的概率。两种或多种单组分助熔剂同时使用,可被称为复合助熔剂,其作用与多组分助熔剂相似,但可调整比例和范围都更加灵活。例如,许世森等[56]针对高硅铝组成的淮南煤提出了复合助熔剂,其组成包括 $CaCO_3$ 82%～93%和 Fe_2O_3 2%～16%,其余为 $MgCO_3$。

助熔剂的使用需基于经验公式和实验探索,成熟的气化工艺均建立了较为可靠的助熔剂添加预测方法。以壳牌气化技术为例,利用 Mills 和 Broabent 建立的 SLAGS 模型计算助熔剂的使用范围。该模型为经过修正的冶金渣模型,但可成功运用于煤灰熔渣性质的预测。SLAGS 模型基于煤灰化学组成,使用过程中将灰中低于 5%的组分忽略不计,可以预测煤灰熔点、黏度、密度和表面张力等性质[57]。Eastman 化工在使用 Texaco 气化炉时,通过实验室内的测试来确定原料煤的性质,包括原煤灰和添加石灰石的黏温曲线,从而确定添加剂的比例,实现了长期稳定地运行[58]。

不同地区的学者也通过大量实验确定了适合该地区煤种的预测方法以指导助剂的使用。Patterson 等[59]研究了 68 种澳大利亚褐煤的性质,建立了灰渣黏度和煤灰组成的经验公式,通过该方法可以较好地预测 1500℃时的黏度,但对于出现晶体的熔渣并不适用。Patterson 等[60]还指出对于 Fe_2O_3 小于 2.5%,且 SiO_2/Al_2O_3 为 1.5～2 的澳大利亚煤,添加固定量的石灰石就可以满足液态排渣要求;同时,当灰中 CaO 含量超过 20%时,熔渣可以达到最佳的排渣黏度。李寒旭等针对淮南煤"三高"的特点,研究了钙基、铁基和镁基助熔剂的助熔效果[61-63]。白进等[64]研究了典型山西无烟煤的化学性质,发现当煤灰分约为 20%时,添加 2%～3%的石灰石或硅钙石可以满足气渣并流形式的液态排渣,当添加 5%～7%的石灰石或硅钙石时,可以满足气渣逆流形式的液态排渣;添加硅钙石获得的黏温曲线接近于玻璃渣性质,更适合液态排渣。添加 3%～5%的 CaO 和 Fe_2O_3 也可以有效降低熔点和黏度。李文等根据灰化学组成将我国典型煤种分为四类,分别为高硅铝煤、高钙煤、高铁煤和高硅铝比煤,并详细研究了四个典型煤种的助熔剂选择和使用范围。

2. 阻熔剂

阻熔剂主要适用于熔点和黏度均较低而无法在壁面挂渣的情况,其主要组成包括 SiO_2、Al_2O_3 或 $SiO_2 + Al_2O_3$,从元素组成上也可以分为单组分和多组分。目前,阻熔剂尚未在气化生产中有实际应用,但随着我国新疆等地区低灰、低熔点和低黏度的煤用于气化,相信添加阻熔剂很快会成为新疆等地区难用于液态排渣气化煤的调控方法。通过添加阻熔剂可以调整煤灰中的(S＋A)/(S＋A＋C＋F)

和S/A达到提高熔点和黏度的作用。以新疆伊犁地区某煤种为例,灰分约为8%,煤灰组成中(S+A)/(S+A+C+F)约为30%,熔点温度约1100℃,T_{cv}以上的黏度小于1.1Pa·s,无法用于气流床气化。按照煤的比例加入约5%的高岭石,使(S+A)/(S+A+C+F)的比例提高为约60%,熔点温度提高为约1300℃,同时,黏度也满足了液态排渣的条件。

6.3.1.3　配煤

配煤可以认为是多组分添加剂,既可以作为助熔剂,也可以作为阻熔剂。与添加助剂的方法比较,配煤调控灰化学性质具有如下特点:①不需要增加额外的灰分;②对煤灰成分进行多组分调整,不针对某一个组分,避免出现因单组分含量过高时形成结晶渣;③除去改变灰化学性质,还可以调节其他性质;④配煤对象的选择受到灰成分的限制,需掌握一定范围内原料煤的灰化学特点;⑤单个矿区的煤通常性质较为接近,可以用作配煤的概率非常小,因此配煤通常需经过长途运输;⑥煤质稳定性与单煤比较更难控制。

以山西晋城地区某无烟煤为例(图6.11),所用无烟煤的原煤灰分接近30%,通过配煤调整为约20%,混煤1为无烟煤和神木煤的混煤,混煤2为无烟煤和新疆煤的混煤。可以明显看出混煤2的黏温曲线可操作温度范围更宽(1380~1575℃),而混煤1的操作范围较窄(1430~1530℃),但在实际生产中采用新疆煤与晋城煤混煤的可能性几乎没有,因此配煤选择时应同时考虑灰化学组成和煤的产地,对于难以找到适合混配的原料煤,可以采用添加复合型助剂的方法来调控煤灰化学性质。

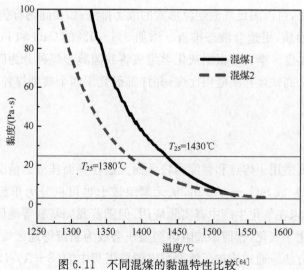

图6.11　不同混煤的黏温特性比较[64]

在实际应用过程中,几种调控手段需综合使用才能最终达到理想的灰化学性质。例如,晋城某无烟煤的灰分为 40.5%,煤灰流动温度为 1520℃,黏温曲线如图 6.12 所示;直接添加助熔剂 $CaCO_3$ 的量至少为 10%,混配低熔点煤的比例至少需达到 1∶1,无论采用添加助熔剂还是配煤均无法实现。因此可采用如下方法进行调整:首先通过洗选使灰分降低至约 20%,然后混配 15% 左右的神木煤,再添加 2% 石灰石后,熔点和黏度均可满足气流床液态排渣的要求。

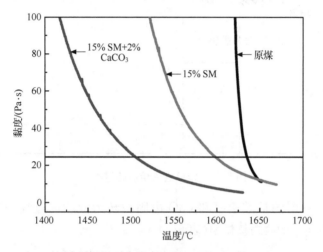

图 6.12　配煤及添加助剂后黏温特性的比较[64]

6.3.1.4　添加剂和配煤中存在的问题

添加剂或配煤在实际应用过程中,由于各自性质的差异可能产生以下问题:助熔剂与熔渣混合的均匀性,以及不同性质单煤在混合研磨后,有机组分及矿物质在不同粒度煤中组分的偏析。

1. 助熔剂在熔渣中的熔解速率

助熔剂与粉煤进入反应器后,很难在燃烧和气化过程与煤中矿物质完全混合和反应,因此,部分助熔剂与熔渣附着在炉内壁进一步发生反应。助熔剂在熔渣中的熔解速率和均匀程度对液态排渣的稳定性有重要影响。最常用助熔剂石灰石的有效成分为 CaO,如图 6.13 所示,其在熔渣表面的熔解过程包括 4 个步骤:①CaO 发生相变转化为液相;②扩散通过结晶层;③与熔渣反应形成晶体;④继续扩散进入熔渣体相。

Elliott 等[65] 利用旋转法研究了 CaO 进入煤灰熔渣的速率,认为其速控步骤

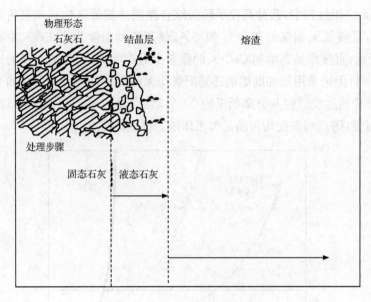

图 6.13　CaO 进入熔渣的过程[65]

为 CaO 通过边界层的扩散速率和 CaO 由固相转为液相的过程,并建立了预测 CaO 进入熔渣速率的收缩核模型(表 6.6)。

表 6.6　CaO 进入熔渣速控步的预测模型[65]

时间, t	完全转化时间, τ	t/τ
$t = \dfrac{\rho R}{(c_i - c_b)2k_D}\left[\left(1 - \dfrac{r^2}{R^2}\right) + 2\dfrac{k_D}{k_P}\left(1 - \dfrac{r}{R}\right)\right]$	$\tau = \dfrac{\rho R}{(C_i - C_b)2k_D}\left(1 + 2\dfrac{k_D}{k_P}\right)$	$\dfrac{t}{\tau} = \left\{\dfrac{X + 2\dfrac{k_D}{k_P}\left[1 - (1-X)^{1/2}\right]}{1 + 2\dfrac{k_D}{k_P}}\right\}$

表中,ρ 为密度;r 为助熔剂颗粒半径;R 为助熔剂颗粒原始半径;k_D 为边界扩散速率;k_P 为相变反应速率;C 为石灰石浓度;X 为 $CaCO_3$ 转化系数。

同时,CaO 进入熔渣过程不仅是简单的物理扩散,还包括了 CaO 的化学传递。CaO 颗粒与熔渣层接触时,首先与熔渣反应形成 $2CaO \cdot SiO_2$、$3CaO \cdot SiO_2$ 和 $3CaO \cdot Al_2O_3$,然后与其他矿物质再发生进一步反应[66]。此外,CaO 的熔解速率还应与煤灰化学组成有关,但相关研究尚未见报道。

2. 配煤过程中矿物质的偏析

配煤通常采用混磨方式制备气化用煤粉,由于单煤的可磨指数等性质不同,混煤制备得到的粉煤中灰分和矿物质分布也有一定差别。如图 6.14 所示,按照不同比例混配神木煤（HGI＝38）和凤凰煤（HGI＝56），研磨得到粉煤的灰分在不同粒度中存在明显差异，这是由于两种单煤的可磨性（HGI）存在差异，共磨配煤后细颗粒的灰分偏向 HGI 高的单煤[67]。

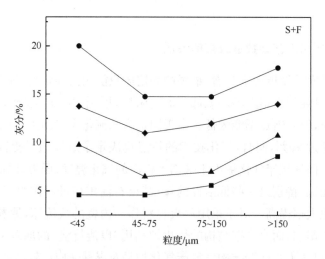

图 6.14　粉煤的粒度与灰分的关系[67]

■:S,神木煤;▲:S8F2A,神木：凤凰＝8：2(其余类推);◆:S5F5A;●:S2F8A

不同粒度粉煤中矿物质的分布也存在显著的差异。以石英为例，如图 6.15 所示，神木煤及其与凤凰煤的混煤中石英含量偏析于小颗粒中，共磨使配煤的石英含

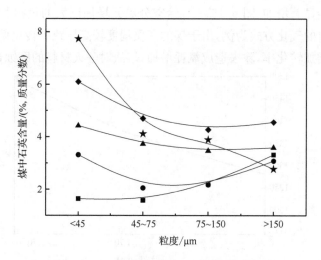

图 6.15　粉煤的粒度与石英分布的关系[67]

■:S;●:S8F2A;▲:S5F5A;◆:S2F8A;★:F(各符号含义同图 6.14)

量分布发生了明显的偏析。这是由于石英在煤中主要以外在矿物质存在时,易磨煤中配入难磨煤促进了石英的破碎。用于气流床气化时,细颗粒中的 SiO_2 或其他外在矿物质极易进入飞灰,而高温下易挥发的 SiO_2 等含量较高时,会引起灰沉积等问题。

6.3.2　调整气化工艺参数适应煤的性质

从气化技术的发展历史来看,最早的固定床只能用活性较高、挥发分较低的块状无烟煤,而且煤的灰熔点不能太低。流化床与固定床相比较,活性较好的其他煤种也可以适应,但灰熔点不能太低。由于固定床和流化床采用了较低的气化温度,碳转化率不超过 90%,同时,气化技术的特点也决定了难以通过提高压力等手段实现大型化。而气流床气化炉由于采用了较高的气化温度、压力,因此对煤种的适应性进一步拓宽,特别是一些低活性的煤,甚至石油焦均可以作为气化原料,单炉的日处理量也大幅提高。对于采用耐火材料作为内壁的气流床,原料煤性质还受到耐火材料的影响,而水冷壁结构的气化炉利用"以渣抗渣"的原理克服了这个限制。因此,可以认为水冷壁结构气流床气化炉是对煤种适应性较高的气化技术[8]。

从气化工艺参数来看,可以通过提高或降低气化温度以适应不同煤种的灰化学性质,但实际操作也存在诸多问题。以晋城无烟煤为例,流动温度约在 1550℃,临界黏度温度(T_{cv})为 1650℃左右。如通过提高操作温度的方法适应熔渣流动性,气化温度至少需在 1650～1800℃,除去考虑到相关材料的耐受性,达到此高温所需的氧耗会显著增加(图 6.16)[68],给空分单元增加巨大的负担和成本。另外,以水煤浆进料的气化方式为例,由于煤的变质程度较高导致碳转化偏低,通过提高操作温度来增加转化率,除去造成氧耗增加,熔渣对耐火材料的腐蚀也会加剧。在

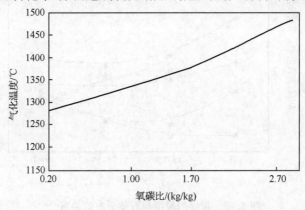

图 6.16　气化温度与氧碳比的关系[68]

合适的操作温度(针对熔渣)以上每增加 100℃,高铬砖的侵蚀速率就会增加 4 倍。以新疆煤为例,熔点温度约 1100℃,T_{cv} 以上的黏度小于 1.1 Pa·s,理论上可以通过降低气化操作温度来适应灰化学性质,根据熔点推测其气化操作温度在 1300℃左右,这样的操作温度对碳转化率、煤气组成和冷煤气效率均会造成负面影响。因此,通过调整气化工艺参数很难彻底实现煤种的适应性,仅能适应煤性质在一定范围内的波动。

参 考 文 献

[1] Thimsen D, Maurerr R E, Pooler A R, et al. Fixed-bed gasification research using US coal: Contract H0222001 Final Report(1984-1985). US Bureau of Mines, 1-19.

[2] Rudolf P. Lurgi coal gasification (Moving-bed Gasifier)//Meyers R A. Handbook of Synfuels Technology. New York: McGraw-Hill, 1984.

[3] Bögner F, Wintrup K. The fluidized-bed coal gasification process (Winkler Type)//Meyers R A. Handbook of Synfuels Technology. New York: McGraw-Hill, 1984.

[4] Schlinger W G. The texaco oal basification process//Meyers R A. Handbook of Synfules Technology. New York: McGraw-Hill, 1984.

[5] Van Der Burgt M J, Naber J E. Development of the Shell coal gasification process//BOC Gases Division Trust. The Proceedings of the Third BOC Priestley Conference. London: Royal Society of Chemistry, 1984.

[6] IPG. Coal Gasification, Clean Coal Technology//IPG International Power Generation, Doncaster, 1990.

[7] Simbeck D R. Coal gasification guidebook: Status, Application and Technologies: TR-102034, Research Project 2221-39, Final Report. Palo Alto: Electric Power Research Institute, 1993.

[8] 于遵宏,王辅臣. 煤炭气化技术. 北京:化学工业出版社,2010.

[9] 张兴刚. 中国煤气化技术市场面面观. 中国化工报,2008-03-24.

[10] 王洋,房倚天,黄戒介,等. 煤气化技术的发展:煤气化过程的分析和选择. 东莞理工学院学报,2006,13:93-100.

[11] 倪维斗. 建立以煤气化为核心的多联产系统. 山西能源与节能,2009,4:1-6.

[12] 于广锁. 气流床煤气化的技术现状和发展趋势. 世界科学,2005,1:33-34.

[13] 陈家仁. 煤气化技术选择中一些问题的思考. 煤化工,2011,39:1-5.

[14] 郭树才. 煤化工工艺学. 第三版. 北京:化学工业出版社,2012.

[15] Van Dyk J C, Keyser M J, van Zyl J W. Suitability of feedstocks for the Sasol-Lurgi fixed bed dry bottom gasification process. Gasification Technologies Conference, San Francisco,

2001.

[16] 白进. 高温下煤中矿物质的演化及其对高温煤气化反应的影响. 太原:中国科学院山西煤炭化学研究,2008.

[17] Strobel T M, Hurley J P. Coal-ash corrosion of monolithic silicon carbide-based refractories. Fuel Process Technol, 1995, 44:201-211.

[18] Coal gasification. http://www.shell.com/home/content/future_energy/meeting_demand/unlocking_resources/coal_gasification/[2012-10-1]

[19] Patterson J H, Hurst H J. Ash and slag qualities of Australian bituminous coals for use in slagging gasifiers. Fuel, 2000, 79:1671-1678.

[20] 朱书全. 煤的性质对其成浆性影响的研究综述. 煤炭加工与综合利用,1996,2:5-8.

[21] 张利合,王伟,周同心,等. 煤中矿物对水煤浆性质的影响. 煤炭加工与综合利用,2006,1:26-28.

[22] Watanabe S I, Katabe K I. Effect of several factors on HCWS rheological property//Proceedings 6th Inter Symp on Slurry Combustion and Technology. Orlando: US Department of Energy, 1984:467-473.

[23] 范立明,原俊杰,赵新合. 水煤浆加压气化原料用煤的选择及更换. 煤化工,2001,95:46-51.

[24] Aktas Z, Woodburn E T. Effect of addition of surface active agent on the viscosity of a high concentration slurry of a low-rank British coal in water. Fuel Process Technol, 2000, 62:1-15.

[25] 杨松君,陈怀珍. 动力煤利用技术. 北京:中国标准出版社,1999.

[26] 王淋,曾凡. 煤中灰分对水煤浆性能的影响. 煤炭加工与综合利用,1998,3:18-21.

[27] 何国锋,詹隆,王燕芳. 水煤浆技术发展与应用. 北京:化学工业出版社,2012.

[28] Buroni M, Del Piero G. Proceedings of 5th international conference on coal science,1989, 971-976.

[29] 尉迟唯,李保庆,李文,等. 煤质因素对水煤浆性质的影响. 燃料化学学报,2007,35:146-154.

[30] 尉迟唯,李保庆,李文,等. 中国不同变质程度煤制备水煤浆的性质研究. 燃料化学学报,2005,33:155-160.

[31] 朱书全,詹隆. 中国煤的成浆性研究. 煤炭学报,1998,23:198-201.

[32] 张荣曾. 水煤浆制浆技术. 北京:科学出版社,1996.

[33] 何国锋,詹隆,王燕芳. 水煤浆技术发展与应用. 北京:化学工业出版社,2011.

[34] 谢亚雄,李保庆,孙成功,等. 煤中矿物质对水煤浆性质的影响. 洁净煤技术,1996,2:40-43.

［35］孙成功,李保庆,李永昕. 煤中无机矿物组分在高浓度煤浆制备过程中的作用. 煤炭转化,
　　　1996,19:11-17.

［36］孙成功,李保庆,尉迟唯,等. 煤中无机矿物组分的溶出性及其对水煤浆流变特性的影响.
　　　燃料化学学报,1996,24:239-244.

［37］孙成功,吴家珊,李保庆. 低温热改质煤表面性质变化及其对浆体流变特性的影响. 燃料
　　　化学学报,1996,24:174-180.

［38］朱书全,王祖讷. 煤浸出液中的阴阳离子测定及其与水煤浆成浆性的关系. 燃料化学学
　　　报,1992,20:45-51.

［39］邹立壮,朱书全,王晓玲. 不同水煤浆分散剂与煤之间的相互作用规律研究Ⅴ. 煤在分散剂
　　　水溶液中的溶出离子及其对 CWS 性质的影响. 燃料化学学报,2004,32:400-406.

［40］李永昕,李保庆,陈诵英. 超声辐照前后煤浆溶出离子变化研究. 煤炭转化,1999,22:
　　　48-52.

［41］朱书全,刘红缨,刘利,等. 3 种难溶性矿物对煤成浆性的影响. 中国矿业大学学报,2003,
　　　32:115-118.

［42］刘红缨,朱书全,王奇. 矿物对水煤浆稳定性的影响研究. 中国矿业大学学报,2004,33:
　　　283-286.

［43］Kaji R, Muranaka Y, Otsuka K, et al. Water-adsorption by coals: effects of pore structure
　　　and surface oxygen. Fuel,1986,65:288-291.

［44］Siffert B, Hamieh T. The effect of mineral impurities on the charge and surface potential of
　　　coal: application to obtaining concentrated suspensions of coal in water. Colloids Surfaces,
　　　1989,35:27-40.

［45］Atesok G, Boylu F, Sirkeci A A, et al. The effect of coal properties on the viscosity of coal-
　　　water slurries. Fuel,2002, 81:1855-1858.

［46］Aplan F F. Coal Flotation//Fuerstenau M C. Flotation, A M, Gaudin Memorial Volume.
　　　New York: AIME,1976,45(2):1235-1240.

［47］Atlas H, Casassa E, Parfft G, et al. Proceeding 7th International Symposium on coal slurry
　　　fuels preparation and utilization. New Orleans LA,1985:1-6.

［48］起冰翠,张荣曾. 浆体中可溶离子组分对水煤浆性质的影响研究综述. 煤炭加工与综合利
　　　用,1998,2:44-47.

［49］Nishino J, Kiyama K, Seki M. Relation of viscosity characteristics in CWM to coal rank. J
　　　Chem Eng Jpn, 1989, 22:162-167.

［50］Bruno G, Buroni M, Carvani L, et al. Water-insoluble compounds formed by reaction
　　　between potassium and mineral matter in catalytic coal gasification. Fuel, 1988,67:67-72.

［51］李珊珊,程军,李艳昌,等. 水煤浆黏度的几种影响因素分析. 煤炭转化,2006,29:23-26.

[52] 孙成功,谢亚雄,李保庆. 外加无机电解质对煤浆性质调空作用的研究. 燃料化学学报, 1997,25:130-133.

[53] 顾全荣,胡宏纹,王祖讷. 金属离子在煤界面吸附对煤成浆性的影响. 燃料化学学报, 1995,23:435-439.

[54] Zeng F, Xiao B. Application of promoter in coal slurrying process//Proceedings 15th International Symposium on Slurry Combustion and Technology, Pittsburgh, 1990,356-362.

[55] 张爱红. 用精煤最高产率原则确定精煤灰分指标. 煤,2005,14:55-56.

[56] 许世森,王保民,李广宇,等. 一种降低淮南煤煤灰熔点的助熔剂及其制备方法:中国, 200610104987. 2010-03-31.

[57] Collot A G. Matching gasification technologies to coal properties. Int J Coal Geology, 2006, 65:191-212.

[58] Trapp B. Eastman and gasification: the next step, building and past success//Gasification Technologies Conference, Arlington, 2001, Paper 2-3, 8.

[59] Patterson J H, Hurst H J. Ash and slag qualities of Australian bituminous coals for use in slagging gasifiers. Fuel, 2000, 79:1671-1678.

[60] Patterson J H, Hurst H J, QuintanarA, et al. The slag flow characteristics of Australian bituminous coals in entrained-flow slagging gasifiers//18th Annual International Pittsburgh Coal Conference. Pittsburgh Coal Conference, Pittsburgh, 2001, paper 32.2, 23.

[61] 陆宏权,李寒旭,马飞,等. 钙基助熔剂对煤灰熔融性影响及熔融机理研究. 煤炭科学技术,2011,39:111-118.

[62] 李继炳,沈本贤,李寒旭,等. 铁基助熔剂对皖北刘桥二矿煤的灰熔融特性影响研究. 燃料化学学报,2009,37:262-265.

[63] 魏雅娟,李寒旭. 高温弱还原性气氛下 MgO 的助熔机理. 安徽理工大学学报(自然科学版),2008,28:74-77.

[64] 白进,李文,李怀柱,等. 典型山西无烟煤的灰化学性质及调控. 投稿.

[65] Elliott L K, Lucas J A, Happ J, et al. Rate limitations of lime dissolution into coal ash slag. Energy Fuels, 2008, 22:3626-3630.

[66] ElliottL K, Wang S M, Wall T,et al. Dissolution of lime into synthetic coal ash slags. Fuel Process Technol, 1998, 56:45-53.

[67] Wang Z, Bai J, Bai Z, et al. Effect of grinding behavior on characteristic of pulverized coal particles 1. Component distributions. Submitted to Energy Fuels.

[68] 崔意华. 压力、煤浆浓度、氧煤比对水煤浆气化的影响. 煤气化,2011,6:20-24.

索　引

彩　　图

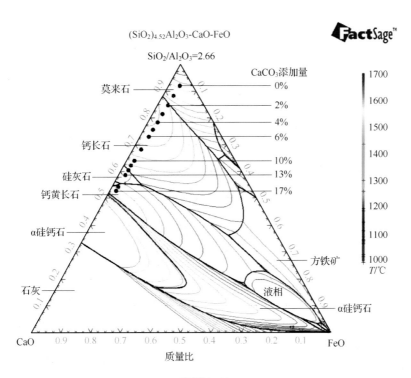

彩图 1.16

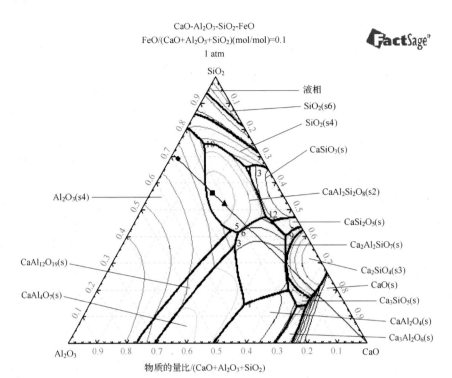

彩图 1.17

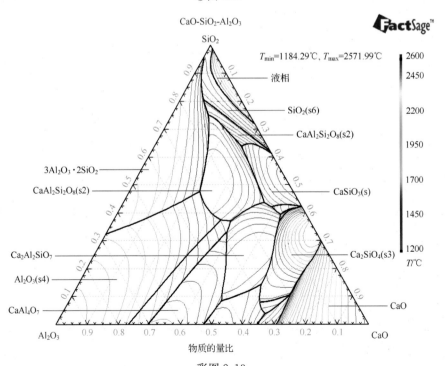

彩图 2.13

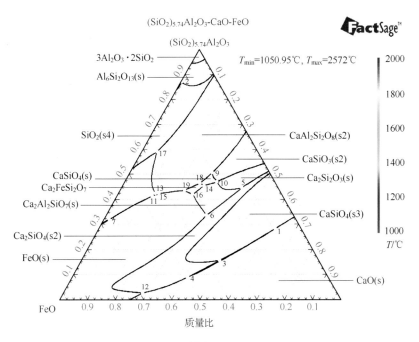

彩图 2.18

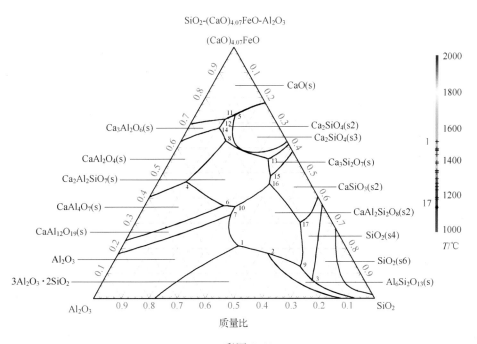

彩图 2.19

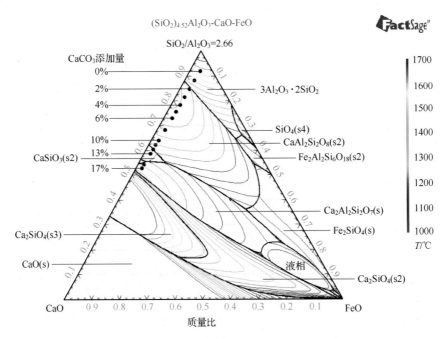

彩图 3.30

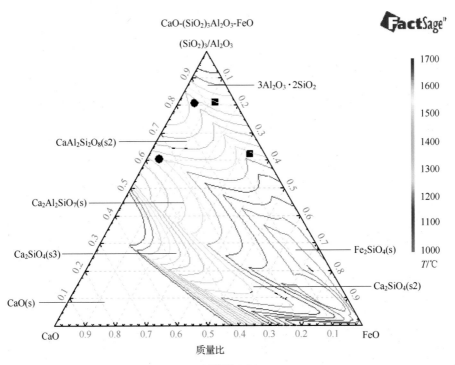

彩图 3.80